高等职业教育土木类专业新形态教材

建设工程监理实务

胡　泊　穆新盈　王存芳　主　编

朱立军　夏唐福　刘文飞　副主编

佘春萍　宋　敏　张　睿　陈　琛　参　编

涂群岚　主　审

電子工業出版社·

Publishing House of Electronics Industry

北京·BEIJING

内 容 简 介

　　本书以建设工程项目为对象，以工程项目的建设全过程为主线，从投资控制、进度控制、质量控制、信息管理、合同管理、组织协调等方面展开，全面阐述了监理单位对工程项目全过程管理的内在规律。

图书在版编目（CIP）数据

　　建设工程监理实务 / 胡泊, 穆新盈, 王存芳主编.
北京：电子工业出版社, 2024. 9. -- ISBN 978-7-121
-48631-9
　　Ⅰ. TU712
　　中国国家版本馆 CIP 数据核字第 2024GZ2279 号

责任编辑：刘　洁
印　　刷：三河市华成印务有限公司
装　　订：三河市华成印务有限公司
出版发行：电子工业出版社
　　　　　北京市海淀区万寿路 173 信箱　　　邮编：100036
开　　本：787×1092　1/16　印张：16.5　　字数：422.4 千字
版　　次：2024 年 9 月第 1 版
印　　次：2025 年 2 月第 2 次印刷
定　　价：59.80 元

　　凡所购买电子工业出版社图书有缺损问题，请向购买书店调换。若书店售缺，请与本社发行部联系，联系及邮购电话：（010）88254888，88258888。
　　质量投诉请发邮件至 zlts@phei.com.cn，盗版侵权举报请发邮件至 dbqq@phei.com.cn。
　　本书咨询联系方式：（010）88254178 或 liujie@phei.com.cn。

前　言

本书编者紧密围绕土木工程监理专业高素质人才培养目标，关注行业发展趋势，结合高职院校的教学特点编写了本书。

本书有以下特点。

1. 结合"学银在线"网站上胡泊等老师主讲的"建筑工程监理概论"在线课程，配备工程案例、资料、题库、微课视频等课程资源，丰富了教学形式和手段。

2. 将监理工作标准和建筑工程新技术、新方法、新工艺等深度融合，结合岗位模拟、软件应用、监理表格填写、案例分析等进行实训，锻炼学生的岗位实操能力，让学生尽快融入监理角色。

3. 关注我国工程监理制度的改革。

4. 培养学生的安全意识，尤其是危大工程安全管理中应该履行的责任和义务，加强从业人员的安全责任意识。

5. 引入思政元素，将职业教育、素质教育、思想教育、创新教育融入书中，全面体现"三全育人"模式。

本书的编写人员来自高职院校教师和企业专家，具有丰富的教学经验和工程实践经验。本书由江西建设职业技术学院的涂群岚担任主审，由江西建设职业技术学院的胡泊、穆新盈、王存芳担任主编，由江西建设职业技术学院的朱立军、江西省民防建筑监理有限责任公司的夏唐福、江西大恒建设工程项目管理有限公司的刘文飞担任副主编。建中工程有限公司的余春萍、宋敏，江西建工第一建筑有限责任公司的张睿，江西中一建工集团有限公司的陈琛也参与了本书的编写。

北京筑业志远软件开发有限公司、品茗科技股份有限公司为本书的编写提供了相关技术服务，在此深表谢意！

通过本书的学习，学生可以熟练掌握专业知识和岗位技能。本书也可作为工程监理人员的岗位培训教材。

由于编者水平有限，书中难免存在疏漏与不妥之处，敬请专家、教师和广大读者批评指正！

编　者

2024 年 3 月

思政元素表

索引	主要内容	思政元素	讨论话题
项目一 任务二	鲁布革水电站工程	项目管理变革； 建设领域发展； 行业形势和相关政策	我国早期的工程管理和现代项目管理有哪些区别？
项目一 任务三	《关于推进全过程工程咨询服务发展的指导意见》的部分内容	法治建设； 程序规范； 行业趋势	监理单位可以作为全过程咨询单位吗？
项目二 任务二	违法违规行为通报	社会主义核心价值观； 守法、诚信经营； 社会责任感	针对存在违法违规行为的企业和人员，有哪些行政处罚措施？
项目二 任务三	行业领军人物	正确的职业观； 工匠精神； 奉献精神	如何成为一名高素质监理工程师？
项目三 任务一	中国救援	人道主义精神； 团结协作精神	组织的作用是什么？优秀组织的特征是什么？
项目三 任务二	港珠澳大桥建设	建设工程高标准； 勇于开拓的精神	采用哪种委托方式更有利于工程项目管理？
项目四 任务一	"一带一路"建设	责任意识； 合作理念； 文化自信	2022 卡塔尔世界杯主会场（卢塞尔球场)的总造价是多少,工程有哪些特点？
项目四 任务二	"三超"工程	中国式现代化建设	为什么会出现"三超"（概算超估算、预算超概算、决算超预算）工程？
项目四 任务四	西安地铁建设	责任意识； 风险防控意识	如果工程建设因保护文物增加了投资额，是建设方还是施工方应承担的风险？
项目五 任务一	关于工程开/竣工日期的司法解释	依法解决争议； 正确履行义务； 尊重客观事实	确定实际开工日期、实际竣工日期的依据有哪些？
项目五 任务三	北京三元桥改造升级	科技实力； 工作效率； 多方协作；	我国还有哪些工程建设展现了"中国速度"？

索引	主要内容	思政元素	讨论话题
项目六 任务二	鲁班奖	工匠精神； 文化传承；	获得鲁班奖需要具备哪些条件？
项目六 任务三	违法违规行为通报	责任意识； 法律观念； 职业道德	在施工过程中，监理工程师如何保证将合格的材料用于工程项目？
项目七 任务一	《营造法式》	建筑标准化； 工匠精神； 质量意识； 职业道德	《营造法式》是谁编修的？《营造法式》的积极意义是什么？
项目七 任务二	举牌验收制度	责任意识； 敬业精神	为什么要实行举牌验收制度？
项目七 任务四	"物勒工名"制度	工匠精神； 责任意识；	现代建筑的项目管理中有哪些类似于"物勒工名"的制度？
项目八 任务一	《促进大数据发展行动纲要》	科技创新； 信息安全	在大数据时代，个人信息安全愈发重要，如何防止个人信息被盗用？
项目八 任务三	建设工程档案领域"放管服"改革	管理创新； 公共服务意识； 共建和谐环境	建设工程档案验收和移交的程序是怎样的？
项目九 任务一	《中华人民共和国民法典》关于合同的内容	保障权益； 社会主义法治精神	民法典中的典型合同有哪些？
项目九 任务四	《政府投资条例》关于政府投资项目的资金和工期的部分规定	社会责任； 公平正义； 风险意识	《政府投资条例》实施后政府投资的工程项目可以减少哪些方面的风险？
项目十 任务一	建筑工人实名制	责任意识； 法律意识；	建筑工人实名制信息包括哪些内容？
项目十 任务二	工地"一带一帽"记分管理	管理创新； 安全意识； 风险意识	监理工程师有哪些手段来检查现场作业人员是否佩戴了安全帽（带）？
项目十 任务三	《关于推动智能建造与建筑工业化协同发展的指导意见》	科技创新； 数字化管理； 行业升级发展	工地上的哪些部位需要进行智能监测管理？
项目十一 任务一	桑枣中学校长叶志平的事迹	无私奉献精神； 责任意识； 安全意识	参建单位如何做好建设工程应急救援预案？
项目十一 任务二	监理工作"十不准"规定	社会公共利益； 守法诚信； 风险防范意识	监理工作"十不准"规定对监理单位有哪些方面的影响？

目　录

项目一 认识建设工程监理

 知识目标

1. 了解建设工程监理的基本概念、实施建设工程监理制度的背景。
2. 熟悉建设工程法律和法规、建设工程的性质和作用。
3. 掌握建设工程的基本建设程序，掌握建设工程监理的作用和特点。
4. 熟悉建设工程监理的法律依据。

 拓展知识点

1. 建筑市场信用体系建设。
2. 建设工程参建各方之间的关系。
3. 建设工程监理制度的发展趋势（全过程咨询、代建制）等。

任务一 学习建设工程监理的基本知识

【教学导入】

某建设单位拟在郊区建设一个现代化产业园区，总投资高达几亿元。项目业主经过招标，选中一家具有实力的监理单位，负责对该项目的设计阶段、施工阶段进行监督管理。

请问，为什么建设单位需要委托监理单位？监理单位需要做哪些方面的工作？

1.1.1 建设工程监理简介

1. 建设工程

建设工程是指建筑工程、线路管道和设备安装工程、装饰装修工程等工程项目的新建、扩建和改建，是形成固定资产的基本生产过程及与之相关的建设工作的总称，例如工业建筑中的厂房、办公楼，民用建筑中的学

认识工程监理

校、医院、住宅，交通工程中的道路、桥梁，市政工程中的垃圾填埋、地铁、污水处理工程等。

总监理工程师质量
终身责任承诺书

2. 建设工程的责任主体

《建设工程质量管理条例》第三条规定：建设单位、勘察单位、设计单位、施工单位、工程监理单位依法对建设工程质量负责。《建设工程安全生产管理条例》第四条规定：建设单位、勘察单位、设计单位、施工单位、工程监理单位及其他与建设工程安全生产有关的单位，必须遵守安全生产法律、法规的规定，保证建设工程安全生产，依法承担建设工程安全生产责任。

建筑工程开工前，建设单位应当按照国家有关规定向工程所在地县级以上人民政府建设行政主管部门申请领取建筑工程施工许可证，如图 1-1 所示。建设单位、勘察单位、设计单位、施工单位、工程监理单位的法定代表人应当签署授权书，明确本单位项目负责人，使其代表委托人进行特定的法律行为。

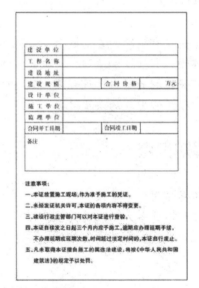

图 1-1　建筑工程施工许可证

2014 年 8 月 25 日，住房和城乡建设部印发了《建筑工程五方责任主体项目负责人质量终身责任追究暂行办法》（建质〔2014〕124 号），其中有以下规定。

（1）建设单位项目负责人对工程质量承担全面责任，不得违法发包、肢解发包，不得以任何理由要求勘察、设计、施工、监理单位违反法律、法规和工程建设标准，降低工程质量，其违法违规或不当行为造成工程质量事故或质量问题应当承担责任。

（2）勘察、设计单位项目负责人应当保证勘察设计文件符合法律、法规和工程建设强制性标准的要求，对因勘察、设计导致的工程质量事故或质量问题承担责任。

（3）施工单位项目经理应当按照经审查合格的施工图设计文件和施工技术标准进行施工，对因施工导致的工程质量事故或质量问题承担责任。

（4）监理单位总监理工程师应当按照法律、法规、有关技术标准、设计文件和工程承包合同进行监理，对施工质量承担监理责任。

3. 建设工程监理的概念

建设工程监理是指监理单位受建设单位委托，根据法律、法规、工程建设标准、勘察设计文件及合同，在施工阶段对建设工程质量、进度、造价进行控制，对合同、信息进行管理，对工程建设相关方的关系进行协调，并履行建设工程安全生产管理法定职责的服务活动。

建设单位根据需要可以自行组建项目管理机构对工程项目进行管理，也可以委托监理单位对工程项目进行管理。根据《建设工程监理范围和规模标准规定》，下列建设工程必须实行监理。

（1）国家重点建设工程。国家重点建设工程是指依据《国家重点建设项目管理办法》所确定的对国民经济和社会发展有重大影响的骨干项目；

（2）大中型公用事业工程。大中型公用事业工程是指项目总投资额在 3000 万元以上的工程项目；

（3）成片开发建设的住宅小区工程。建筑面积在 5 万平方米以上的住宅建设工程必须实行监理；5 万平方米以下的住宅建设工程可以实行监理，具体范围和规模标准，由省、自治区、直辖市人民政府建设行政主管部门规定。

（4）利用外国政府或者国际组织贷款、援助资金的工程；

（5）国家规定必须实行监理的其他工程。

①项目总投资额在 3000 万元以上，关系社会公共利益、公众安全的基础设施项目；

②学校、影剧院、体育场馆项目。

4. 建设工程监理的实施前提

《建设工程质量管理条例》第十二条明确规定：实行监理的建设工程，建设单位应当委托具有相应资质等级的工程监理单位进行监理，也可以委托具有工程监理相应资质等级并与被监理工程的施工承包单位没有隶属关系或者其他利害关系的该工程的设计单位进行监理。

5. 建设工程监理行为的主体

《中华人民共和国建筑法》第三十一条规定，实行监理的建筑工程，由建设单位委托具有相应资质条件的工程监理单位监理，建设单位与其委托的工程监理单位应当订立书面委托监理合同。

委托监理合同的签订主体是建设单位和监理单位，合同应明确监理的范围、内容、权利、义务和责任等，建设单位将建设工程委托给监理单位，监理单位代表建设单位履行权利和义务并承担相应的法律责任，所以建设工程监理行为的主体是监理单位。

6. 工程监理的主要任务

监理单位主要为建设单位提供相关的技术咨询服务，工作任务包括质量控制、进度控制、投资控制、合同管理、信息管理、安全管理等，以及与参建各方进行沟通协调。

1.1.2　工程建设程序

1. 投资决策阶段

（1）编报项目建议书。对于政府投资工程项目，项目建议书的主要作用是推荐建设项目，以便在一个确定的地区或部门内，以自然资源和市场预测为基础，选择建设项目。项目建议书经批准后，即可进行可行性研究，但并不代表项目"非上不可"，项目建议书不是项目的最终决策。

（2）编报可行性研究报告。根据《国务院关于投资体制改革的决定》（国发〔2004〕20 号），对于政府投资项目，须审批项目建议书和可行性研究报告；对于企业不使用政府资金投资建设的项目，一律不再实行审批制，区别不同情况实行核准制和登记备案制；对于《政府核准的投资项目目录》以外的企业投资项目，实行备案制。

2. 勘察设计阶段

（1）勘察过程。复杂工程分为初勘和详勘两个阶段，可以为设计过程提供实际依据。

（2）设计过程。设计过程一般分为两个阶段，即初步设计阶段和施工图设计阶段。对于大型复杂项目，可根据不同行业的特点和需要，在初步设计阶段之后增加技术设计阶段。

3. 建设准备阶段

建设准备阶段的主要内容包括：组建项目法人、征地、拆迁、"三通一平"乃至"七通一平"；组织材料、设备订货；办理建设工程质量监督手续；委托工程监理；准备必要的施工图纸；组织施工招标，择优选定施工单位；办理建筑工程施工许可证等。

4. 实施阶段

（1）施工过程。建设工程具备开工条件并取得施工许可证后方可开工。项目开工时间按照设计文件中规定的任何一项永久性工程第一次正式破土开槽的时间确定。不需要开槽的将正式打桩的时间作为开工时间；铁路、公路、水库等将开始进行土石方工程的时间作为开工时间。

（2）生产准备过程。对于生产性建设项目，在其投产前，建设单位应有计划地做好生产准备工作，包括招收、培训生产人员；组织有关人员参加设备安装、调试、工程验收；落实原材料供应；组建生产管理机构，健全生产规章制度等。

（3）竣工验收过程。竣工验收是全面考核建设成果，检验设计和施工质量的重要步骤，也是建设项目转入生产和使用的标志。

5. 后评价阶段

建设项目后评价是指工程项目竣工投产、生产运营一段时间后，对项目的投资决策、勘察设计、建设准备、实施等过程进行系统评价。

1.1.3 建设工程监理的性质

工程监理性质

【教学导入】

某商业地产工程项目的建设单位通过公开招标选定了施工单位，施工单位又向建设单位推荐了一家和自己关系较好的监理单位，并且提出可以由施工单位来分摊监理费用。请问，建设单位是否可以接受该建议？

1. 服务性

服务性是建设工程监理的根本属性，建设工程监理的服务对象具有单一性。监理单位承担监理业务，应当与业主签订委托监理合同，建设单位将工程项目的监理工作授权和委托给监理单位，监理单位履行合同义务并获得监理报酬。监理单位根据合同约定，运用规划、控制、协调等手段，控制建设工程的投资、进度和质量，进行安全监督管理，协助业主将工程项目建成、投入使用，并承担相应的责任。

2. 独立性

《中华人民共和国建筑法》第三十四条规定：工程监理单位与被监理工程的承包单位以及建筑材料、建筑构配件和设备供应单位不得有隶属关系或者其他利害关系。所以，监理单位在法律地位、人事隶属关系、经济关系、业务关系上必须独立，监理单位不得与参与建设的任何一方发生利益关系。

3. 公平性

公平性是建设工程监理工作顺利开展的基本条件，也体现了监理单位和监理工程师的基本职业道德准则。同时，建设工程监理的公平性也是施工单位的共同要求。

公平性也是建设工程监理行业生存和发展的基本准则，特别是建设单位与施工单位发生利益冲突或矛盾时，监理单位应以事实为依据，维护建设单位的合法权益，同时要保证不损害施工单位的合法权益。

4. 科学性

建设工程监理是为业主提供的一种专业化、智能化的技术服务，这就要求遵循科学的准则。监理单位应当由组织管理能力强、工程建设经验丰富的人员担任领导，由管理经验丰富、应变能力强的监理工程师组成骨干队伍，建立完善、科学的管理制度，有现代化的管理方法和手段，配备必要的检验装备，积累足够的技术、经济资料和数据，有科学的工作态度和严谨的工作作风，实事求是、创造性地开展工作。

1.1.4　建设工程监理和政府监督管理的区别

1. 性质不同

监理单位要与建设单位签订委托监理合同，履行合同义务，并承担监理责任。而政府监督管理是一种强制性的行政执法行为。建设工程监理的服务性是它与政府监督管理的主要区别。

2. 工作依据不完全相同

政府监督管理以国家、地方颁发的有关法律、法规、规定、规范等为基本依据，主要维护建设工程法律、法规的严肃性；而建设工程监理不仅以法律、法规为依据，还要以设计文件、工程建设合同为依据。

3. 工作权限不同

监理单位根据建设单位的委托和授权对被监理单位的作业活动进行监督、检查，发现问题并下发指令要求其整改。政府监督管理依法对建设项目的各参建单位的安全质量行为进行监督，依照有关法律、法规享有行政处罚权。

4. 工作方法和手段不完全相同

建设工程监理主要采用组织管理的方法，从多方面运用组织、合同、经济和技术措施，采取旁站、巡视、平行检验等手段，对被监理单位进行管理。而政府监督管理侧重于行政管理方法和手段，发现重大安全问题时可以直接要求参建单位停止施工。

5. 管理的深度、广度不同

建设工程监理是针对某一具体的建设工程项目进行的管理控制工作，贯穿于整个项目建设过程中，是一种微观的监督管理活动。而政府监督管理对所管辖行政区域内所有建设工程项目进行阶段性的监督、抽查、确认，是一种宏观的监督管理活动。

1.1.5　监理单位与其他单位的关系

各参建单位的关系如图 1-2 所示。

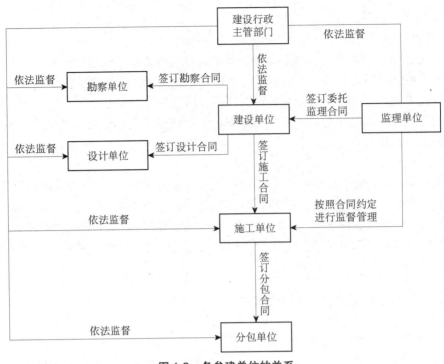

图 1-2　各参建单位的关系

1. 与建设单位的关系——被委托与委托的关系

监理单位受雇于业主，代表业主的利益，依据委托监理合同全权处理有关工程建设的事宜，但总监理工程师并不是业主代表，工程开工、工程暂停、复工审批等重大事项的处理必须得到业主认可。

2. 与施工单位的关系——监理与被监理的关系

根据施工合同约定，施工单位在施工过程中必须接受监理单位的督促和检查，并为监理单位开展工作提供方便，包括提供工作所需的原始记录、进度计划等技术资料。按照委托监理合同的约定，在建设单位授权范围内，监理单位代表建设单位对施工单位的活动情况和工作结果进行监督检查，按计划做好工程验收工作；施工单位要认真执行监理单位下发的指令，并进行书面答复。

3. 与分包单位的关系——间接的监督关系

分包单位进场前，监理单位应审查分包单位和人员的资格，对不具备资格的分包单位有否决权。分包单位在施工进度、技术方案、施工措施等方面的方案，应通过总承包单位向监理单位提出。凡是分包单位需要进行阶段验收或隐蔽工程验收的项目，总承包单位应先验收通过，再交给监理单位验收。监理单位发出的工程整改通知书或停工通知书，应由监理单位发给总承包单位，再由总承包单位通知有关分包单位。

4. 与设计单位的关系——工作关系

建设单位委托监理单位对施工过程进行管理，监理单位与设计单位并无合同关系，但监理工程师本着对业主负责的态度，应与设计单位保持联系。在施工过程中，监理单位应认真贯彻设计意图，严格督促施工单位按图纸施工。监理单位对图纸有疑问或提出建议时，需要通过建设单位与设计单位进行商讨，并由设计单位出具变更文件。设计单位应参加施工质量验收工作（如基槽验收、分部工程验收、竣工验收等），发现施工单位有不符合设计文件或违反设计要求的行为时，应及时向建设单位提出意见或建议。

5. 与建设行政主管部门的关系——被监督与监督的关系

建设行政主管部门依据法律、法规对工程项目进行强制性管理并对监理单位实行监督管理。监理单位应及时了解和掌握相关法律、法规，以保证项目建设程序合法合规；做好工程信息的统计上报工作，协助建设行政主管部门做好项目的验收工作；督促施工承包商在安全质量上满足要求，并通过建设行政主管部门的批准。

【任务实施】

1. 请同学们分组讨论，分析在工程项目中建设单位、施工单位和监理单位之间的利益关系。

2. 如果在设计阶段业主委托了监理单位，监理单位和设计单位是什么关系？请根据图1-2提交调整后的关系图。

任务二　熟悉建设工程监理制度

【教学导入】

鲁布革水电站工程是我国第一个利用世界银行贷款，并按世界银行规定进行国际竞争性招标和项目管理的工程，如图1-3所示，创造了著名的"鲁布革"经验。

图1-3　鲁布革水电站工程

鲁布革水电站工程的项目管理经验主要有以下几点：

（1）把竞争机制引入工程建设领域，实行了工程项目招投标制度；

（2）工程建设实行项目全过程总承包方式和科学的项目管理；

（3）施工现场的管理机构和作业队伍组织灵活；

（4）科学地组织施工，综合效益和经济效益明显。

请问，我国早期的工程管理和现代项目管理有哪些区别？

1.2.1 我国建设工程监理制度的发展历程

工程监理发展历程

1. 建设工程监理制度产生的历史背景

改革开放前，我国实行的是计划经济建设工程项目，投资由国家拨付，施工任务由行政主管部门直接向施工企业下达。当时的建设单位、设计单位和施工单位都是国家建设任务的执行者，都对上级行政主管部门负责，单位之间缺少互相监督。政府对工程建设活动采取单向的行政监督管理，工程质量的保证主要依靠施工单位的自我管理，从而导致出现了很多工程质量安全事故和投资失控现象。

改革开放后，我国的工程建设活动逐步市场化。为了适应这一形势，我国开始实行政府对工程质量的监督制度。各级质量监督部门在不断进行自身建设的基础上，认真履行职责，积极开展工作，在促进企业质量保证体系的建立、预防工程质量事故、保证工程质量方面发挥了重大作用。从此，我国的工程建设监督由原来的单向监督向专业质量监督转变，由仅靠企业自检自评向第三方认证和企业内部认证相结合转变，使我国工程建设管理向前迈进了一大步。

2. 我国建设工程监理制度发展的三个阶段

我国建设的鲁布革水电站工程是世界银行贷款项目，按照国际惯例首次实行了国际招投标、合同管理模式、项目法施工等。在招投标中，日本大成建设集团以比标底低 43% 的报价中标，以 30 多名管理人员和技术骨干组成的项目管理班子，聘用了 400 多名中国劳务人员，采用先进的机械设备和技术手段，依靠科学管理创造了明显的社会效益和经济效益。

我国的建设工程监理制度大致经过了三个阶段：试点阶段（1988 年－1992 年）、稳步推行阶段（1992 年－1996 年）、全面推行阶段（1996 年至今）。1995 年 12 月，原建设部在北京召开了第六次全国建设监理工作会议，和原国家计委联合颁布了《建设工程监理规定》。这次会议总结了我国建设工程监理工作的成绩和经验，对今后的监理工作进行了全面部署，这次会议的召开标志着我国建设监理工作已进入全面推行的新阶段。1997 年 11 月，全国人民代表大会常务委员会颁布了《中华人民共和国建筑法》，将建设工程监理制度列入其中，正式明确了工程监理的法律地位。

1.2.2 建设工程监理制度的特点

1. 属于强制推行的制度

建设工程监理制度是建筑市场发展的产物，其发展过程也是整个建筑市场发展的一个方面。我国的建设工程监理制度一开始就是作为建设工程管理体制改革的一项新制度提出来的，也是依靠行政手段和法律手段在全国范围推行的，在较短时间内促进了建设工程监理制度在我国的发展，形成了一批专业化、社会化的工程监理单位和监理工程师队伍。

2. 建设工程监理的服务对象具有单一性

在国际上，工程咨询项目管理按服务对象可分为为建设单位服务的项目管理和为承建单位服务的项目管理。而我国的建设工程监理制度规定，监理单位只接受建设单位的委托，即只为建设单位服务。从这个意义上看，可以认为我国的建设工程监理就是为建设单位服务的项目管理。

3. 监理单位具有监督功能

监理单位具有一定的特殊地位，它与建设单位构成被委托与委托的关系。监理单位与承建单位虽然无任何经济关系，但根据建设单位授权，有权对承建单位的不当建设行为进行监督，还强调对承建单位的施工过程和施工工序进行监督、检查和验收，而且在实践中又进一步提出了旁站监理的规定，对监理工程师提出了更高的要求，这对保证工程质量起到了重要的作用。

4. 市场准入的双重控制

我国对建设工程监理的市场准入采取了企业资质和人员资格的双重控制，要求专业监理工程师以上的监理人员要取得监理工程师职业资格证书，不同资质等级的工程监理单位要有一定数量的取得监理工程师职业资格证书并注册的人员。承担工程项目监理的单位应当具备相应的资质，监理工程师应当具备相应的资格，二者缺一不可。这种市场准入的双重控制对于保证我国建设工程监理队伍的基本素质、规范我国建设工程监理市场起到了积极的作用。

1.2.3 建设工程监理的作用

1. 使建设工程投资决策科学化

如果工程监理在项目可行性研究阶段就介入，可以大大提高投资的经济效益。我国很多大型工程项目实施全方位工程监理，在提高投资的经济效益方面取得了显著成效。有相应资质的工程监理单位可以直接从事工程咨询，监理单位参与决策阶段的工作不仅有利于提高项目投资决策的科学化程度，避免项目投资决策失误，而且可以促使项目投资符合国家经济发展规划和产业政策。

2. 有利于规范参建各方的建设行为

社会化、专业化的工程监理单位在工程项目的实施过程中，会对参建各方的建设行为进行约束。工程监理单位主要依据委托合同对参建各方的建设行为实施监督管理，尤其是全方位、全过程监理；通过事前、事中、事后控制相结合，可以有效地规范承建单位及建设单位的建设行为，最大限度地避免不当建设行为的发生，及时制止不当建设行为，减少不当建设行为造成的损失。

3. 有利于保证建设工程质量和使用安全

建设工程作为一种特殊的产品，除了具有一般产品共有的质量特性，还具有适用、耐久、安全、可靠、经济、与其环境协调等特性。因此，保证建设工程质量和使用安全尤为重要。

有了监理单位的监督，就能及时发现建设过程中出现的质量问题，并督促质量责任人及时采取相应措施，确保实现质量目标，避免出现工程质量安全隐患。

4. 有利于提高建设工程的投资效益和社会效益

监理单位不仅能协助建设单位实现建设工程的投资效益、保证工程安全，还能提高社会效益，促进国民经济的发展。

1.2.4 我国建设工程监理制度的发展趋势

【知识链接】

2020 年 2 月 20 日，北京市住房和城乡建设委员会发布了《关于优化本市建设单位工程建设管理工作的通知》，部分内容如下。

一、对地上建筑面积不大于 10000 平方米，建筑高度不大于 24 米，功能单一、技术要求简单的社会投资新建、改扩建项目及内部装修项目（地下空间开发项目和特殊建设工程除外），以及总投资 3000 万元以下的公用事业工程（不含学校、影剧院、体育场馆项目），建设规模 5 万平方米以下成片开发的住宅小区工程，无国有投资成分且不使用银行贷款的房地产开发项目，建设单位具备工程项目管理能力，可以不聘用工程监理，但应承担工程监理的法定责任和义务。

二、对于可不聘用工程监理，建设单位不具备工程项目管理能力的工程项目，建设单位可通过购买工程质量潜在缺陷保险、由保险公司委托风险管理机构的方式对工程建设实施管理。

三、对于可不聘用工程监理的工程项目，鼓励建设单位选择全过程工程咨询服务等创新管理模式。

2019 年 1 月 11 日，河北雄安新区管理委员会印发了《雄安新区工程建设项目招标投标管理办法（试行）》，其中第四十四条指出"结合 BIM、CIM 等技术应用，逐步推行工程质量保险制度代替工程监理制度"。

1. 走法治化道路

目前，我国颁布的法律、法规中有关建设工程监理的条款不少，这充分反映了建设工程监理的法律地位。但与建设工程监理相配套的法治建设还不够完善，突出表现在市场规则和市场机制方面，市场规则（特别是市场竞争规则和市场交易规则）还不健全，市场机制（包括信用机制、价格形成机制、风险防范机制、仲裁机制等）尚未形成，相关的法律体系建设应当在总结经验的基础上，借鉴国际上通行的做法，逐步建立和健全起来。

2. 向全方位、全过程监理发展

从发展趋势来看，代表建设单位进行全方位、全过程的工程项目管理，将是我国建设工程监理行业的发展方向。当前，应当按照市场需求多样化的规律，积极扩展监理服务内容。只有实施全方位、全过程的监理，才能更好地发挥建设工程的最大效益，逐步形成以市场化为基础、以国际化为方向、以信息化为支撑的建设工程监理服务市场体系。

3. 监理行业发展适应市场需求

任何企业的发展都必须适应市场需求，建设工程监理单位的发展也不例外，建设单位对建设工程监理的需求是多种多样的，监理单位所提供的监理服务也应当是多种多样的，建设工程监理应当向全方位、全过程监理发展。因此，应当通过市场机制和必要的行业政策引导，在建设工程监理行业逐步建立起综合性监理单位与专业化监理单位相结合、大中小型监理单位相结合的合理企业结构。

4. 不断提高从业人员素质

从全方位、全过程监理的要求来看，我国建设工程监理从业人员的素质还不能与之相适应，迫切需要加以提高。同时，工程建设领域的新技术、新工艺、新材料不断出现，工程技术标准、规范、规程也时有更新，信息技术日新月异，要求建设工程监理从业人员与时俱进，不断提高自身的业务素质和职业道德素养，培养责任意识，在知识、经验、信息、技能、方法和工具等方面加以提高。只有培养和造就大批高素质的监理人员，才可能形成相当数量的高素质建设工程监理单位，才能形成一批公信力强、有品牌效应的监理单位。

【任务实施】

在网络上搜索资料，下载《建设工程监理规范》（GB/T 50319—2013）的电子文档，并解释一些建设工程监理行业的专用术语。

任务三 科学实施建设工程监理

【教学导入】

2019 年 3 月 15 日，国家发展改革委、住房和城乡建设部联合下发了《关于推进全过程工程咨询服务发展的指导意见》（发改投资规〔2019〕515 号），以下是部分内容。

1. 以工程建设环节为重点推进全过程咨询。

在房屋建筑、市政基础设施等工程建设中，鼓励建设单位委托咨询单位提供招标代理、勘察、设计、监理、造价、项目管理等全过程咨询服务，满足建设单位一体化服务需求，增强工程建设过程的协同性。全过程咨询单位应当以工程质量和安全为前提，帮助建设单位提高建设效率、节约建设资金。

2. 探索工程建设全过程咨询服务实施方式。

工程建设全过程咨询服务应当由一家具有综合能力的咨询单位实施，也可由多家具有招标代理、勘察、设计、监理、造价、项目管理等不同能力的咨询单位联合实施。由多家咨询单位联合实施的，应当明确牵头单位及各单位的权利、义务和责任。要充分发挥政府投资项目和国有企业投资项目的示范引领作用，引导一批有影响力、有示范作用的政府投资项目和国有企业投资项目带头推行工程建设全过程咨询。鼓励民间投资项目的建设单位根据项目规模和特点，本着信誉可靠、综合能力和效率优先的原则，依法选择优秀团队实施工程建设全过程咨询。

3. 促进工程建设全过程咨询服务发展。

建设单位选择具有相应工程勘察、设计、监理或造价咨询资质的单位开展全过程咨询服务的，除法律、法规另有规定外，可不再另行委托勘察、设计、监理或造价咨询单位。

4. 明确工程建设全过程咨询服务人员要求。

工程建设全过程咨询项目负责人应当取得工程建设类注册执业资格且具有工程类、工程经济类高级职称，并具有类似工程经验。

请问，监理单位可以作为全过程咨询单位吗？

1.3.1 建设工程监理的法律依据

1. 法律

与建设工程监理密切相关的法律如下。

（1）《中华人民共和国建筑法》。

（2）《中华人民共和国民法典》。

（3）《中华人民共和国招标投标法》。

（4）《中华人民共和国安全生产法》。

（5）《中华人民共和国环境保护法》。

（6）《中华人民共和国消防法》。

2．行政法规

与建设工程监理密切相关的行政法规如下。

（1）《建设工程质量管理条例》。

（2）《建设工程安全生产管理条例》。

（3）《民用建筑节能条例》。

（4）《生产安全事故报告和调查处理条例》。

（5）《中华人民共和国招标投标法实施条例》等。

3．部门规章

与建设工程监理密切相关的部门规章如下。

（1）《工程监理企业资质管理规定》。

（2）《注册监理工程师管理规定》。

（3）《建设工程监理范围和规模标准规定》。

（4）《建筑工程施工发包与承包计价管理办法》。

（5）《建筑工程施工许可管理办法》。

（6）《实施工程建设强制性标准监督规定》。

（7）《房屋建筑工程质量保修办法》。

（8）《房屋建筑工程和市政基础设施工程竣工验收备案管理暂行办法》。

（9）《建筑安全生产监督管理规定》。

（10）《工程建设重大事故报告和调查程序规定》等。

4．规范标准

与建设工程监理相关的规范标准如下。

（1）《建设工程监理规范》（GB/T 50319—2013）。

（2）《建筑工程施工质量验收统一标准》（GB 50300—2013）。

（3）《建设工程文件归档规范》（GB/T 50328—2019）。

（4）《建筑与市政工程施工质量控制通用规范》（GB 55032—2022）。

（5）各专业工程施工规范和施工验收规范。

（6）各专业试验检测标准等。

1.3.2　建设工程监理实施的原则

1．公正、独立、自主

监理工程师在工程建设活动中必须尊重科学、尊重事实，与各方协同配合，维护各方的合法权益，坚持公正、独立、自主的原则。虽然业主与承建单位都是独立运行的经济主体，但他们追求的经济目标有差异，监理工程师应在合同约定的权、责、利关系的基础上，协调双方利益的一致性。

2．权责一致

监理工程师承担的职责应与业主授予的权限一致。监理工程师的监理职权依赖于业主的授权。这种权限的授予，除了体现在业主（委托人）与监理单位（监理人）签订的委托监理合同中，还应作为业主（发包人）与施工单位（承包人）签订的施工合同的条件。签订合同前，监理单位在明确业主提出的监理目标和监理工作内容要求后,应与业主协商,明确相应的授权,并反映在委托监理合同及施工合同中。

3. 总监理工程师负责制

《建设工程质量管理条例》第三十七条规定:工程监理单位应当选派具备相应资格的总监理工程师和监理工程师进驻施工现场;未经监理工程师签字,建筑材料、建筑构配件和设备不得在工程上使用或者安装,施工单位不得进行下一道工序的施工;未经总监理工程师签字,建设单位不拨付工程款,不进行竣工验收。

建设工程监理应实行总监理工程师负责制,总监理工程师经过监理单位法人代表的书面授权和任命,负责履行委托监理合同、主持监理工作。建立和健全总监理工程师负责制,就要明确权、责、利,健全项目监理机构,有科学的运行制度和现代化的管理手段,形成以总监理工程师为首的高效决策指挥体系。

总监理工程师负责制的内涵如下。

(1)总监理工程师应当具备相应的资格,应当得到监理单位法人代表的授权,以上 2 个条件缺一不可。

(2)总监理工程师是项目监理机构的最高负责人,监理单位不得随意更换总监理工程师。总监理工程师负责制既是总监理工程师的工作压力与动力,也是确定总监理工程师权限和利益的依据。

(3)总监理工程师是工程监理的权力主体,总监理工程师全面领导建设工程的监理工作,包括组建项目监理机构,主持编制建设工程监理规划,组织实施监理活动,对监理工作进行总结、监督和评价。

4. 严格监理、热情服务

严格监理,就是各级监理人员严格按照国家政策、法律、法规、规范、标准和合同控制建设工程的目标,依照既定的程序和制度,认真履行职责。

监理工程师还应为业主提供热情的服务,简而言之,就是"运用合理的技能,谨慎而勤奋地工作"。由于业主一般不熟悉建设工程管理与技术业务,监理工程师应按照委托监理合同的要求多方位、多层次地为业主提供良好的服务,维护业主的正当权益。但是,不能因此而一味向各承建单位转嫁风险,从而损害承建单位的正当利益。

5. 考虑综合效益

建设工程监理活动既要考虑业主的经济效益,也要考虑社会效益和环境效益。虽然建设工程监理活动经业主的委托和授权才得以进行,但监理工程师应首先严格遵守国家的建设管理法律、法规、标准等,以高度负责的态度和责任感,既对业主负责,谋求最大的经济效益,又对国家和社会负责,取得最佳的综合效益。

1.3.3 建设工程监理实施的方法

1. 目标规划

工程项目目标规划是一个由粗到细的过程。它随着工程的进展,分阶段地根据可能获得的工程信息对前一阶段的目标规划进行细化、补充和修正,它和目标控制之间是交替出现的循环链式关系。随着工程的进展,目标规划可分为循序渐进的 5 个阶段。

(1)目标规划的论证。正确地确定投资、进度、质量三大目标或对已经初步确定的目标进行论证。

（2）目标分解。按照目标控制的需要将各个目标进行分解，使每个目标都形成既能分解又能综合满足控制要求的目标划分系统，便于实施有效的控制。

（3）编制动态计划。把建设工程项目实施的过程、目标和活动编制成动态计划，用动态计划来协调和规范建设工程项目。

（4）风险分析。对目标的实现进行风险分析和管理，以便采取有效措施，实现主动控制。

（5）综合控制。制订各项目的综合控制措施，如组织措施、技术措施、经济措施、合同措施等，保证计划目标的实现。

2. 动态控制

动态控制是在完成工程项目的过程中，通过对过程、目标和活动的动态跟踪，全面、及时、准确地掌握工程信息，定期将实际目标与计划目标进行对比。如果发现实际目标偏离计划目标，就采取措施加以纠正，以保证总目标的实现。

动态控制贯穿于整个监理过程中，与工程项目的动态性一致。工程在不同的阶段进行，控制就要在不同的阶段开展；工程在不同的空间中展开，控制就要针对不同的空间实施；计划伴随着工程的变化而调整，控制就要不断地适应计划；随着工程的内部因素和外部环境变化，要不断地改变控制措施。

3. 组织协调

在监理过程中，监理工程师要不断进行组织协调。组织协调的内容很多，大致可分为以下几种。

（1）人际关系的协调。包括监理单位内部的人际关系、监理单位与关联单位的人际关系等。

（2）组织关系的协调。主要解决监理单位内部的分工与配合问题。

（3）供求关系的协调。包括监理实施时所需的人力、资金、设备、材料、技术、信息等供给，主要解决供求平衡问题。

（4）配合关系的协调。包括与业主、设计单位、施工单位、材料和设备供应单位，以及与政府有关部门、社会团体、科学研究单位之间的协调，主要解决配合中的同心协力问题。

（5）约束关系的协调。主要是了解和遵守国家及地方政策、法律、法规、制度方面的制约，取得政府有关部门的指导和许可。

4. 信息管理

信息管理是指监理人员对所需要的信息进行收集、整理、处理、存储、传递、应用等。信息是控制的基础，在缺少信息的情况下监理工程师就不能实施目标控制。监理工程师在开展监理工作时要不断地预测或发现问题，不断地进行规划、决策、执行和检查，而做好每一项工作都离不开相应的信息。

建筑信息模型（Building Information Modeling，BIM）、工程软件等技术在建设工程监理工作中得以应用，监理工程师可以利用 BIM 技术搭建工程数据管理平台，将监督管理贯穿于整个建筑生命周期中，从而使建设各方及时进行协调，达到组织策划、协同管理、协助设计、及时交流的目的，加强管理团队与施工团队之间的协作，大大减少协调工作量。

5. 合同管理

监理单位在监理过程中的合同管理主要是根据委托监理合同的要求对工程建设合同的签订、履行、变更、解除进行监督、检查，对合同双方的争议进行调解和处理，以保证合同的全面履行。

监理工程师在进行合同管理时主要有以下几方面的工作：协助业主签订有利于目标控制的工程建设合同；对签订的合同进行系统分析；建立合同目录、编码和档案；对合同的履行进行监督、检查；做好索赔工作。

很多大型工程项目都建立了 BIM 处理中心，在集成的工程数据管理平台上，监理工程师、设计单位、施工单位和业主可以了解项目进展，提高合同管理的效率，减少合同争议。

1.3.4 建设工程监理实施的程序

1. 确定项目总监理工程师，成立项目监理机构

工程监理实施的程序

监理单位应根据工程的规模、性质、业主对监理的要求委派称职的人员担任项目总监理工程师，总监理工程师应得到监理单位法人代表的书面授权。总监理工程师是建设工程项目监理工作的总负责人，对内向监理单位负责，对外向业主负责。

签订委托监理合同后，总监理工程师应组建项目监理机构，项目监理机构的组织形式应根据工程规模设立。项目监理机构是一次性的，完成委托监理合同约定的监理工作后即解体。组建项目监理机构后，监理单位应将项目监理机构的组织形式、人员构成、进驻计划等报送建设单位。

2. 搜集资料，编制建设工程监理规划

编制建设工程监理规划需要项目特征的有关资料、所在地区的技术经济资料、建设条件以及类似工程的建设情况。建设工程监理规划应明确项目监理机构的工作目标，确定具体的监理工作制度、内容、程序、方法和措施。

3. 制订专业监理实施细则

专业监理工程师要在工程某一专业（土建、水电、设备安装等）或某一方面（安全、环保、造价等）工作开始实施前制订相关的监理实施细则。一份翔实且针对性较强的监理实施细则既可以体现监理单位对项目控制的理解能力和程序控制技术水平，又可以消除业主对监理单位工作能力的疑虑，增强信任感。

4. 规范化地开展监理工作

监理工作的规范化体现在以下三方面。

（1）工作的时序性。这是指监理的各项工作都应按一定的逻辑顺序展开。

（2）职责分工的严密性。建设工程监理工作是由不同专业、不同层次的专家群体共同完成的，严密的职责分工是进行监理工作的前提，也是实现监理目标的重要保证。

（3）工作目标的确定性。在职责分工的基础上，每项监理工作的具体目标都应是确定的，完成的时间也应有规定，能通过报表资料对监理工作及其效果进行检查和考核。

5. 组织或参与验收，签署验收意见

专业监理工程师组织分项工程的验收，总监理工程师组织分部工程的验收。施工单位提交竣工验收申请后，监理单位应组织竣工预验收，及时与施工单位沟通预验收中发现的问题，提出整改要求。监理单位应参加业主组织的工程竣工验收，签署验收意见。

6. 向业主提交建设工程监理档案

建设工程监理工作完成后，监理单位向业主提交的监理档案应在委托监理合同文件中约定。如果合同没有做出明确规定，监理单位一般应提交质量评估报告、设计变更资料、工程变更资料、监理指令性文件、签证资料等。

7. 进行监理工作总结

监理工作完成后，项目监理机构应及时从两方面进行监理工作总结。一是向业主提交监理工作总结，其主要内容包括委托监理合同履行情况概述，监理任务或监理目标完成情况的评价，业主提供的供监理活动使用的办公用房、车辆、试验设施等的清单，表明监理工作终结的说明等。二是向监理单位提交监理工作总结，其内容主要包括：监理工作经验，可以是采用某种监理技术、方法的经验，也可以是采用某种经济措施、组织措施的经验，以及委托监理合同执行的经验等；监理工作存在的问题及改进建议。

建设工程监理实施的程序如图1-4所示。

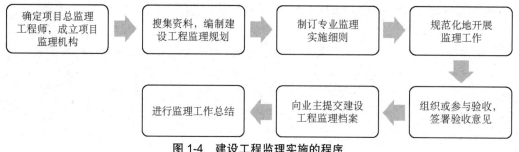

图1-4 建设工程监理实施的程序

【任务实施】

1. 请同学们思考，项目监理机构和监理单位之间是什么关系？
2. 根据自身的实践经历，列举在工程项目中监理工程师需要做哪些工作。

项目小结

建设工程监理制度是我国建设工程领域的重大改革举措，为保证建设工程顺利开展、保证建设工程质量和人民生命财产安全、提高投资效益发挥了重要作用。本项目介绍了建设工程监理的概念、性质、制度背景、相关法律和法规等，让初次接触本课程的学生对建设工程监理有了基本认识；让学生掌握了工程建设程序、建设工程监理的性质、建设工程监理实施的方法和程序，熟悉了监理单位和参建各方的关系。

能力训练

一、单选题

1. 必须实行监理的大中型公用事业工程的投资额最低为（　　）。
A. 1000万元　　　　B. 1500万元　　　　C. 2000万元　　　　D. 3000万元
2. 由于监理机构发出了错误的设计变更指令，造成的工程损失由（　　）承担。
A. 监理单位　　　B. 施工单位　　　C. 建设单位　　　D. 设计单位
3. 监理单位是工程建设活动的"第三方"，意味着工程建设监理具有（　　）。
A. 服务性　　　　B. 独立性　　　　C. 公平性　　　　D. 科学性
4. 监理单位要和建设单位签订委托监理合同，合同要明确监理报酬、双方的权利和义务。

这主要体现了工程建设监理的（　　）。

A. 服务性　　　　　　B. 独立性　　　　　C. 公平性　　　　　D. 科学性

5. 工程建设监理实施的对象是（　　）。

A. 工程建设项目　　　B. 工程设计项目　　C. 工程施工项目　　D. 工程勘察项目

6. 工程建设监理的行为主体是（　　）。

A. 监理人员　　　　　B. 监理单位　　　　C. 项目监理机构　　D. 工程项目

7. 基本的建设程序是（　　）。

A. 先勘察、后施工、再设计　　　　　　　B. 先施工、后设计、再勘察

C. 先设计、后勘察、再施工　　　　　　　D. 先勘察、后设计、再施工

8. 建设工程实施的前提是（　　）。

A. 工程建设文件　　　　　　　　　　　　B. 建设单位的授权和委托

C. 相关的建设工程合同　　　　　　　　　D. 监理单位的专业化

9. 建设工程监理的法律依据的效力从高到低依次是（　　）。

A. 法律、行政法规、部门规章　　　　　　B. 部门规章、行政法规、法律

C. 行政法规、法律、部门规章　　　　　　D. 法律、部门规章、行政法规

10. 监理单位从（　　）的角度出发，对工程进行质量控制。

A. 建设工程生产者　　　　　　　　　　　B. 社会公众

C. 业主或建设工程需求者　　　　　　　　D. 项目的贷款方

二、多选题

1. 市场准入的双重控制是对（　　）进行控制。

A. 企业管理者　　　　　　　　　　　　　B. 企业资质

C. 人员资格　　　　　　　　　　　　　　D. 人员数量

E. 人员技术职称

2. 政府监督管理建设工程的工作内容有（　　）。

A. 检查工程实体质量　　　　　　　　　　B. 检查参建单位的质量行为

C. 检查工程质量文件和资料　　　　　　　D. 提出合理建议，由业主支付报酬

E. 旁站、见证

3. 工程建设监理的依据是（　　）。

A. 国家批准的工程项目建设文件　　　　　B. 有关工程建设的法律、法规

C. 设计文件　　　　　　　　　　　　　　D. 工程建设分包合同

E. 委托监理合同及其他工程建设合同

4. 《中华人民共和国建筑法》规定，工程监理单位与被监理工程的（　　）不得有隶属关系或者其他利害关系。

A. 设计单位　　　　　　　　　　　　　　B. 承包单位

C. 建筑材料供应单位　　　　　　　　　　D. 设备供应单位

E. 工程咨询单位

5. 在全过程监理中，监理单位可根据（　　）对承建单位的建设行为实行监理。

A. 委托监理合同　　　　　　　　　　　　B. 勘察合同

C. 设计合同   D. 招标文件

E. 施工合同

三、简答题

1. 哪些建设工程项目必须实行监理？

2. 建设工程监理的作用是什么？

3. 现阶段我国建设工程监理的特点有哪些？

4. 建设工程监理与政府监督管理在项目质量管控方面存在哪些区别？

5. 建设工程监理实施的程序是怎样的？

四、案例分析题

在订立某工程项目施工阶段的委托监理合同时，经委托人（建设单位）和监理人（监理单位）协商，在合同中约定了双方的权利、义务和责任，其中一些约定如下。

1. 监理单位可以以个人名义签订委托监理合同；

2. 同意监理单位委派在执业注册申请期内的人员担任总监理工程师；

3. 施工期间，经过监理单位审核认可后签字的变更文件，可以作为施工的依据；

4. 监理单位在监理工作中应无条件维护甲方的利益；

5. 监理单位对工程提出合理建议，使施工单位加快了工期、降低了工程成本，监理单位可以从施工单位处获得报酬；

6. 监理单位审核分包单位的工程款支付申请。

以上约定是否正确？请说明理由。

五、讨论题

建设工程监理和工程项目管理有什么区别？

项目二　工程监理企业和监理工程师

知识目标

1. 了解工程监理企业的概念，了解工程监理企业的资质要求。
2. 掌握工程监理企业与工程建设各方的关系，掌握工程监理企业的经营管理准则。
3. 熟悉监理费用的构成、监理费用的计算方法。
4. 了解相关职业资格的要求，了解监理工程师的职业特点和法律责任。
5. 掌握监理工程师的概念，以及监理工程师应当具备的素养和职业道德。

拓展知识点

1. 我国工程监理企业资质改革方向。
2. 监理工程师职业资格考试的报名条件和考试科目（新旧对比）。
3. 建筑领域相关企业的主要违法违规行为。
4. 我国职业资格分类。

任务一　成立工程监理企业

【教学导入】

XXX 工程管理股份有限公司是一家集团化、综合性的大型工程咨询企业，成立于 20 世纪 80 年代，公司下设造价咨询公司、建筑设计院等子公司，拥有工程监理、工程咨询、造价咨询、人防工程监理、水利工程监理、设备监理、工程设计等资质，能为房建、市政、水利、交通、能源、铁路等领域的业主提供项目前期咨询、设计管理、造价咨询、招标采购、工程监理、工程项目管理、全过程工程咨询等服务。

请问，申请监理企业资质需要满足哪些条件？

2.1.1　工程监理企业

1. 工程监理企业的概念

工程监理企业是指依法成立并取得建设行政主管部门颁发的工程监理企业资质证书，从事建设工程监理与相关服务活动的机构，同时也是监理工程师的执业机构。

我国的工程监理企业是推行建设工程监理制度后才兴起的一种组织形式。工程监理企业市场经营的主要任务是向业主提供技术服务，为工程项目的决策、建设和运行提供合理建议，对建设工程的质量、进度、投资进行监督管理。实践证明，工程监理企业已在工程建设项目中发挥了积极作用。

2. 工程监理企业的类型

工程监理企业应是实行独立核算、从事营利性经营和服务活动的经济组织。工程监理企业的类型包括公司制监理企业、合伙制监理企业、个人独资监理企业、中外合资经营监理企业和中外合作经营监理企业。

目前我国工程监理企业以公司制监理企业为主，公司制监理企业有 2 种，即监理有限责任公司和监理股份有限公司。我国的公司制监理企业有以下 5 个特征。

（1）必须是依照《中华人民共和国公司法》设立的社会经济组织；
（2）必须是以营利为目的的独立企业法人；
（3）自负盈亏，独立承担民事责任；
（4）是完整纳税的经济实体；
（5）采用规范的成本会计和财务会计制度。

2.1.2　工程监理企业的资质要素

监理企业的资质要素

工程监理企业资质是企业技术能力、管理水平、业务经验、经营规模、社会信誉等综合实力的体现。工程监理企业应按照所拥有的注册资本、专业技术人员数量和工程监理业绩等申请资质，审查合格并取得相应等级的资质证书后，才能在其资质等级许可的范围内从事工程监理活动。工程监理企业的资质要素体现在以下几方面。

1. 监理人员素质

监理企业的技术负责人要具有高级职称，取得监理工程师职业资格证书，具有较强的组织协调和领导能力；对于监理企业的技术管理人员，要求拥有足够数量的取得监理工程师职业资格证书的监理人员，其中高级建筑师、高级工程师、高级经济师要有足够的数量；对于监理企业的监理人员，一般应为大专以上学历，且本科以上学历者占大多数。

2. 专业配套能力

审查监理企业资质的重要内容是看专业监理人员的配备是否与其所申请的监理业务范围一致。例如，从事一般工业与民用建筑工程监理业务的监理企业应当配备建筑、结构、电气、通信、给水、排水、工程测量、建筑经济、设备工艺等专业的监理人员。

3. 技术装备

监理企业应有一定数量的试验、测量、交通、通信、计算机方面的技术装备。例如，应有一定数量的计算机，用于计算机辅助管理；应有一定数量的测量、检测仪器，用于检查、检测工作；应有一定数量的交通、通信设备，以便高效率地开展监理活动；应有一定数量的照相、录像设备，以便及时、真实地记录工程实况等。

4. 管理水平

监理企业的管理水平首先要看监理企业负责人的素质和能力，其次要看监理企业的规章制度是否健全，还要看监理企业是否有系统、有效的工程项目管理方法和手段。监理企业的管理水平主要表现在能否将本企业的人、财、物的作用充分发挥出来，做到人尽其才、物尽其用；监理人员能否做到遵纪守法，遵守职业道德准则；能否通过各种渠道，占领一定的监理市场，能否在工程项目监理中取得良好的业绩。

5. 监理经历和业绩

一般来说，监理企业开展监理业务的时间越长，监理经验越丰富，监理能力也越高，监理业绩越好。监理经历是监理企业的宝贵财富，是构成其资质的要素之一。监理业绩主要指开展项目监理业务时取得的成效，包括监理业务量的多少和监理效果的好坏。

2.1.3 工程监理企业的资质等级和业务范围

工程监理资质证书样式如图 2-1 所示。

1. 综合资质标准与业务范围

具有综合资质的监理企业可以承担所有专业工程类别建设工程项目的工程监理业务，其资质标准如下。

（1）具有独立法人资格且具有符合国家有关规定的资产。

（2）企业技术负责人应为注册监理工程师，具有 15 年以上从事工程建设工作的经历或者具有工程类高级职称。

图 2-1 工程监理资质证书样式

（3）具有 5 个以上工程类别的专业甲级工程监理资质。

（4）注册监理工程师不少于 60 人，注册造价工程师不少于 5 人，一级注册建造师、一级注册建筑师、一级注册结构工程师或其他勘察设计注册工程师合计不少于 15 人次。

（5）企业具有完善的组织结构和质量管理体系，有健全的技术、档案等管理制度。

（6）企业具有必要的工程试验检测设备。

（7）申请工程监理资质之日前一年内没有《工程监理企业资质管理规定》第十六条禁止的行为。

（8）申请工程监理资质之日前一年内没有因本企业监理责任造成重大质量事故。

（9）申请工程监理资质之日前一年内没有因本企业监理责任发生三级以上工程建设重大安全事故或者发生两起以上四级工程建设安全事故。

2. 专业资质标准及业务范围

工程监理企业专业资质分为甲级和乙级；其中，房屋建筑、水利水电、公路和市政公用专业资质可设丙级。

（1）甲级。具有专业甲级资质的工程监理企业可承担相应专业工程类别建设工程项目的工程监理业务，如表 2-1 所示，其资质标准如下。

① 具有独立法人资格且具有符合国家有关规定的资产。

② 企业技术负责人应为注册监理工程师，并具有 15 年以上从事工程建设工作的经历或者具有工程类高级职称。

③ 注册监理工程师、注册造价工程师、一级注册建造师、一级注册建筑师、一级注册结构工程师或者其他勘察设计注册工程师合计不少于 25 人次。其中，相应专业注册监理工程师不少于规定配备的人数，如表 2-2 所示，注册造价工程师不少于 2 人。

④ 企业近 2 年内独立监理过 3 个以上相应专业的二级工程项目，但是，具有甲级设计资质或一级及以上施工总承包资质的企业申请本专业工程类别甲级资质的除外。

⑤ 企业具有完善的组织结构和质量管理体系，有健全的技术、档案等管理制度。

⑥ 企业具有必要的工程试验检测设备。

⑦ 申请工程监理资质之日前一年内没有《工程监理企业资质管理规定》第十六条禁止的行为

⑧ 申请工程监理资质之日前一年内没有因本企业监理责任造成重大质量事故。

⑨ 申请工程监理资质之日前一年内没有因本企业监理责任发生三级以上工程建设重大安全事故或者发生两起以上四级工程建设安全事故。

（2）乙级。具有专业乙级资质的工程监理企业可承担相应专业工程类别二级以下（含二级）建设工程项目的工程监理业务，其资质标准如下。

① 具有独立法人资格且具有符合国家有关规定的资产。

② 企业技术负责人应为注册监理工程师，并具有 10 年以上从事工程建设工作的经历。

③ 注册监理工程师、注册造价工程师、一级注册建造师、一级注册建筑师、一级注册结构工程师或者其他勘察设计注册工程师合计不少于 15 人次。其中，相应专业注册监理工程师人数不得少于规定配备的人数，注册造价工程师不少于 1 人。

④ 有较完善的组织结构和质量管理体系，有技术、档案等管理制度。

⑤ 有必要的工程试验检测设备。

⑥ 申请工程监理资质之日前一年内没有《工程监理企业资质管理规定》第十六条禁止的

行为。

⑦ 申请工程监理资质之日前一年内没有因本企业监理责任造成重大质量事故。

⑧ 申请工程监理资质之日前一年内没有因本企业监理责任发生三级以上工程建设重大安全事故或者发生两起以上四级工程建设安全事故。

表 2-1 专业工程等级表（房屋建筑工程）

工程类别		一级	二级	三级
房屋建筑工程	一般公共建筑	28层以上；36米跨度以上（轻钢结构除外）；单项工程建筑面积 3 万平方米以上	14～28层；24～36米跨度（轻钢结构除外）；单项工程建筑面积 1 万～3 万平方米	14层以下；24米跨度以下（轻钢结构除外）；单项工程建筑面积 1 万平方米以下
	高耸构筑工程	高度120米以上	高度70～120米	高度70米以下
	住宅工程	小区建筑面积12万平方米以上；单项工程28层以上	建筑面积 6 万～12 万平方米；单项工程14～28层	建筑面积 6 万平方米以下；单项工程14层以下

表 2-2 专业资质注册监理工程师人数配备表（单位：人）

序号	工程类别	甲级	乙级	丙级
1	房屋建筑工程	15	10	5
2	冶炼工程	15	10	
3	矿山工程	20	12	
4	化工石油工程	15	10	
5	水利水电工程	20	12	5
6	电力工程	15	10	
7	农林工程	15	10	
8	铁路工程	23	14	
9	公路工程	20	12	5
10	港口与航道工程	20	12	
11	航天航空工程	20	12	
12	通信工程	20	12	
13	市政公用工程	15	10	5
14	机电安装工程	15	10	

【知识链接】

住房和城乡建设部办公厅关于调整工程监理企业甲级资质标准注册人员指标的通知

各省、自治区住房和城乡建设厅，直辖市建委，新疆生产建设兵团住房和城乡建设局，国务院有关部门建设司（局）：

为深入推进建筑业"放管服"改革，进一步优化建筑企业资质管理，决定调整工程监理企业甲级资质标准注册人员指标，现通知如下：

一、自 2019 年 2 月 1 日起，审查工程监理专业甲级资质（含升级、延续、变更）申请时，对注册类人员指标，按相应专业乙级资质标准要求核定。

二、各级住房和城乡建设主管部门要加强对施工现场监理企业是否履行监理义务的监督检查，重点加强对注册监理工程师在岗执业履职行为的监督检查，确保工程质量和施工安全，切实维护建筑市场秩序，促进工程监理行业持续健康发展。

中华人民共和国住房和城乡建设部办公厅

2018 年 12 月 22 日

2.1.4 工程监理企业的资质申请与审批

1. 工程监理企业的资质申请

新设立的工程监理企业申请资质，应当先到当地工商行政管理部门登记注册并取得企业法人营业执照后，才能到建设行政主管部门办理资质申请手续。企业申请工程监理企业资质，在资质许可机关的网站或审批平台提出申请事项，提交专业技术人员、技术装备和已完成业绩等电子材料。

工程监理企业申请综合资质、专业甲级资质的，要向企业工商注册所在地的省、自治区、直辖市人民政府住房和城乡建设主管部门提出申请。省、自治区、直辖市人民政府住房和城乡建设主管部门收到申请材料后，应当在 5 日内将全部申请材料报审批部门。国务院住房和城乡建设主管部门在收到申请材料后，应当依法做出是否受理的决定，并出具凭证；申请材料不齐全或者不符合法定形式的，应当在 5 日内一次性告知申请人需要补正的全部内容。逾期不告知的，自收到申请材料之日起即为受理。

2. 工程监理企业资质审批

国务院住房和城乡建设主管部门应当自受理之日起 20 日内做出审批决定。在做出决定之日起 10 日内公告审批结果。其中，涉及铁路、交通、水利、通信、民航等专业工程监理资质的，由国务院住房和城乡建设主管部门送国务院有关部门审核。国务院有关部门应当在 15 日内审核完毕，并将审核意见报国务院住房和城乡建设主管部门。

工程监理企业申请专业乙级的，由企业所在地省、自治区、直辖市人民政府住房和城乡建设主管部门审批。省、自治区、直辖市人民政府住房和城乡建设主管部门应当自做出决定之日起 10 日内，将准予资质许可的决定报国务院住房和城乡建设主管部门备案。

工程监理企业资质证书分为正本和副本，每套资质证书包括一本正本，四本副本。正、副本具有同等法律效力。工程监理企业资质证书的有效期为 5 年。工程监理企业资质证书由国务院住房和城乡建设主管部门统一印制并发放。

3. 工程监理企业的资质管理

（1）国务院住房和城乡建设主管部门负责全国工程监理企业资质的统一监督管理工作。国务院铁路、交通、水利、信息产业、民航等有关部门配合国务院住房和城乡建设主管部门实施相关资质类别工程监理企业资质的监督管理工作。

（2）省、自治区、直辖市人民政府住房和城乡建设主管部门负责本行政区域内工程监理企业资质的统一监督管理工作。省、自治区、直辖市人民政府交通、水利、信息产业等有关部门配合同级住房和城乡建设主管部门实施相关资质类别工程监理企业资质的监督管理工作。

【任务实施】

1. 请同学们随机在网上搜索监理企业信息，讨论搜索到的企业所具有的资质等级，以及拥有的资质要素。

2. 假设要申请工程监理企业，需要提交哪些资料？

任务二　开展工程监理业务活动

【教学导入】

2023 年 6 月，住房和城乡建设部通报了 2022 年度建筑工程施工转包违法分包等违法违规行为及举报投诉案件查处情况，部分内容如下。

据统计，各地住房和城乡建设主管部门共排查项目 323775 个，涉及建设单位 249443 家、施工企业 272941 家。各地住房和城乡建设主管部门共排查出 8518 个项目存在建筑市场违法违规行为。其中，存在违法发包行为的项目 527 个，占比 6.2%；存在转包行为的项目 399 个，占比 4.7%；存在违法分包行为的项目 568 个，占比 6.7%；存在挂靠行为的项目 166 个，占比 1.9%；存在未领施工许可证先行开工等其他建筑市场违法违规行为的项目 6858 个，占比 80.5%。

各地住房和城乡建设主管部门共查处存在违法违规行为的建设单位 3157 家、施工企业 6394 家。其中，存在转包行为的企业 408 家，存在违法分包行为的企业 597 家，存在挂靠行为的企业 112 家，存在出借资质行为的企业 84 家，存在其他违法违规行为的企业 5193 家。

请问，针对存在违法违规行为的企业和人员，有哪些行政处罚措施？

2.2.1　工程监理企业经营活动的基本准则

1. 守法

守法即遵守国家的法律、法规。对于工程监理企业来说，守法即依法经营，要求如下。

（1）工程监理企业只能在核定的业务范围内开展经营活动。核定的业务范围包括两方面，一是监理业务的工程类别，二是承接监理工程的等级。

（2）工程监理企业不得伪造、涂改、出租、出借、转让、出卖资质证书。

（3）委托监理合同一经双方签订，即具有法律约束力，工程监理企业应按照合同约定认真履行。

（4）工程监理企业在异地承接监理业务时，要自觉遵守工程所在地的有关规定，主动向工程所在地的建设行政主管部门备案，接受其指导和监督。

（5）遵守有关法律、法规。

2. 诚信

诚信即诚实守信，是道德规范在市场经济中的体现。工程监理企业应当健全企业的信用管理制度。信用管理制度的主要内容如下。

（1）建立健全的合同管理制度。

（2）建立健全的合作制度，及时与业主进行沟通，增强信任感。

（3）建立健全的监理服务需求调查制度，这也是企业进行有效竞争、防范经营风险的重要手段之一。

（4）建立企业内部信用管理责任制度，及时检查和评估企业信用情况，不断提高企业的信用管理水平。

3．公正

公正是指工程监理企业在监理活动中既要维护建设单位的利益，又不能损害施工单位的合法权益，并依据合同公平、合理地处理建设单位与施工单位之间的争议。工程监理企业要做到公平，必须做到以下几点。

（1）具有良好的职业道德。

（2）坚持实事求是。

（3）熟悉建设工程合同的有关条款。

（4）提高专业技术能力。

（5）提高综合分析问题的能力。

4．科学

科学是指工程监理企业要依据科学的方案，运用科学的技术手段，采取科学的方法开展监理工作；监理工作结束后，还要进行科学的总结，主要体现在以下几方面。

（1）科学的方案。工程监理方案主要是指监理规划和监理实施细则。在实施工程监理前，要尽可能准确地预测各种可能的问题，有针对性地提出解决办法，制订切实可行、行之有效的监理规划和监理实施细则。

（2）科学的手段。实施工程监理必须借助先进的科学仪器，如各种检测、试验、化验仪器、录像设备、计算机等。

（3）科学的方法。监理人员要在掌握实际情况的基础上，适时、妥帖、高效地处理有关问题，用事实说话，用书面文字说话，用数据说话，充分利用计算机软件进行辅助管理。

2.2.2　工程监理费用的计取

1．工程监理费用的构成

工程监理费用是业主依据委托监理合同支付给监理企业的酬金。它是工程概（预）算的一部分，在工程概（预）算中单独列支。工程监理费用由监理直接成本、监理间接成本、税金和利润构成。

（1）监理直接成本。监理直接成本是监理企业履行委托监理合同所发生的成本，主要包括以下内容。

① 监理人员和辅助人员的工资、奖金、津贴、附加工资等。

② 用于监理工作的常规检测仪器、计算机等办公设施的购置费和其他仪器、机械的租赁费用。

③ 用于监理人员和辅助人员的其他专项开支，包括办公费、通信费、差旅费、书报费、文印费、会议费、医疗费、劳保费、保险费等。

④ 其他费用。

（2）监理间接成本。监理间接成本是全部业务经营开支及非工程监理的特定开支，包括以下几点。

① 管理人员、行政人员及后勤人员的工资、奖金、津贴等。

② 经营性业务开支，包括为招揽监理业务而产生的广告费、宣传费、有关合同的公证费等。

③ 办公费。

④ 办公设施使用费，包括办公使用的水、电、气等费用。

⑤ 业务培训费。

⑥ 附加费，包括劳保统筹费、工会经费、住房公积金、特殊补助等。

⑦ 其他费用。

（3）税金。税金是工程监理企业按照国家规定交纳的各种税金总额，如增值税、企业所得税、印花税等。

（4）利润。利润是监理活动收入扣除监理直接成本、监理间接成本和税金后的余额。

2. 工程监理费用的计取方法

（1）按建设工程投资额的百分比计算法。这种方法按照工程的规模大小和所委托的监理工作的繁简，以建设工程投资额的一定百分比来计算。这种方法比较简便，业主和工程监理企业均容易接受。采用这种方法的关键是确定计算监理费用的基数。新建、改建、扩建工程及较大型的技术改造工程所编制的工程概（预）算就是计算监理费用的初始基数，工程结算时再按照实际工程投资额进行调整。当然，作为计算监理费用基数的工程概（预）算仅限于委托监理的工程部分。

（2）工资加一定比例的其他费用计算法。这种方法是以项目监理机构监理人员的实际工资为基数，再乘一个系数，这个系数包括了监理间接成本和税金、利润等。一般情况下较少采用这种方法，因为在核定监理人员数量和监理人员的实际工资方面，业主和工程监理企业之间难以达成完全一致的意见。

（3）按时计算法。这种方法是根据委托监理合同约定的服务时间（计算时间的单位可以是小时，也可以是工作日或月），按照单位时间的监理服务费来计算监理费用总额。单位时间的监理服务费一般以工程监理企业员工的基本工资为基础，加上一定的管理费和利润（税前利润）。采用这种方法时，监理人员的差旅费、资料费、试验和检验费、交通费等均由业主另行支付。这种计算方法主要用于临时的、短期的监理业务，或者不宜按其他方法计算监理费用的监理业务。这种方法在一定程度上限制了监理企业潜在效益的增加，因此单位时间内监理费用的标准比工程监理企业内部的实际标准高得多。

（4）固定价格计算法。这种方法是在明确监理工作内容的基础上业主与监理企业协商确定固定监理费用，或监理企业在投标书中以固定价格报价并中标。当工作量有所增减时，一般也不调整监理费用。这种方法适用于监理内容比较明确的中小型工程，业主和工程监理企业都不会承担较大的风险，例如住宅工程的监理费用可以用单位建筑面积的监理费用乘建筑面积来确定。

（5）实际成本加固定费用。实际成本由直接成本和间接成本组成，固定费用实际上相当于监理费用和税金。

【任务实施】

1. 分组讨论：工程监理企业的诚信表现在哪些方面，如果企业缺乏诚信会怎样？

2. 某建筑工程项目的建筑安装工程造价为 5200 万元，工程复杂程度为一般。发包人委托监理企业对该建设工程项目进行施工阶段的监理服务，请计算监理费用，施工监理服务收费计价表如表 2-3 所示。

表 2-3　施工监理服务收费计价表

序号	计费额	计取费率
1	1000 万元以下	2.0%
2	1000 万～3000 万元	1.5%
3	3000 万元以上	1.0%

任务三　打造高素质监理工程师的成长途径

【教学导入】

钱述尼先生被人们尊称为"钱大师"，他是中国第一代监理工程师。1993 年，钱述尼先生离开了奋斗近 30 年的设计工作岗位，踏上了与铁四院（原铁道第四勘察设计院）监理公司共同成长、共同见证中国工程监理事业发展的征程。钱述尼先生全身心投入到监理工作中，先后参与了多个重大工程项目管理工作，包括三峡工程对外交通专用公路项目和港珠澳大桥工程。在中国铁路建设高速发展期间，他先后发表了多部著作、科技论文、监理论文等，把宝贵的监理经验无私地分享给同行。2008 年，中国建设监理协会首次在全国的监理队伍中评选"中国工程监理大师"，钱述尼先生获此殊荣。

请问，如何成为一名高素质监理工程师？

监理工程师的
职业道德

2.3.1　监理工程师的素质和职业道德

1. 监理工程师的素质

（1）具有较高的工程专业学历和复合型知识结构。

现代工程项目建设规模越来越大，技术质量要求越来越高，管理方法和手段越来越先进，建设领域的工艺、材料、结构、方法等不断更新，需要多专业、多工种协同施工建设，呈现"设计施工管理一体化"趋势。监理工程师应该具有较高的工程专业学历，熟悉建设工程法律、法规、规范和标准，懂得工程经济、项目管理的理论和方法，能协调处理合同纠纷，并且努力学习新知识、新技术、新工艺、新材料，不断提升自己的专业技术水平。

（2）具有丰富的工程建设实践经验。

具有丰富的工程建设实践经验，可使监理工程师的监理工作做到有预见性和针对性，并使监理工作与项目实施过程紧密配合，实现既定的工程目标。作为监理工程师，如果在工程建设的某方面从事具体工作多年，并积累了丰富的实践经验，会使其监理工作更得心应手，使施工协调工作更加顺利。

（3）具有良好的品德。

监理工程师承担着工程建设质量、投资、进度及安全的控制工作，监理工作的好坏直接关系着工程项目质量能否得到保证、投资能否被有效控制、工程能否按期交付使用。良好的品德体现在以下几方面。

① 热爱建设事业，热爱本职工作。

② 具有科学的工作态度。

③ 具有廉洁奉公、为人正直、办事公道的高尚情操。

④ 能听取不同的意见，能冷静地分析问题。

（4）具有健康的体魄和充沛的精力。

无论是制订监理计划、方案，还是审核、确认有关文件、资料，或是现场检查、巡视，都会消耗体力。尤其在施工阶段，工程项目规模越来越大，新工艺、新材料、新结构大量应用，需要检查、把关的工序越来越多，多工种同时施工，投入的资源量大，工期往往紧迫，这使监理审核、确认的工作量变大，需要监理工程师有健康的体魄和充沛的精力。

2. 监理工程师的职业道德

（1）维护国家的荣誉和利益，按照"守法、诚信、公正、科学"的准则执业。

（2）执行有关工程建设的法律、法规、标准、规范和制度，履行委托监理合同规定的义务和职责。

（3）努力学习专业技术和建设监理知识，不断提高业务能力和监理水平。

（4）不以个人名义承揽监理业务。

（5）不同时在两个或两个以上监理单位注册和从事监理活动，不在政府部门或施工、材料设备的生产供应单位兼职。

（6）不为监理项目指定承包商和建筑构配件、设备、材料生产厂家。

（7）不收取被监理单位的任何礼金。

（8）不泄露工程各方认为需要保密的事项。

（9）坚持独立自主地开展工作。

2.3.2　监理工程师的法律地位和法律责任

1. 监理工程师的权利

（1）使用"注册监理工程师"称谓。

（2）在规定范围内从事执业活动。

（3）依据本人能力从事相应的执业活动。

（4）保管和使用本人的注册证书和执业印章。

（5）对本人的执业活动进行解释和辩护。

（6）接受继续教育。

（7）获得相应的劳动报酬。

（8）对侵犯本人权利的行为进行申诉。

2. 监理工程师的义务

（1）遵守法律、法规和有关规定。

（2）履行管理职责，执行技术标准、规范和规程。

（3）保证执业活动成果的质量，并承担相应的责任。

（4）接受继续教育，努力提高执业水准。

（5）在本人执业活动所形成的工程监理文件上签字、加盖执业印章。

（6）保守在执业活动中知悉的国家秘密和他人的商业、技术秘密。

（7）不得涂改、倒卖、出租、出借或者以其他形式非法转让注册证书和执业印章。

（8）不得同时在两个或者两个以上单位受聘或者执业。

（9）在规定的执业范围和聘用单位业务范围内从事执业活动。

（10）协助注册管理机构完成相关工作。

3. 监理工程师的法律责任

（1）违法行为的责任。

《中华人民共和国建筑法》第三十五条规定，工程监理单位不按照委托监理合同的约定履行监理义务，对应当监督检查的项目不检查或者不按照规定检查，给建设单位造成损失的，应当承担相应的赔偿责任。

《中华人民共和国刑法》第一百三十七条规定，建设单位、设计单位、施工单位、工程监理单位违反国家规定，降低工程质量标准，造成重大安全事故的，对直接责任人员，处五年以下有期徒刑或者拘役，并处罚金；后果特别严重的，处五年以上十年以下有期徒刑，并处罚金。

《建设工程质量管理条例》第三十六条规定，工程监理单位应当依照法律、法规以及有关技术标准、设计文件和建设工程承包合同，代表建设单位对施工质量实施监理，并对施工质量承担监理责任。

（2）违约行为的责任。

开展建设工程监理的前提是签订委托监理合同，注册于监理单位的监理工程师依据委托监理合同的工作范围、内容、要求进行监理工作。履行合同的过程中，如果监理工程师出现工作过失，违反合同约定，监理工程师所在的监理单位应当承担相应的违约责任；由监理工程师个人过失引发的合同违约，监理工程师应当与监理企业承担一定的连带责任。一般地，建设工程委托监理合同中应写明"监理人责任"的有关条款。

（3）安全生产的责任。

《建设工程安全生产管理条例》第十四条规定，工程监理单位和监理工程师应当按照法律、法规和工程建设强制性标准实施监理，并对建设工程安全生产承担监理责任。

如果监理单位有下列行为之一，则要承担一定的监理责任。

① 未对施工组织设计中的安全技术措施或者专项施工方案进行审查。

② 发现安全事故隐患后未及时要求施工单位整改或暂时停止施工。

③ 施工单位拒不整改或者不停止施工时，未及时向有关主管部门报告。

④ 未依照法律、法规和工程建设强制性标准实施监理。

如果监理工程师有下列行为之一，则应当与质量、安全事故责任主体承担连带责任。

① 违章指挥或者发出错误指令，引发安全事故的。

② 将不合格的建筑工程、建筑材料、建筑构配件和设备按照合格签字，造成工程质量事故，由此引发安全事故的。

③ 与建设单位或施工单位串通，弄虚作假，降低工程质量，从而引发安全事故的。

（4）监理工程师违规行为的处罚。

监理工程师的违规行为及相应的处罚办法一般包括以下几方面。

① 未取得职业资格证书、注册证书和执业印章，以监理工程师名义执行业务的人员，予以取缔，并处以罚款；有违法所得的，予以没收。

② 以欺骗手段取得职业资格证书、注册证书和执业印章的人员，吊销其证书，收回执业印章，并处以罚款；情节严重的，3 年之内不允许考试及注册。

③ 监理工程师出借职业资格证书、注册证书和执业印章，情节严重的，将被吊销证书，收回执业印章，3 年之内不允许考试和注册。

④ 监理工程师注册内容发生变更，未按照规定办理变更手续的，将被责令改正，并可能受到罚款处罚。

⑤ 同时受聘于两个及两个以上单位的，将被注销注册证书，收回执业印章，并受到罚款处理；有违法所得的，将被没收。

⑥ 对于监理工程师在执业中出现的行为过失，产生不良后果的，《建设工程质量管理条例》规定，监理工程师因过错造成质量事故的，责令停止执业 1 年；造成重大质量事故的，吊销职业资格证书，5 年以内不予注册；情节特别恶劣的，终身不予注册。

2.3.3　监理工程师的考试、注册和继续教育

1. 监理工程师职业资格考试

（1）监理工程师职业资格考试制度。

在我国，监理工程师职业资格的取得需要按照有利于国家经济发展、得到社会公认、具有国际可比性、事关社会公共利益等原则。实行监理工程师职业资格考试制度的意义如下。

① 促进监理人员努力钻研监理知识，提高业务水平。

② 统一监理工程师的业务能力标准。

③ 有利于公正地确定监理人员是否具备监理工程师资格。

④ 合理地建立工程监理人才库。

⑤ 便于与国际接轨，开拓国际工程监理市场。

（2）报考条件。

具备下列条件之一者，可以申请参加监理工程师职业资格考试。

① 具有各工程大类专业大学专科学历（或高等职业教育），从事工程施工、监理、设计等业务工作满 4 年。

② 具有工学、管理科学与工程类专业大学本科学历或学位，从事工程施工、监理、设计等业务工作满 3 年。

③ 具有工学、管理科学与工程一级学科硕士学位或专业学位，从事工程施工、监理、设计等业务工作满 2 年。

监理工程师职业资格制度规定和考试实施办法

④ 具有工学、管理科学与工程一级学科博士学位。

（3）考试内容及科目。

监理工程师职业资格考试的科目包括《建设工程监理基本理论和相关法规》《建设工程合同管理》《建设工程目标控制》《建设工程监理案例分析》，专业类别分为土木建筑工程、交通运输工程、水利工程，报考人员可根据实际工作需要选报其一。

（4）考试方式和管理。

监理工程师职业资格考试是一种水平考试，是对应试者所掌握的理论和实务技能的抽检。考试实行全国统一考试大纲、统一命题、统一组织、统一时间、闭卷考试、分科计分、统一录取标准的办法，一般每年举行一次。考试时间一般安排在 5 月下旬，考点设立在省会城市，一个考试周期（4 年）内成绩有效。

对于考试合格人员，由省、自治区、直辖市人民政府人事行政主管部门颁发由国务院人事行政主管部门统一印制，国务院人事行政主管部门和建设行政主管部门共同用印的监理工程师职业资格证书，取得该资格证书并经国务院建设行政主管部门注册后即成为监理工程师。

2. 监理工程师的注册

（1）初始注册。

经监理工程师职业资格考试合格取得监理工程师职业资格证书的监理人员，可从资格证书签发之日起 3 年内提出申请监理工程师初始注册。

申请初始注册应该具备的条件如下。

① 监理工程师职业资格考试合格，取得职业资格证书。

② 受聘于一个相关单位。

③ 达到继续教育要求。

申请初始注册的程序如下。

① 申请人填写注册申请表，向聘用单位提出申请。

② 聘用单位同意后，将监理工程师职业资格证书及其他有关材料，向所在省、自治区、直辖市人民政府建设行主管政部门上报。

③ 省、自治区、直辖市人民政府建设行政主管部门初审合格后，报国务院建设行政主管部门。

④ 国务院建设行政主管部门对初审意见进行审核，符合条件者准予注册，并颁发监理工程师注册证书和执业印章，执业印章由监理工程师本人保管。

（2）延续注册。

监理工程师每一注册有效期为 3 年，注册有效期满需继续执业的，应当在注册有效期满 30 日前申请延续注册，延续注册有效期为 3 年。

（3）变更注册。

监理工程师注册后，如果注册内容发生了变更，应当变更注册手续。

（4）不予注册的情形。

申请人有下列情形之一的，不予初始注册、延续注册或者变更注册。

① 不具有完全民事行为能力的。

② 刑事处罚尚未执行完毕或者因从事工程监理或者相关业务受到刑事处罚，自刑事处罚执行完毕之日起至申请注册之日止不满 2 年的。

③ 未达到监理工程师继续教育要求的。

④ 在两个或者两个以上单位申请注册的。

⑤ 以虚假的职称证书参加考试并取得资格证书的。

⑥ 年龄超过 65 周岁的。

⑦ 法律、法规规定不予注册的其他情形。

监理工程师注册和
继续教育

3. 监理工程师的继续教育

取得监理工程师注册证书的人员，应当按照《专业技术人员继续教育规定》接受继续教育，更新专业知识，提高业务水平。继续教育有脱产学习、集中授课、参加研讨会、撰写专业论文等多种形式，但是必须满足续期注册对继续教育的要求。

注册监理工程师在注册有效期（3 年内）内应接受 96 学时的继续教育，其中必修课和选修课各为 48 学时。在注册有效期内，注册监理工程师根据工作需要可集中安排或分年度安排继续教育学时。

【知识链接】

《国家职业资格目录（2021 年版）》共计有 72 项职业资格。其中，专业技术人员职业资格共计 59 项，含准入类 33 项，水平评价类 26 项；技能人员职业资格共计 13 项。这些职业资格基本涵盖了经济、教育、卫生、司法、环保、建设、交通等重要行业领域，符合国家职业资格设置的条件和要求。

准入类职业资格关系公共利益或涉及国家安全、公共安全、人身健康、生命财产安全，均有法律、法规或国务院决定作为依据；水平评价类职业资格具有较强的专业性和社会通用性，技术技能要求较高。

《国家职业资格目录（2021 年版）》明确了职业资格范围、实施机构和设定依据，有利于从源头上解决职业资格过多过滥的问题。

【任务实施】

1. 对比新旧监理工程师职业资格考试的报考条件、考试科目、考试周期的不同之处。

2. 监理工程师可以注册在哪些单位？

项目小结

监理企业资质管理的目的是规范建设工程监理活动，维护市场秩序。监理企业作为建筑市场经营的主体之一，应当遵循"守法、诚信、公正、科学"的准则。监理工程师职业资格属于《国家职业资格目录（2021 年版）》中的准入类职业资格，监理工程师需要具备较高的素质，严格遵守职业道德。

能力训练

一、单选题

1. （　　）是指取得工程监理企业资质证书，并从事建设工程监理与相关服务活动的机构。

A. 项目监理机构　　　B. 工程监理企业　　　C. 注册机构　　　D. 监督机构

2. 工程监理企业只能在核定的（　　）内从事监理活动。

A. 资质等级　　　　B. 经营范围　　　　C. 业务范围　　　　D. 监理范围

3. 乙级工程监理企业的注册资金不得少于（　　）。

A. 20 万元　　　　B. 30 万元　　　　C. 50 万元　　　　D. 100 万元

4. 甲级工程监理企业的负责人应当具有（　　）以上从事建设工程工作的经历。

A. 5 年　　　　　B. 8 年　　　　　C. 10 年　　　　　D. 15 年

5. 工程监理企业应该按照规定认真履行自己的职责，这一要求体现了工程监理企业经营活动应遵循的（　　）准则。

A. 守法　　　　　B. 诚信　　　　　C. 公正　　　　　D. 科学

6. 建设工程监理费用是构成建设投资的一部分，在（　　）中单独列出。

A. 投资估算　　　B. 工程概（预）算　　　C. 工程咨询费　　　D. 竣工结算

7. 适合临时的、短期的监理业务的计算方法是（　　）。

A. 按建设工程投资额的百分比计算法　　　B. 工资加一定比例的其他费用计算法

C. 按时计算法　　　　　　　　　　　　D. 固定价格计算法

8. 每位监理工程师最多可注册（　　）个专业。

A. 1　　　　　　　B. 2　　　　　　　C. 3　　　　　　　D. 4

9. 与监理工程师职业道德相悖的是（　　）。

A. 要求业主明确授权　　　　　　　　B. 要求承包商提供具体的施工技术方案

C. 只参与一个项目的管理　　　　　　D. 要求设计单位采用某种构配件

10. 下列说法中正确的是（　　）。

A. 注册证书和执业印章由监理工程师本人保管和使用

B. 注册证书和执业印章由工程监理企业保管和使用

C. 注册证书和执业印章由监理工程师本人保管，由工程监理企业使用

D. 注册证书和执业印章由工程监理企业保管，由监理工程师本人使用

二、多选题

1. 以下哪些人可以报考监理工程师职业资格考试？（　　）

A. 张三，大学专科毕业 5 年，被评为助理工程师

B. 李四，建筑工程技术专业，大学专科毕业 2 年

C. 王五，工程管理专业，本科毕业 8 年，取得工程师证书 3 年

D. 赵六，中专毕业，被评为土木工程高级工程师 1 年

E. 孙七，研究生毕业 10 年，取得工程师证书满 5 年

2. 下列哪些人员可以报考监理工程师职业资格考试？（　　　）

A. 设计单位的人员　　　　　　　　B. 65 周岁以上的人员

C. 施工单位的人员　　　　　　　　D. 政府部门的人员

E. 监理单位的人员

3. 监理工程师职业资格考试的考试科目包括（　　　）。

A.《建设工程监理基本理论和相关法规》　　　B.《建设工程目标控制》

C.《建设工程合同管理》　　　　　　D.《工程项目管理》

E.《建设工程监理案例分析》

4. 工程监理企业资质分为（　　　）。

A. 综合资质　　　　　　　　　　　B. 专业监理资质

C. 专业甲级资质　　　　　　　　　D. 专业乙级资质

E. 事务所资质

三、简答题

1. 工程监理企业的资质要素体现在哪些方面？

2. 工程监理企业申请专业甲级资质的要求是什么？

3. 工程监理企业实施科学化管理主要体现在哪几个方面？

4. 监理工程师的职业道德守则有哪些？

5. 监理工程师不予注册的情形有哪些？

四、案例分析题

某市公路局办公楼项目为一级工程类别，在工程监理企业招标时，招标人在招标文件中提出了以下几点要求。

1. 拟投标的工程监理企业应在项目所在地进行工商登记注册；

2. 拟投标的工程监理企业资质为公路工程专业乙级（含乙级）以上；

3. 拟委派的总监理工程师只需要取得职业资格证书，并可以兼任其他在建项目（但不得超过 1 个项目）的总监理工程师；

4. 拟投标的工程监理企业应有不少于 1 项省级（含省级）以上优质工程奖项的工程业绩；

5. 签订合同时，中标候选人需要承诺监理费用应在中标价的基础上下浮 10%；

6. 拟投标的工程监理企业在投标文件中应有设计阶段质量和进度控制的表述。

请问，这些要求是否正确？并说明理由。

五、讨论题

请同学们分析，建筑工程施工企业和监理企业的资质等级标准有哪些区别？

项目三 组建项目监理机构

 ## 知识目标

1. 了解组织、组织结构的概念和特点、组织的构成因素等。
2. 了解四种建设工程承发包模式的特点。
3. 掌握不同工程承发包模式的监理委托方式和项目监理机构的组织形式。
4. 掌握组建项目监理机构的步骤和人员配备要求。
5. 熟悉监理人员的任职条件和基本职责。

 ## 拓展知识点

1. 现代化管理组织的架构。
2. 建筑工程中的施工项目部和项目监理机构的区别。
3. 2020年中国建设监理协会颁布的《项目监理机构人员配置标准（试行）》的相关内容。

任务一 了解组织的基本原理

【教学导入】

2008年5月12日14点28分，四川省阿坝藏族羌族自治州汶川县境内发生8.0级大地震，地震波及大半个中国以及亚洲多个国家和地区。地震发生后，在中共中央、国务院、中央军委统一调度下，全国各路救援大军迅速赶赴灾区，片刻不停地展开了一场紧急的生死救援。汶川大地震是新中国成立以来破坏力最大的地震，也是唐山大地震后伤亡最严重的一次地震。在巨大的灾难面前，每一次对生命的寻找，每一次全力以赴的救援，都让人刻骨铭心。

网上流传着这样一句话："有一种速度叫中国救援"。救援速度是救援组织能力、管理水平、团结协助等的体现。请同学们思考，组织的作用是什么？优秀组织的特征是什么？

建立精干、高效的项目监理机构并使之正常运行，是实现建设工程监理目标的前提。因此，组织的基本原理是监理工程师必备的基础知识。

3.1.1　组织和组织结构

1. 组织

所谓组织，就是为了使系统达到特定的目标，全体参加者经分工、协作以及设置不同层次的权力、责任制度而构成的一种人的组合体。它包含以下 3 层意思。

（1）目标性：目标是组织存在的前提。

（2）协作性：没有分工与协作，就不是组织。

（3）制度性：没有不同层次的权力和责任制度，就不能实现组织活动和组织目标。

2. 组织结构

组织的内部构成和各部分的较稳定的关系和联系方式称为组织结构。组织结构的基本内涵如下。

（1）确定组织关系与职责的形式。

（2）向组织各个部门或个人分配任务和活动的方式。

（3）协调各个部门活动和任务的方式。

（4）组织中权力、地位和权利、义务的关系。

项目监理机构的组织
设计

3.1.2　项目监理机构的组织设计

1. 组织设计的要点

（1）组织设计是管理者在系统中建立有效关系的一种合理的、有意识的过程。

（2）既要考虑系统的外部要素，又要考虑系统的内部要素。

（3）组织设计的结果是形成组织结构。

2. 组织构成因素

（1）管理层次。管理层次是指从组织的最高管理者到基层工作人员的等级数量。

管理层次可分为决策层、执行层（协调层）、操作层，如图 3-1 所示。决策层的任务是确定组织的目标和大政方针，以及实施计划，必须精干，高效；执行层的任务主要是参谋、咨询、上传下达，其人员应有较高的业务协调能力；操作层的任务是完成具体任务，其人员应有熟练的技能。

图 3-1　管理层次

如果组织缺乏足够的管理层次，就会陷入无序的状态。因此，组织必须形成必要的管理层次。不过，管理层次也不宜过多，否则会造成资源和人力的浪费，同时会使信息传递慢、指令走样、协调困难。三个层次的职能和要求不同，标志着不同的职责和权限，同时也反映了组织结构的人数变化规律。从最高管理者到基层工作人员，权责逐层递减，而人数却逐层递增。

（2）管理跨度。管理跨度是指上级人员直接管理的下级人员或部门数量。由于每一个人的能力和精力是有限的，一个上级人员能直接、有效地管理的人员或部门数量有一定的限度。

管理跨度取决于需要协调的工作量。管理跨度的弹性很大，影响因素很多，它与管理人员的性格、才能、个人精力、素质关系很大；此外，还与职能难易程度、工作地点远近、工作的相似程度、工作制度和程序等客观因素有关。

（3）管理部门。管理部门是指组织中的工作人员组成的单元。划分部门就是对组织劳动的分工，将不同的管理人员安排在不同的管理岗位和部门中，通过他们在特定环境、特定相互关系中的管理工作，使管理系统"有机"地运转起来。

（4）管理职能。组织、设计、确定各部门的职能，使纵向的领导、检查、指挥灵活，做到指令传递快、信息反馈及时；使横向各部门相互联系、协调一致，使各部门有职有责、尽职尽责。

3. 组织设计原则

（1）集权与分权统一。任何组织都不存在绝对的集权和分权。在项目监理机构的设计中，所谓集权，就是总监理工程师掌握所有"监理大权"，各专业监理工程师是其命令的执行者；所谓分权，就是各专业监理工程师在各自管理的范围内有足够的决策权，总监理工程师主要起到组织内部协调的作用。

（2）专业分工与协作统一。对于项目监理机构来说，分工就是将监理目标（特别是投资控制、进度控制、质量控制三大目标）分成各部门以及各监理工作人员的目标和任务，明确干什么、怎么干。

在组织机构中，还必须强调协作。所谓协作，就是明确各部门之间和各部门内部的协调关系。在协作中应该特别注意两点，一是主动协调，明确各部门之间的工作关系，找出容易有矛盾的地方，加以协调；二是有具体、可行的协调办法。

（3）管理跨度与管理层次统一。在组织机构的设计过程中，管理跨度与管理层次成反比关系。也就是说，当组织机构中的人数一定时，如果管理跨度加大，管理层次就可以适当减少；反之，如果管理跨度缩小，管理层次就可以适当增多。

（4）权责一致。在组织机构中，只有做到有职、有权、有责，才能使组织机构正常运转。组织的权责是相对于岗位职务来说的，不同的岗位有不同的权责，权责不一致会对组织的效能产生很大的伤害。

（5）才职相称。职务设计和人员评审要采用科学的方法，使每个人的才能与其职务相适应，做到才职相称、人尽其才、才得其用、用得其所。

（6）经济、高效。由于工程项目及其建设环境的复杂多变，组织运行效率的高低将直接影响监理任务的完成度。因此，必须将经济、高效放在重要的地位。

（7）组织弹性。组织机构应有相对稳定性，不要轻易变动，但同时是一个开放、复杂、多变的系统，要根据组织内部和外部条件的变化做出相应的调整，完善自身的结构和功能，提高灵活性和适应能力。

3.1.3　组织活动的基本原理

1. 要素有用性

运用要素有用性原理，首先应认识到人力、物力、财力等因素在组织活动中的作用，充分发挥各要素的作用。

一切要素都有作用，这是要素的共性，然而要素不仅有共性，还有个性。例如，同样是监理工程师，由于专业知识、能力、经验等的差异，所起的作用也不同。因此，管理者在组织活动的过程中不但要看到一切要素都有作用，还要具体分析各要素的特殊性，以便充分发挥各要素的作用。

2. 动态相关性

组织处在静止状态是"相对"的，处在运动状态则是"绝对"的。组织机构内部各要素之间既相互联系，又相互制约；既相互依存，又相互排斥，这种相互作用推动着组织活动的进行与发展。这种相互作用的因子叫作相关因子。充分发挥相关因子的作用是提高组织管理效能的有效途径。事物在组合的过程中，由于相关因子的作用，可以发生质变。一加一可以等于二，也可以大于或小于二。整体效应不等于局部效应的简单相加结果，这就是动态相关性原理。

3. 主观能动性

人是有生命、有思想、有感情、有创造力的。人会制造工具，并使用工具进行劳动；在劳动中改造世界，同时也改造自己；能继承并在劳动中运用和发展前人的知识。人是生产力中最活跃的因素，组织管理者的重要任务就是把人的主观能动性发挥出来。

4. 规律效应性

组织管理者在管理过程中要掌握规律，按规律办事，把注意力放在事物内部的、本质的、必然的联系上，以达到预期的目标，取得良好效果。

【任务实施】

1. 某企业的组织结构如图3-2所示，请你划分出该企业的管理层次。假设你是企业负责人，如何针对每个岗位设置相应的人员数量并确定不同管理岗位的管理跨度？

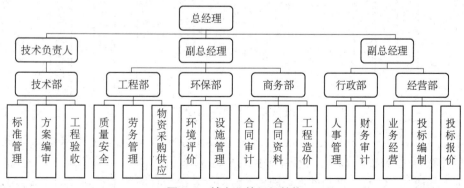

图3-2　某企业的组织结构

2. 请同学们列举实例，讨论采用集权和分权管理方式的不足之处。

任务二 熟悉工程项目的委托方式

【教学导入】

港珠澳大桥是我国继三峡工程、青藏铁路、南水北调、西气东输、京沪高铁等之后的又一重大基础设施项目，是集桥、岛、隧于一体的超大型跨海通道。作为超级工程，其复杂性具体表现如下。

1. 施工水域航道繁忙，跨越白海豚国家级自然保护区，台风频繁。

2. 各标段均有规模大、工期紧、难度高、风险大等共性。

3. 社会关注度高，采用香港、珠海、澳门三地政府共建共管的新型管理模式。

4. 建设标准高，建设管理要实现制度化、系统化、程序化。

5. 采用施工工厂化、大型化、标准化、装配化等建设理念，结构可靠性及耐久性等具有世界挑战性。

建设工程监理委托方式的选择与建设工程组织的管理模式密切相关。建设工程可采用平行承发包、设计或施工总承包、项目总承包等模式，在不同的建设工程组织管理模式下，可选择不同的建设工程监理委托方式。

采用哪种委托方式更有利于工程项目管理？

3.2.1 平行承发包模式

1. 平行承发包模式的特点

平行承发包是指业主将建设工程的设计、施工以及材料和设备采购任务经过分解发包给若干设计单位、施工单位、材料和设备供应单位，并分别与各方签订合同，如图 3-3 所示。

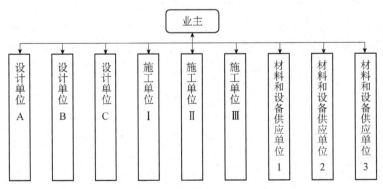

图 3-3 平行承发包模式

采用这种模式时，首先应合理地进行工程建设任务分解，然后进行分类综合，确定发包内容，以便选择适合的单位。进行任务分解时应考虑以下因素。

（1）工程情况。建设工程的性质、规模、结构等是决定合同数量和内容的重要因素。建设工程实施时间的长短、计划的安排也对合同数量有影响。

（2）市场情况。首先，各类承建单位的专业性质、规模大小不同，建设工程的分解发包应与市场情况相适应；其次，合同任务和内容应对市场有吸引力；另外，还应按市场惯例、市场范围和有关规定来决定合同内容和大小。

（3）贷款协议要求。在有两个以上贷款人的情况下，贷款人对贷款使用范围、承包人资格等可能有不同的要求，需要在确定合同时予以考虑。

2．平行承发包模式的优点

（1）有利于缩短工期。设计阶段与施工阶段有可能形成搭接关系，从而缩短工期。

（2）有利于质量控制。工程经过分解被发包给各承建单位，合同约束与相互制约使每一部分能够较好地实现质量要求。

（3）有利于业主选择承建单位。专业性强、规模小的承建单位一般占较大比例。平行承发包模式的合同内容比较单一，合同价值小、风险小，业主可在很大范围内选择承建单位，提高择优性。

（4）有利于费用控制。发包以施工图为基础，工程的不确定性低，通过招标选择施工单位对控制费用有利。

3．平行承发包模式的缺点

（1）合同数量多，会造成合同管理困难。
（2）投资控制难度大。

4．工程监理委托方式

（1）业主委托一家监理单位。

这种委托方式是指业主只委托一家监理单位为其提供监理服务，如图 3-4 所示。这种委托方式要求被委托的监理单位具有较强的合同管理与组织协调能力，能做好全面规划工作。监理单位的项目监理机构可以组建多个监理分支机构，对各承建单位分别实施监理。在具体的监理过程中，总监理工程师应重点做好总体协调工作，加强横向联系，保证建设工程监理工作有效开展。

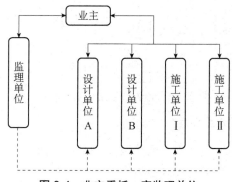

图 3-4　业主委托一家监理单位

（2）业主委托多家监理单位。

这种委托方式是指业主委托多家监理单位为其提供监理服务，如图 3-5 所示。如果采用这种委托方式，业主要分别委托几家监理单位针对不同的承建单位实施监理。由于业主分别与多个监理单位签订委托监理合同，所以各监理单位之间的相互协作与配合需要业主来进行协调。

采用这种委托方式时，监理单位的监理对象相对单一，便于管理，但整个工程的建设监理工作被"肢解"，各监理单位各负其责，缺少一个对建设工程进行总体规划与协调控制的监理单位。因此，业主的协调工作量较大。

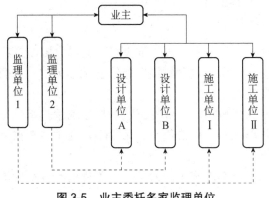

图 3-5　业主委托多家监理单位

3.2.2　设计或施工总承包模式

1. 设计或施工总承包模式的特点

所谓设计或施工总承包，是指业主将全部设计或施工任务发包给一个设计总包单位或一个施工总包单位，总包单位可以将部分任务再分包给其他单位，如图 3-6 所示。

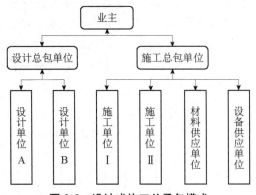

图 3-6　设计或施工总承包模式

2. 设计或施工总承包模式的优点

（1）有利于建设工程的组织管理。业主只与一个设计总包单位或一个施工总包单位签订合同，工程合同数量比平行承发包模式少得多，有利于业主的合同管理，使业主的协调工作量减少，可发挥监理单位与总包单位的积极性。

（2）有利于投资控制。可以较早确定总包合同价格，也易于控制监理单位。

（3）有利于质量控制。在质量方面，既有分包单位的自控，又有总包单位的监督，还有监理单位的检查认可，对质量控制有利。

（4）有利于工期控制。

3. 设计或施工总承包模式的缺点

（1）建设周期较长。不能将设计阶段与施工阶段搭接，施工招标需要的时间也较长。

（2）总包报价可能较高。竞争相对不激烈；另一方面，总包单位要在分包报价的基础上加收管理费，向业主报价。

4. 工程监理委托方式

对于设计或施工总承包模式，业主可以委托一家监理单位提供全过程的监理服务，也可以分别按照设计阶段和施工阶段委托监理单位，如图 3-7 所示。前者的优点是监理单位可以对设计阶段和施工阶段的工程投资、进度、质量控制进行统筹考虑，合理进行总体规划和协调。后者的优点是各监理单位可发挥自己的优势。

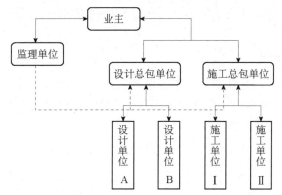

图 3-7　设计或施工总承包模式下的工程监理委托方式

3.2.3　项目总承包模式

1. 项目总承包模式的特点

项目总承包模式是指业主将工程设计、施工、材料和设备采购等工作全部发包给一家总承包单位，由其进行实质性设计、施工和采购工作，如图 3-8 所示。按这种模式发包的工程也称为"交钥匙工程"。

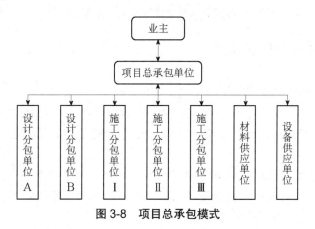

图 3-8　项目总承包模式

2. 项目总承包模式的优点

（1）合同关系简单，组织协调工作量小。业主只与项目总承包单位签订合同，合同关系大大简化。监理工程师主要与项目总承包单位进行协调。许多协调工作量转移到项目总承包单位内部及其分包单位之间，使监理单位的协调量大大减少。

（2）缩短建设周期。设计与施工由一个单位统筹安排，两个阶段能够融合起来，一般能做到设计阶段与施工阶段相互搭接，因此对进度目标控制有利。

（3）利于投资控制。通过设计与施工的统筹考虑，可以提高项目的经济性，从价值工程或全寿命费用的角度取得明显的经济效益，但这并不意味着项目总承包价格低。

3. 项目总承包模式的缺点

（1）招标发包工作难度大，合同管理的难度一般较大。

（2）业主择优选择承包方的范围小，往往导致合同价格较高。

（3）质量控制难度大。

4. 工程监理委托方式

在项目总承包模式下，企业和总承包单位签订的是总承包合同，业主应委托一家监理单位提供监理服务，如图3-9所示。在这种模式下，监理工作的时间跨度大，监理工程师应具备较全面的知识，重点做好合同管理工作。

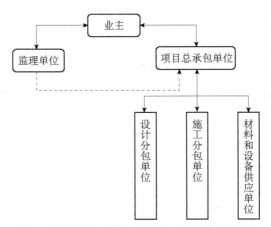

图3-9　项目总承包模式下的工程监理委托方式

3.2.4　项目总承包管理模式

1. 项目总承包管理模式的特点

项目总承包管理模式是指业主将工程建设任务发包给专门从事项目管理的单位，再由它分包给若干设计单位、施工单位、材料和设备供应单位，并在实施中进行项目管理，如图3-10所示。

项目总承包管理模式与项目总承包模式的不同之处在于，前者不直接进行设计或施工，没有自己的设计和施工力量，而是将设计与施工任务全部分包出去；后者有自己的设计、施工力量，是设计、施工、采购的主要力量。

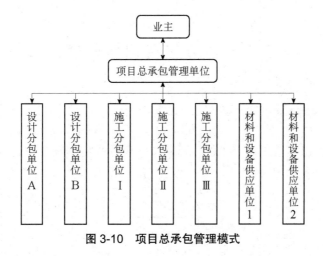

图 3-10 项目总承包管理模式

2. 项目总承包管理模式的优点

项目总承包管理模式的优点是合同关系简单,有利于组织协调、进度控制。

3. 项目总承包管理模式的缺点

(1)项目总承包管理单位与设计单位、施工单位是总包与分包的关系,后者才是项目实施的基本力量,所以监理工程师对分包的确认就成了十分关键的问题。

(2)项目总承包管理单位自身的经济实力一般比较弱,而承担的风险相对较大,因此建设工程采用这种承发包模式时应持慎重态度。

4. 工程监理委托方式

在项目总承包管理模式下,一般宜委托一家监理单位进行监理,如图 3-11 所示。这种委托方式的监理工作量很大,专业性要求较高。

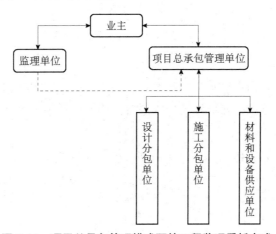

图 3-11 项目总承包管理模式下的工程监理委托方式

【任务实施】

1. 请同学们讨论,设计或施工总承包模式和项目总承包模式有什么区别?

2. 如果港珠澳大桥项目的业主要选择监理单位,采用哪种委托方式更有利于工程项目管理?

任务三　设立工程项目监理机构

项目监理机构的建立

3.3.1　项目监理机构的组建

项目监理机构是监理单位派驻工程项目，负责履行委托监理合同的组织机构，组建项目监理机构的步骤如图 3-12 所示。

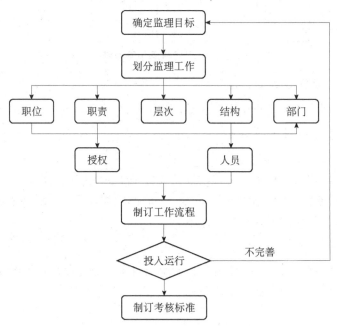

图 3-12　组建项目监理机构的步骤

1. 确定监理目标

建设监理目标是组建项目监理机构的前提。项目监理机构的组建应根据委托监理合同中确定的监理目标，制订总目标并明确划分监理机构的分解目标。

2. 划分监理工作

根据监理目标和委托监理合同规定的监理任务，明确列出监理工作内容，并进行分类及组合。监理工作的分类及组合应便于监理目标控制，并综合考虑工程的组织管理模式、工程结构特点、合同工期要求、工程复杂程度、工程管理及技术特点，还应考虑监理单位自身的组织管理水平、监理人员数量、技术业务特点等。

3. 项目监理机构设计过程

（1）选择组织结构形式。根据建设工程规模、性质、建设阶段等的不同，结合组织结构原理，应选择适合的组织结构形式，以满足监理工作的需要。选择组织结构形式的基本原则是：有利于工程合同管理、有利于监理目标控制、有利于决策指挥、有利于信息沟通。

（2）确定管理层次和管理跨度。

（3）划分项目监理机构的部门。依据监理目标、可以利用的人力和物力、合同结构情况，形成相应的职能管理部门或子项目管理部门。

（4）制订考核标准。岗位职责的确定要有明确的目的性，不可因人设事，应根据权责一致的原则进行适当的授权，以承担相应的职责，并应制订考核标准。

（5）选派监理人员。根据监理工作的任务，确定监理人员的合理分工，包括专业监理工程师和监理员，必要时可配备总监理工程师代表。

3.3.2 项目监理机构的组织形式

1. 直线制监理组织形式

直线制是早期采用的一种形式，是一种线性组织形式，其特点是项目监理机构中的任何一个下级只接受唯一上级的命令。整个组织自上而下实行垂直领导，不设职能机构，可设职能人员协助主管人员工作，主管人员对所属单位的一切问题负责，如图 3-13 所示。

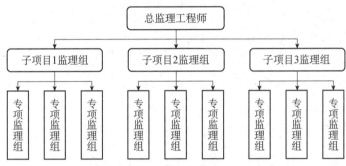

图 3-13 直线制监理组织形式

这种组织形式适用于小型建设工程或者能划分为若干子项目的大、中型建设工程。总监理工程师负责整个工程的规划、组织和指导，并负责各方面的指挥、协调工作；子项目监理组负责各子项目的目标控制。

直线制监理组织形式的主要优点是组织机构简单、权力集中、命令统一、职责分明、决策迅速、隶属关系明确；缺点是实行没有职能部门的"个人管理"，这就要求总监理工程师知晓各种业务，通晓多种知识技能，成为"全能"式人物。

2. 职能制监理组织形式

职能制监理组织形式，是指在项目监理机构内设立一些职能部门，把相应的监理职责和权力交给职能部门，各职能部门在职能范围内有权直接指挥下级，如图 3-14 所示。此种组织形式一般适用于大、中型建设工程。

这种组织形式的主要优点是加强了项目监理目标控制的职能分工，能发挥职能机构的专业管理作用，提高管理效率，减轻总监理工程师的负担；但由于下级人员受多头领导，如果上级指令相互矛盾，将使下级人员在工作中"无所适从"。

3. 直线职能制监理组织形式

直线职能制监理组织形式是吸收了直线制监理组织形式和职能制监理组织形式的优点而形成的一种组织形式，如图 3-15 所示。直线指挥部门拥有对下级实行指挥和发布命令的权力，并对该部门的工作全面负责；职能部门是直线指挥人员的"参谋"，只能进行业务指导，而不能直接进行指挥和发布命令。

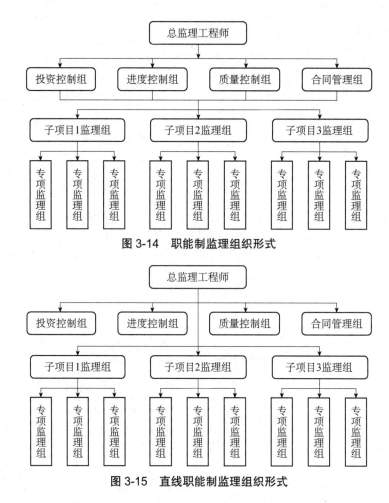

图 3-14　职能制监理组织形式

图 3-15　直线职能制监理组织形式

这种形式一方面保持了直线制监理组织形式实行直线领导、统一指挥、职责分明的优点，另一方面保持了职能制组织形式目标管理专业化的优点；缺点是职能部门与指挥部门易产生矛盾，信息传递路线长，不利于互通情报。

4. 矩阵制监理组织形式

矩阵制监理组织形式由纵、横两套管理系统组成，一套是职能系统，另一套是子项目系统，如图 3-16 所示。这种组织形式的纵、横两套管理系统在监理工作中是相互融合的关系。图 3-16 中的交叉处表示两者协同解决问题，例如子项目 1 的投资控制是由子项目 1 监理组和投资控制组共同进行的。

矩阵制监理组织形式的优点是加强了各职能部门的横向联系，具有较强的机动性和适应性，有利于解决复杂问题，也有利于监理人员业务能力的培养；缺点是纵、横向协调工作量大，处理不当会造成"扯皮"现象，产生矛盾。

矩阵制监理组织形式适用于大、中型建设工程，有利于总监理工程师对整个项目实施规划、组织、协调和指导，有利于统一监理工作的要求和规范化，同时能发挥子项目工作班子的积极性，强化责任心。但采用矩阵制监理组织形式时要注意，在具体工作中要确保指令的唯一性，明确规定当指令发生矛盾时应执行哪一个指令。

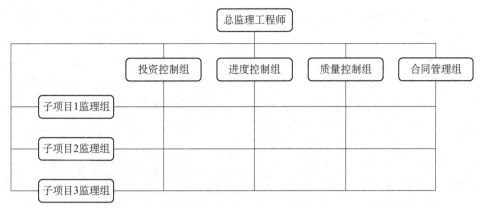

图 3-16 矩阵制监理组织形式

3.3.3 项目监理机构的人员配备

1. 人员结构的确定

（1）合理的专业结构。项目监理机构一般要有与监理任务相适应的专业技术人员，例如一般的民用建筑工程监理要有土建、电气、测量、设备安装、装饰、建材等专业人员。如果监理工程有某些特殊性，或者业主要求采用某些特殊的监控手段，或者监理项目技术特别复杂而监理企业又没有某些专业的人员时，可以采用一些措施来满足对专业人员的要求。

（2）合理的职称机构。监理工作是技术性服务，应根据监理的具体要求来确定职称结构。例如，在决策、设计阶段，应以具有高级、中级职称的人员为主；在施工阶段，应以具有中级职称的人员为主。根据经验，具有高级、中级、初级职称的人员的配备比例一般约为 10%、60%、20%，另有 10%左右的行政人员。

（3）合理的年龄结构。在不同阶段的监理工作中，不同年龄阶段的专业人员要搭配合理，以发挥他们的长处。施工阶段项目监理机构的人员职称、年龄配备要求如表 3-1 所示。

表 3-1 施工阶段项目监理机构的人员职称、年龄配备要求

层次	人员	工作内容	职称、年龄要求
决策层	总监理工程师、总监理工程师代表	项目监理策划、组织、协调、监控、评价等	高级、中级职称为主；老年人、中年人为主
执行层	专业监理工程师	监理工作的具体实施、指挥、控制、协调	中级职称为主；中年人为主
操作层	监理员	具体业务的执行，例如旁站	初级职称为主；年轻人为主

2. 监理人员数量的确定

（1）工程建设强度。工程建设强度是指单位时间内投入的工程建设资金数额，用公式表示为：工程建设强度＝资金数额/工期。工程建设强度可用来衡量一项工程的紧张程度，工程建设强度越大，所需要投入的监理人员越多。

（2）建设工程的复杂程度。每个工程项目都有特定的地点、气候条件、工程地质条件、施工方法、工程性质、工期要求、材料供应条件等。根据不同情况，可将工程按复杂程度划分为简单、一般、一般复杂、复杂、很复杂。

（3）监理单位的业务水平和监理人员的业务素质。每个监理单位的业务水平和对某类工程的熟悉程度不完全相同。同时，每位监理人员的专业能力、管理水平、工作经验等都有差异，监理人员素质和监理设备等方面也存在差异，这都会直接影响监理效率。

（4）项目监理机构的组织结构和分工。项目监理机构的组织结构形式关系到具体的监理人员需求量，人员配置必须满足项目监理机构分工的要求。必要时，可对人员进行调配。

以住宅工程为例，项目监理机构人员配置如表 3-2 所示。

表 3-2　住宅工程项目监理机构人员配置

总建筑面积 M（平方米）		各岗位人员配置数量（人）			
		总监理工程师	专业监理工程师	监理员	合计
$M \leqslant 60000$	单栋	1	1	0～1	2～3
	多栋	1	1	0～2	2～4
$60000 < M \leqslant 120000$		1	1～2	2～3	4～6
$120000 < M \leqslant 200000$		1	2～3	3～5	6～9
$200000 < M \leqslant 300000$		1	3～6	5～8	9～15
$300000 < M \leqslant 500000$		1	6～9	8～12	15～22
$500000 < M \leqslant 800000$		1	9～12	12～16	22～29
$M > 800000$		建筑面积每增加 3 万平方米，需要增加专业监理工程师 1 名、监理员 1 名			

3.3.4　监理人员的岗位职责

1. 岗位名称

（1）总监理工程师。由工程监理单位法定代表人书面任命，负责履行建设工程监理合同、主持项目监理机构工作的注册监理工程师。

（2）总监理工程师代表。经工程监理单位法定代表人同意，由总监理工程师书面授权，代表总监理工程师行使其部分职责和权力，具有工程类注册执业资格或具有中级及以上专业技术职称、3 年及以上工程实践经验并经监理业务培训的人员。

（3）专业监理工程师。由总监理工程师授权，负责实施某一专业或某一岗位的监理工作，有相应监理文件签发权，具有工程类注册执业资格或具有中级及以上专业技术职称、2 年及以上工程实践经验并经监理业务培训的人员。

（4）监理员。从事具体监理工作，具有中专及以上学历并经监理业务培训的人员。

2. 岗位职责

根据《建设工程监理规范》（GB/T 50319—2013），总监理工程师、总监理工程师代表、专业监理工程师、监理员应分别履行下列职责。

1）总监理工程师的职责

（1）确定项目监理机构人员及其岗位职责。

（2）组织编制监理规划，审批监理实施细则。

（3）根据工程进展及监理工作情况调配监理人员，检查监理人员工作。

（4）组织召开监理例会。

（5）组织审核分包单位资格。

（6）组织审查施工组织设计、（专项）施工方案。

（7）审查工程开复工报审表，签发工程开工令、暂停令和复工令。

（8）组织检查施工单位现场质量、安全生产管理体系的建立及运行情况。

（9）组织审核施工单位的付款申请，签发工程款支付证书，组织审核竣工结算。

（10）组织审查和处理工程变更。

（11）调解建设单位与施工单位的合同争议，处理工程索赔。

（12）组织验收分部工程，组织审查单位工程质量检验资料。

（13）审查施工单位的竣工申请，组织工程竣工预验收，组织编写工程质量评估报告，参与工程竣工验收。

（14）参与或配合工程质量安全事故的调查和处理。

（15）组织编写监理月报、监理工作总结，组织整理监理文件资料。

2）总监理工程师代表的职责

总监理工程师代表按总监理工程师的授权，负责总监理工程师指定或交办的监理工作，行使总监理工程师的部分职责和权力。但涉及工程质量、安全生产管理及工程索赔的重要职责不得委托给总监理工程师代表。具体而言，总监理工程师不得将下列工作委托给总监理工程师代表。

（1）组织编制监理规划，审批监理实施细则。

（2）根据工程进展及监理工作情况调配监理人员。

（3）组织审查施工组织设计、（专项）施工方案

（4）签发工程开工令、暂停令和复工令。

（5）签发工程款支付证书，组织审核竣工结算。

（6）调解建设单位与施工单位的合同争议，处理工程索赔。

（7）审查施工单位的竣工申请，组织工程竣工预验收，组织编写工程质量评估报告，参与工程竣工验收。

（8）参与或配合工程质量安全事故的调查和处理。

3）专业监理工程师的职责

（1）参与编制监理规划，负责编制监理实施细则。

（2）审查施工单位提交的涉及本专业的报审文件，并向总监理工程师报告。

（3）参与审核分包单位资格。

（4）指导、检查监理员工作，定期向总监理工程师报告本专业监理工作实施情况。

（5）检查进场的工程材料、构配件、设备的质量。

（6）验收检验批、隐蔽工程、分项工程，参与验收分部工程。

（7）处置发现的质量问题和安全事故隐患。

（8）进行工程计量。

（9）参与工程变更的审查和处理。

（10）组织编写监理日志，参与编写监理月报。

（11）收集、汇总、参与整理监理文件资料。

（12）参与工程竣工预验收和竣工验收。

4）监理员的职责

（1）检查施工单位投入工程的人力、主要设备的使用及运行状况。

（2）进行见证取样。

（3）复核工程计量有关数据。

（4）检查工序施工结果。

（5）发现施工作业中的问题，及时指出并向专业监理工程师报告。

【任务实施】

某住宅小区工程共有 5 栋住宅，分两期进行。总建筑面积为 18 万平方米，合同总价约为 4.4 亿元，计划工期为 28 个月。请同学们根据表 3-1 和表 3-2，初步确定项目监理机构需要的监理人员数量和配备要求，选择可行的组织形式，并绘制组织形式图。

项目小结

总监理工程师要经过监理单位法人代表的书面授权和任命，负责履行建设工程监理合同、主持项目监理机构的工作。建设工程项目开工前，总监理工程师的首要任务是筹建项目监理机构。项目监理机构的组织形式应高效、适用，专业配备应齐全，监理人员数量应满足监理工作需要。在总监理工程师兼职的情况下，项目监理机构应设置总监理工程师代表岗位。项目监理机构的岗位由总监理工程师（总监理工程师代表）、专业监理工程师、监理员组成，各级监理人员应当正确地履行岗位职责。

能力训练

一、单选题

1. 直线制监理组织形式的缺点是（　　　）。

A. 要求总监理工程师通晓多种知识技能和多种业务，负担重

B. 多头领导，容易导致职责不清，协调工作多

C. 职能部门与指挥部门易产生矛盾，信息传递路线长，不利于互通情报

D. 纵、横向协调工作量大，处理不当会造成"扯皮"现象，产生矛盾

2. 矩阵制监理组织形式的优点是（　　　）。

A. 命令系统单一　　　　　　　　　　B. 有利于总监理工程师集中权力

C. 协调工作量小　　　　　　　　　　D. 有较大的机动性和适应性

3. 同时适用于平行承发包模式、设计或施工总承包模式、项目总承包模式的监理委托方式是（　　　）。

A. 业主按不同合同标段委托多家监理单位

B. 业主按不同建设阶段委托多家监理单位

C. 业主委托一家监理单位

D. 业主委托多家监理单位

4. 某项目的计划工期为 5 个月，实际工期为 6 个月，合同金额为 6000 万元，实际结算价格为 6600 万元，项目监理机构配备监理人员时，该项目的工程建设强度应为（　　　）万元/月。

A. 1000　　　　　　　B. 1100　　　　　　　C. 1200　　　　　　　D. 1320

5. 根据《建设工程监理规范》（GB/T 50319—2013），下列监理职责中，属于监理员职责的是（　　）。

A. 处置安全事故隐患　　　　　　　　　B. 复核工程计量有关数据

C. 验收分项工程质量　　　　　　　　　D. 审核阶段性付款申请

6. 审核签署承包单位的申请、支付证书和竣工结算是（　　）的职责

A. 总监理工程师　　　　　　　　　　　B. 总监理工程师代表

C. 专业监理工程师　　　　　　　　　　D. 监理员

7. 根据《中华人民共和国建筑法》，实施建筑工程监理前，建设单位应当将委托的工程监理单位、监理的内容及监理（　　），书面通知被监理的建筑施工企业。

A. 范围　　　　　B. 任务　　　　　C. 职责　　　　　D. 权限

8. 根据《建设工程质量管理条例》，未经（　　）签字，建筑材料、建筑构配件和设备不得在工程上使用或者安装，施工单位不得进行下一道工序的施工。

A. 建设单位代表　　　　　　　　　　　B. 总监理工程师代表

C. 监理工程师　　　　　　　　　　　　D. 监理员

9. 项目总承包模式的优点之一是（　　）。

A. 合同关系简单　　　　　　　　　　　B. 招标发包难度小

C. 合同价格低　　　　　　　　　　　　D. 有利于质量控制

二、多选题

1. 监理单位在组建项目监理机构时，所选择的组织形式应有利于（　　）。

A. 确定监理目标　　　　　　　　　　　B. 监理目标控制

C. 信息沟通　　　　　　　　　　　　　D. 工程合同管理

E. 确定监理工作内容

2. 组织构成一般是"上小下大"的形式，由（　　）等密切相关、相互制约的因素组成。

A. 管理部门　　　　　　　　　　　　　B. 管理层次

C. 管理跨度　　　　　　　　　　　　　D. 管理制度

E. 指挥协调

3. 配备项目监理机构的人员数量时，主要考虑的影响因素有（　　）等。

A. 建设工程的复杂程度　　　　　　　　B. 监理人员的业务素质

C. 项目监理机构的组织结构　　　　　　D. 工程建设强度

E. 监理单位的业务水平

4. 下列说法中，正确的有（　　）。

A. 在项目总承包模式下，建设单位宜分阶段委托监理单位

B. 在设计或施工总承包模式下，建设单位应只委托一家监理单位

C. 在项目总承包管理模式下，建设单位应只委托一家监理单位

D. 在平行承发包模式下，建设单位应只委托一家监理单位

E. 在平行承发包模式下，建设单位可以委托一家或多家监理单位

三、简答题

1. 组织结构的基本内涵有哪些？

2. 怎样理解总监理工程师的集权与分权统一原则？

3. 平行承发包模式的特点是什么？

4. 阐述项目监理机构的设计过程。

5. 简要说明项目监理机构中各级监理人员的任职条件。

四、案例分析题

某项目监理机构成立后，总监理工程师任命了一名总监理工程师代表，并委托总监理工程师代表负责以下工作。总监理工程师的做法是否正确？请说明理由。

（1）组织编制监理规划；

（2）审批监理实施细则；

（3）组织审查和处理工程变更；

（4）调解合同争议；

（5）调换不称职的监理人员；

（6）组织编写监理月报、监理工作总结，组织整理监理文件资料；

（7）组织审核施工单位的付款申请；

（8）审查工程开复工报审表；

（9）组织检查施工单位现场质量、安全生产管理体系的建立及运行情况；

（10）组织验收分部工程，组织审查单位工程质量检验资料。

五、讨论题

施工项目部和项目监理机构的岗位设置有哪些不同？主要管理岗位的职责有什么区别？

项目四　建设工程投资控制

知识目标

1. 了解建设工程投资的构成和投资特点。
2. 熟悉建设工程投资目标动态控制的流程。
3. 熟悉建设工程投资控制的基本原则。
4. 掌握建设工程各阶段投资控制的方法。
5. 掌握建设工程投资控制偏差分析的方法与手段。

拓展知识点

1. 固定资产投资中的动态投资和静态投资。
2. 工程担保的形式。
3. 工程计量计价软件的应用。

任务一　了解建设工程投资

【教学导入】

乘历史大势而上，走人间正道致远。2013 年，中国国家主席习近平审时度势，提出共建"一带一路"宏伟倡议，成为人类发展史上具有里程碑意义的事件。

众人划桨开大船。面对复杂多变的国际环境，高质量共建"一带一路"，需要各方参与并付出持之以恒的努力，需要用创新思维不断提供发展动力，需要用扎实行动不断引领向前，需要全世界联合起来共同推动。

中白工业园、印度尼西亚雅万高铁、塞尔维亚 E763 高速公路、尼日利亚莱基深水港、赞比亚下凯富峡水电站等一批大型工程相继投入使用，带动了地区经济和文化发展，"一带一路"也将中国"基建狂魔"的称号推向世界。

请问，2022 卡塔尔世界杯主会场（卢塞尔球场）的总造价是多少，工程有哪些特点？

4.1.1 建设工程投资的构成

建设工程投资是某项建设工程所花费的全部费用。建设工程按用途可分为生产性建设工程和非生产性建设工程,生产性建设工程投资包括建设投资和流动资产投资两部分,而非生产性建设工程投资只包括建设投资。

建设工程投资的构成
和特点

建设投资由设备及工器具购置费用、建筑安装工程费用、工程建设其他费用、预备费(包括基本预备费和涨价预备费)和建设期利息组成。流动资产投资是指生产经营项目投产后,为正常生产运营,用于购买材料、支付工资等的周转资金。建设工程投资的构成如图 4-1 所示。

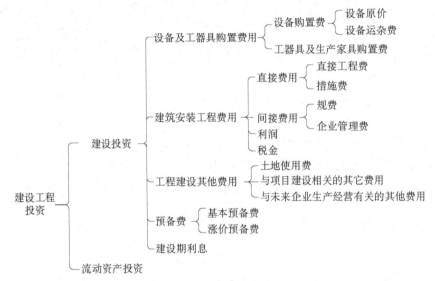

图 4-1 建设工程投资的构成

建设工程投资又分为静态投资和动态投资。静态投资由设备及工器具购置费用、建筑安装工程费用、工程建设其他费用、基本预备费组成。动态投资是指在建设期内,因建设期利息和国家新批准的税费、汇率、利率变动以及建设期价格变动引起的建设投资增加额,包括涨价预备费和建设期利息。

4.1.2 建设工程投资的特点

1. 投资数额巨大

建设工程投资数额巨大,动辄上千万元,甚至数十亿元。建设工程投资数额巨大的特点使其关系到国家、行业或地区的重大经济利益,对国计民生也会产生重大影响。

2. 投资差异明显

每项建设工程都有其特定的用途、功能、规模,每项工程的结构、空间分割、设备配置和内外装饰都有不同的要求,工程内容和实物形态都有差异。

3. 投资需要单独计算

建设工程的实物形态千差万别。因此,建设工程只能通过特殊的程序将每个项目单独计算。

4. 投资的确定依据复杂

建设工程投资的确定依据繁多，关系复杂。不同的建设阶段有不同的确定依据，且互为基础和指导，互相影响，如图 4-2 所示。

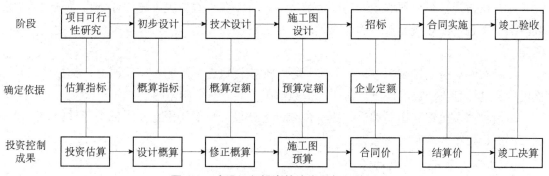

图 4-2　建设工程投资的确定及相互关系

5. 确定层次繁多

建设工程由分项工程、分部工程、单位工程等组成。从项目投资组成来讲，需要分别计算分项工程投资、分部工程投资、单位工程投资等，才能汇总形成建设工程投资。

6. 需要动态跟踪、调整

建设工程从立项到竣工有一个漫长的建设期，在整个建设期内会出现一些不可预料的变化因素，如工程设计变更、国家经济调控政策或不可抗力等。因此，建设工程投资在整个建设期内都是不确定的，需要随时进行动态跟踪、调整，竣工决算后才能真正确定建设工程投资。

4.1.3　建设工程投资控制的目标及原理

1. 建设工程投资控制的含义

建设工程投资控制就是在决策阶段、设计阶段、发包阶段、施工阶段以及竣工阶段，把建设工程投资控制在已批准的投资限额以内，随时纠正发生的偏差，以保证项目投资管理目标的实现，以求在建设工程中合理使用人力、物力、财力。

监理工程师在投资控制工作中，要使各阶段的投资控制工作始终处于受控状态，做到有目标、有计划、有控制措施。在项目实施的各阶段，要合理确定投资控制目标，采取有效的控制措施，并应用主动控制原理，做到事前控制、事中控制、事后控制相结合，合理地处理投资过程中的索赔与反索赔事件，尽量避免出现合同争议。

2. 建设工程投资控制的目标

工程项目建设是一个周期长、投入大的生产过程，因此不可能一开始就设置一个科学的、一成不变的投资控制目标，只能设置大致的投资控制目标，这就是投资估算。随着工程建设"实践→认识→再实践→再认识"过程的推进，投资控制目标慢慢清晰。各个阶段的投资控制目标相互联系，相互制约，相互补充，前者控制后者，后者补充前者，共同组成建设工程投资控制目标系统。

各阶段的投资控制工作应做到实际投资额不超过计划投资额，可能表现为以下几种情况。

（1）在投资目标分解的各个层次上，实际投资额均不超过计划投资额。这是最理想的情况，是投资控制的最高目标。

（2）在投资目标分解的较低层次上，实际投资额在少数情况下超过计划投资额，在大多数情况下不超过计划投资额，因而在投资目标分解的较高层次上，实际投资额不超过计划投资额。

（3）实际总投资额未超过计划总投资额，在投资目标分解的各个层次上，都出现过实际投资额超过计划投资额的情况，但在大多数情况下实际投资额未超过计划投资额。

后两种情况虽然存在局部的超投资现象，但建设工程的实际总投资额未超过计划总投资额，因而仍是令人满意的结果。

3. 建设工程投资控制的原理

投资控制是项目控制的主要内容之一。建设工程投资控制的原理如图 4-3 所示，这种控制是动态的。

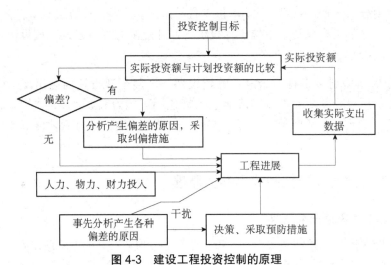

图 4-3　建设工程投资控制的原理

在这一动态控制过程中，监理工程师应着重做好以下几项工作。

（1）对投资控制目标的论证和分析。实践证明，由于各种主观因素和客观因素的制约，项目规划中的投资控制目标可能是难以实现或不合理的，需要在项目实施的过程中调整。

（2）及时对项目进展做出评估，即收集实际支出数据。没有实际支出数据，就无法了解项目的实际进展，更不可能判断是否存在偏差。

（3）进行实际投资额与计划投资额的比较，以判断是否存在偏差。

（4）采取控制措施以确保投资控制目标的实现。

【任务安排】

建设工程施工阶段的投资量和控制难度大，项目监理机构在施工阶段应该从组织、经济、技术、合同等方面采取措施来控制投资，请同学们列举投资控制措施的具体工作内容。

任务二　科学决策施工前期项目投资

【教学导入】

A 公司决定修建××大厦，原设计楼层数为 18 层，以作为公司总部，计划投资 2 亿元。然而，公司管理层在决策阶段未进行有效的投资控制。该项目建设方案的楼层数不断增加，直至楼层数为 64 层。在工程开工典礼时，A 公司决定将其建成有 78 层的城市标志性建筑。据初步估算，需要投入 12 亿元才能建成。

然而，开工后不久，A 公司的财务危机爆发，××大厦建至地面三层后就停工，至今仍处于停工状态。

请问，为什么会出现"三超"（概算超估算、预算超概算、决算超预算）工程？

4.2.1　决策阶段的投资控制

在决策阶段，监理工程师根据建设单位提供的建设工程的规模、场地、协作条件等，对各种拟建方案进行固定资产投资估算，有时还要估算项目竣工后的经营费用和维护费用，向建设单位提交投资估算和建议，以便建设单位进行决策，确保建设方案在功能、技术和财务上的可行性，确保项目的合理性。

1. 对投资估算的审查

（1）审查投资估算基础资料的正确性。

监理工程师应对投资估算基础资料逐一分析。对于拟建项目的生产能力，应审查其是否符合建设单位的投资意图，通过直接向建设单位咨询、调查的方法即可判断其是否正确。对于生产设备的构成，可向相关设备的制造厂商或供货商进行咨询。对于同类型项目的历史数据及有关投资造价指标、指数等资料，可参照已建成的同类型项目，或尚未建成但设计方案已经批准、图纸已经会审、设计概算已经审查通过的资料。同时还应对拟建项目生产要素的市场行情等进行准确判断，审查所套用指标与拟建项目的差异及调整系数是否合理。

（2）审查投资估算方法的合理性。

投资估算方法有很多，有静态投资估算方法和动态投资估算方法。静态投资估算方法、动态投资估算方法又分为很多种方法，究竟选用何种方法，监理工程师应根据投资估算的精确度要求以及拟建项目的技术、经济状况决定。

2. 对项目投资方案的审查

对项目投资方案的审查主要是对拟建项目方案进行重新评价，评价其是否为最优方案。监理工程师对项目投资方案进行审查时，应做好以下工作。

（1）列出可实现建设单位投资意图的各个可行方案，并尽可能做到不遗漏。

（2）熟悉项目投资方案的评价方法。监理工程师要对拟建项目在准备阶段、建设期、建成投产使用期的财务状况进行了解，弄清楚各阶段的现金流量，利用静态、动态投资估算方法计算各种可行方案的评价指标，进行财务评价。

4.2.2 设计阶段的投资控制

1. 实行设计方案招投标

建设单位应引进竞争机制，择优选择设计单位和设计方案。通过招投标选择有经验的设计单位，从而保证设计的先进性、合理性、准确性。同时，按照经济、适用、美观的原则，以及技术先进、功能全面、结构合理、安全适用等要求，综合评定各设计方案的优劣，从中选择最优方案，或将各方案的可取之处进行组合，提出最佳方案，降低工程造价。

2. 设计标准和标准化设计

（1）设计标准是国家经济建设的重要技术规范，不仅是建设工程规模、内容、建造标准、安全、预期使用功能的要求，还是降低造价、控制工程投资的依据，同时提供了必要的指数、定额。执行了设计标准，就保证了设计方案的正确性以及投资的合理性。

（2）标准化设计又称为定型设计、通用设计，是工程建设标准化的组成部分。各类构件、配件、零部件、通用的建筑物、构筑物、公用设施等，只要有条件的都应该实施标准化设计。

3. 限额设计

限额设计就是按照已批准的投资估算控制初步设计及其概算，按照已批准的初步设计及其概算控制施工图设计及预算，将上一阶段设计审定的投资额和工程量先行分解到各专业，然后再分解到各单位工程和分部工程。

在保证使用功能的前提下，各专业按分配的投资限额进行设计，严格控制技术设计和施工图设计的不合理变更，以保证总投资额不被突破。

4. 对设计分包的管理

设计单位可以将部分设计工作委托给其他设计单位。设计单位应按专用合同的约定并经建设单位的书面同意后进行分包，确定设计分包单位。设计单位应确保设计分包单位具有相应的资质和能力，并将设计分包单位的资质、主要设计人员名单、职称及执业经历等资料提交给建设单位进行审核。设计单位应加强设计分包单位的管理，对分包设计工作的设计进度、设计成果、设计概算（预算）进行复核、审核和批准。

5. 开展价值工程应用

价值工程是建筑设计、施工中有效降低工程成本的科学方法。价值工程是对所研究对象的功能与费用进行系统分析，不断创新，提高研究对象价值的一种方法。

一般来说，提高产品价值的途径有5种：增加功能，降低成本（这是最理想的途径）；功能不变，降低成本；成本不变，增加功能；功能略有减少，但成本大幅度降低；成本略有增加，但功能大幅度增加。价值工程的主要特点是以使用者的功能需求为出发点，对所研究的对象进行功能分析，使设计工作做到功能与造价的统一，在满足功能要求的前提下降低成本（一般可降低25%～40%），实现经济效益、社会效益、环境效益的最佳结合。

6. 实行设计监理

现阶段，我国建设工程监理工作大多是在施工阶段，监理工程师在施工阶段对建设工程整体投资控制的影响不是很明显。所以，将监理工作向前延伸，会将建设工程整体投资的综合效益最大化。通过设计监理，对设计概算、施工图预算进行审查，杜绝人为增加或减少投资额的随意性。

【知识链接】

很多大型房地产公司都十分重视施工图的设计优化，将设计优化工作委托给有经验的第三方设计单位。某项目的地下车库结构优化方案如表 4-1 所示。

表 4-1　某项目的地下车库结构优化方案

结构方案	无梁板方案	有梁板方案
混凝土量（m³/m²）	0.42	0.39
钢筋含量（kg/m²）	36	32
施工难易程度	简单	一般
土方开挖量	比有梁板方案少 0.3m³/m²	一般

4.2.3　招投标阶段的投资控制

施工招标文件是招投标工作的纲领性文件，也是投标人编制投标书和评标的依据。在该阶段进行投资控制应注意以下几点。

（1）标底。标底是招标人事先确定的预期价格，而非交易价格。招标人将此作为衡量投标人投标价格的尺度，也是招标人控制投资的一种手段。标底主要有两个含义，一是招标人发包工程的期望值，即招标人对建设工程价格的期望值；二是评定标价的参考值，设有标底的招标工程，在评标时应将其作为参考标底。

（2）招标控制价。它是工程造价在招投标阶段的表现形式之一。准确地说，招标控制价是最高限价，又叫拦标价。如果投标人的投标报价高于招标控制价，该投标就会被拒绝（废标）。

（3）投标报价。投标人为了得到承包资格，按照招标文件中的要求进行估价，然后根据投标策略确定投标价格，以争取中标。

（4）评标定价。评标委员会应当按照招标文件确定的评标标准和方法，对投标文件进行评审和比较。

【任务安排】

1. 建设工程施工项目招投标过程中采用工程量清单报价，工程量清单有已标价工程量清单和未标价工程量清单。这两种工程量清单有哪些区别？请列出工程量清单包括的项目。

2. 请同学们推荐中国近现代著名建筑，并介绍该建筑的设计师、建筑特点和工程造价。

任务三　施工阶段对项目投资进行控制

施工阶段投资控制

【教学导入】

某中学建设项目包括新建教学楼、食堂、体育馆，工程造价约为 6900 万元，竣工后的结算价约为 6500 万元，节约了 400 万元左右。在施工阶段的投资控制采取了以下措施。

1. 根据现场实际情况，将建筑物东北两侧的基坑支护改为二级放坡。
2. 采购建筑材料时货比三家，合理选择供货商，尽可能缩短运输距离。
3. 严格进行工程计量和签证，及时、准确地支付工程款，保证工程进度。
4. 不随意进行工程变更，不增加成本，分阶段进行审计、审价。
5. 对施工机械设备管理到位，严防安全事故发生。
6. 加强参建各方的廉政教育。

请问，你觉得哪些措施对项目投资控制最有效果？

4.3.1　工程计量

工程计量是指按照合同约定的计算规则、图纸及变更指示等进行计量。计算规则应以相关的国家标准、行业标准为依据，由合同当事人在施工合同的专用条款中约定。对于施工单位已完成的分部分项工程，并不是全部进行计量，只有质量达到合同标准的已完工程才予以计量。工程计量也是质量控制的一种有效手段。计量的内容包括工程量清单的全部内容、合同文件规定的项目、工程变更项目。

1. 计量的程序

（1）施工单位按合同约定时间向项目监理机构报送工程量报告，并附上进度款支付申请单、已完工程量报表和有关资料。

（2）项目监理机构应在收到施工单位提交的工程量报告后，在合同约定时间内完成审核并报送建设单位，以确定当月实际完成的工程量。监理工程师对工程量有异议的，有权要求施工单位共同进行复核或抽样复测。

（3）施工单位应协助监理工程师进行复核或抽样复测，并按要求提供补充计量资料。施工单位未按监理工程师要求参加复核或抽样复测的，监理工程师复核或修正的工程量视为施工单位实际完成的工程量。

（4）项目监理机构在收到施工单位提交的工程量报告后，如未在施工合同约定时间内完成核实，施工单位报送的工程量报告中的工程量可视为实际完成的工程量。

2. 计量方法

一般可按照以下方法进行计量。

（1）均摊法。对于清单中某些项目的合同价款，可按合同工期进行平均计量。

（2）估价法。按照合同文件的规定，根据工程师估算的已完成的工程进行价值计量。

（3）凭据法。按照施工单位提供的凭据进行计量。

（4）断面法。对于填筑土方工程，一般规定计量的体积为原地面线与设计断面构成的体积。采用这种方法计量时，开工前施工单位需要测绘出原地形的断面，并经工程师检查，作为计量的依据。

（5）图纸法。在工程量清单中，许多项目按照设计图纸所标的尺寸进行计量，如混凝土构件的体积等。

（6）分解计量法。将一个项目根据工序或部位分解为若干子项，对完成的各子项进行计量。

项目监理机构应建立月完成工程量统计表，对实际完成量与计划完成量进行比较。发现偏差的，应提出调整建议，并在监理月报中向建设单位报告。

4.3.2 现场签证

现场签证是指建设单位或其授权的现场代表（包括工程监理单位、工程造价咨询人）与施工单位或其授权的现场代表就施工过程中涉及的责任事件进行确认证明。

1. 现场签证的提出

施工单位应建设单位的要求，完成合同以外的零星工程、非施工单位责任事件等工作的，建设单位应及时以书面形式向施工单位发出指令，提供所需要的相关资料；施工单位收到指令后，应及时向建设单位提出现场签证要求。

施工单位在施工过程中，若发现场地条件、地质条件、建设单位要求等与合同规定的情况不一致时，应提供所需的相关资料，提交建设单位签证认可，作为合同价款调整依据。

2. 现场签证的适用范围

（1）施工合同范围以外的零星工程的确认。

（2）工程施工过程中发生变更后需要现场确认的工程量。

（3）非施工单位原因导致的人工、设备窝工及有关损失。

（4）符合施工合同规定的非施工单位原因引起的工程量或费用增减。

（5）修改施工方案引起的工程量或费用增减。

（6）工程变更导致的工程施工措施费增减。

3. 现场签证报告的确认

施工单位向项目监理机构提交现场签证报告，监理工程师应在收到现场签证报告后在合同约定时间内对报告内容进行核实，予以确认或提出修改意见。

4.3.3 合同价款调整

1. 法律、法规变化引起的调整

招标发包的工程以投标截止日前 28 天的日期为基准日期；如果是直接发包的工程，以合同签订日前 28 天的日期为基准日期。在基准日期后，如果由于法律、法规和政策等变化导致所需要的费用增加，除了合同约定的增加费用，由建设单位承担增加的费用；减少费用时，应从合同约定的价格中予以扣减。因法律、法规变化造成工期延误时，工期应予以顺延。

因施工单位原因造成工期延误，在工期延误期间出现法律、法规变化的，由此增加的费用和（或）延误的工期由施工单位承担。

因法律、法规变化引起合同价格和工期调整，合同当事人无法达成一致的，由总监理工程师按合同约定处理。

2. 市场价格波动引起的调整

除了专用合同条款另有约定，如果市场价格波动超过合同约定的范围，合同价格应当调整。合同当事人在专用合同条款中可以约定一种方式对合同价格进行调整，市场价格调整的方式一般有以下 2 种。

（1）采用价格指数进行价格调整。

因人工、材料、设备等价格波动影响合同价格时，根据专用合同条款中约定的方式，按以下公式计算差额并调整合同价格。

$$\Delta P = P_0 \left[A + \left(B_1 \times \frac{F_{t1}}{F_{01}} + B_2 \times \frac{F_{t2}}{F_{02}} + B_3 \times \frac{F_{t3}}{F_{03}} + \cdots + B_n \times \frac{F_{tn}}{F_{0n}} \right) - 1 \right]$$

式中，ΔP 是需要调整的价格差额；P_0 是约定的付款证书中施工单位应得的费用；A 是定值权重（即不调整部分的权重）；B_1、B_2、B_3、$\cdots$、B_n 是各可调因子的变值权重（即可调部分的权重），为各可调因子在签约合同价中所占的比例；F_{t1}、F_{t2}、F_{t3}、$\cdots$、F_{tn} 是各可调因子的现行价格指数；F_{01}、F_{02}、F_{03}、$\cdots$、F_{0n} 是各可调因子的基本价格指数。

价格调整公式中的各可调因子、定值权重和变值权重，以及基本价格指数及其来源在投标函附录中约定。非招标订立的合同，由合同当事人在专用合同条款中约定。价格指数应首先采用工程造价管理机构发布的数据，没有时，可用工程造价管理机构发布的价格代替。

因施工单位原因未按期竣工的，对于在合同约定的竣工日期后继续施工的工程，在使用价格调整公式时，应将计划竣工日期与实际竣工日期的两个价格指数中较低的一个作为现行价格指数。

（2）采用造价信息进行价格调整。

合同履行期间，因人工、材料、工程设备和机械台班价格波动影响合同价格时，人工、机械使用费按照国家或省、自治区、直辖市建设行政管理部门、行业建设管理部门或其授权的工程造价管理机构发布的人工、机械使用费系数进行调整。

施工单位应在采购材料前将采购数量和单价报建设单位核对，建设单位确认用于工程时，应确认所采购材料的数量和单价。建设单位在收到施工单位报送的确认资料后，在合同约定时间内未予以答复的视为认可，作为调整合同价格的依据。未经建设单位事先核对，施工单位自行采购材料的，建设单位有权不予调整合同价格；经过建设单位核对同意，可以调整合同价格。

4.3.4 工程变更和变更估价

建设单位和监理单位均可以提出工程变更要求。变更指示应通过项目监理机构发出，项目监理机构发出变更指示前应征得建设单位同意。施工单位收到经签认的变更指示后，方可实施变更。未经许可，施工单位不得擅自对工程的任何部分进行变更。

涉及设计变更的，应由设计单位提供变更后的图纸和说明。当变更超过原设计标准或批准的建设规模时，建设单位应及时办理规划、设计变更等审批手续。

1. 变更范围

变更范围主要包括但不限于以下内容。

（1）增加或减少合同中的任何工作，或追加额外的工作。

（2）取消合同中的任何工作（转由他人实施的工作除外）。

（3）改变合同中任何工作的质量标准或其他特性。

（4）改变工程的基线、标高、位置、尺寸。

（5）改变工程的时间安排或实施顺序。

2．变更估价原则

除施工合同专用条款另有约定外，变更估价按照以下原则处理。

（1）已标价工程量清单或预算书有相同项目的，按照相同项目的单价认定。

（2）已标价工程量清单或预算书中无相同项目但有类似项目的，参照类似项目的单价认定。

（3）变更导致实际完成的变更工程量的变化幅度超过15%的，或已标价工程量清单或预算书中无相同项目及类似项目单价的，按照合理的成本与利润构成的原则，由合同当事人双方商定变更单价。

3．变更估价的一般程序

施工单位应在收到变更指示后的14天内，向项目监理机构提交变更估价申请。监理工程师应在收到施工单位提交的变更估价申请后的7天内审查完毕并报送建设单位。监理工程师对变更估价申请有异议的，应通知施工单位修改后重新提交，并在施工单位提交变更估价申请后的14天内审批完毕。逾期未完成审批或未提出异议的，视为认可施工单位提交的变更估价申请。

4.3.5　工程索赔

1．施工单位向建设单位索赔

索赔的项目包括：不利的自然条件与人为障碍引起的索赔，工程变更引起的索赔，工期延期引起的索赔，加速施工引起的索赔，建设单位不正当地终止工程引起的索赔，物价上涨引起的索赔，政策、货币及汇率变化引起的索赔，拖延支付工程款引起的索赔。

2．建设单位向施工单位索赔

由于施工单位不履行或不完全履行约定的义务，或者由于施工单位的行为使建设单位受到损失时，建设单位可向施工单位提出索赔。索赔的项目包括：工期延误引起的索赔，质量不满足合同要求引起的索赔，对超额利润的索赔，对指定分包单位的付款索赔，建设单位合理终止合同或施工单位不正当地放弃工程引起的索赔。

3．施工单位的索赔程序

（1）施工单位在知道或应当知道索赔事件发生后28天内，向监理单位递交索赔意向通知书，并说明索赔事由；施工单位未在前述28天内发出索赔意向通知书的，丧失要求追加付款和（或）延长工期的权利。

（2）施工单位应在发出索赔意向通知书后28天内，向监理单位正式递交索赔报告；索赔报告应详细说明索赔理由以及要求追加的付款金额和（或）延长的工期，并附必要的记录和证明材料。

（3）索赔事件具有持续影响的，施工单位应按合理的时间间隔继续递交延续索赔通知，说明持续影响的实际情况和记录，列出累计的追加付款金额和（或）工期延长天数。

（4）在索赔事件影响结束后28天内，施工单位应向监理单位递交最终索赔报告，说明最终要求索赔的追加付款金额和（或）延长的工期，并附必要的记录和证明材料。

4. 建设单位的索赔程序

建设单位在知道或应当知道索赔事件发生后 28 天内，通过监理单位向施工单位递交索赔意向通知书，建设单位未在前述 28 天内发出索赔意向通知书的，丧失要求赔付和（或）延长缺陷责任期的权利。建设单位应在发出索赔意向通知书后 28 天内，通过监理单位向施工单位正式递交索赔报告。

5. 索赔处理

工程索赔是施工中经常出现的风险分配形式。索赔处理是合同投资控制管理中较复杂的问题，监理工程师和承建双方在这个问题上需要花费较多的时间和精力。

公正、合理地处理索赔问题必须做好以下几点，一是日常监理记录要全面、细致；二是透彻理解合同文件，尽量在合同文件中找依据，力求准确界定合同双方在索赔问题中的责任，说服双方放弃不合理的要求；三是遇到无法处理的模糊部分时，应通过监理工程师协商，根据客观公正的原则，友好解决问题。

项目监理机构处理索赔的程序如下。

（1）审查索赔申请，符合索赔条件时予以受理。

（2）对于费用索赔，与建设单位和施工单位进行协商。

（3）在合同约定期限内签署索赔审批表。

4.3.6 工程款支付

1. 工程预付款

工程预付款又称为备料款或材料预付款，用于承包人为合同工程施工购置材料、工程设备，以及购置或租赁施工设备，以及搭建临时设施、组织施工队伍进场等。包工包料工程的预付款按合同约定拨付，原则上预付比例不低于合同金额的 10%，不高于合同金额的 30%。

在具备施工条件的前提下，建设单位应在双方签订合同后、约定的开工日期前 7 天内预付工程款。建设单位逾期支付预付款超过 7 天的，施工单位有权向建设单位发出要求预付的催告通知；建设单位收到通知 7 天后仍未支付的，有权暂停施工，建设单位需要承担违约责任。

双方必须在合同中约定工程预付款的抵扣方式，并在工程进度款中进行抵扣。

2. 工程进度款

（1）付款周期。

施工单位完成了工程量后，建设单位应该按合同约定履行支付工程进度款的义务。承发包双方应按照合同约定的时间、程序和方法，根据工程计量结果，办理期中价款结算。工程进度款支付周期应与合同约定的工程计量周期一致。其中，工程量的正确计量是建设单位向施工单位支付工程进度款的前提和依据。工程进度款的付款周期应在施工合同中约定，可以按月结算支付、按年结算支付、分阶段结算支付、竣工后一次性结算支付等。

（2）工程进度款审核和支付。

按照合同约定时间，施工单位提交工程进度款支付申请和工程量报表等资料；收到施工单位递交的工程进度款支付申请及相应的证明文件后，监理工程师应在合同约定时间内完成审核，报建设单位审批。总监理工程师应根据建设单位的审批意见，向施工单位签发工程进度款支付证书。如果工程进度款支付证书未经总监理工程师签字，建设单位不得拨付工程进度款。

建设单位应在工程进度款支付证书发出后 14 天内，按照工程进度款支付证书所注明的应支付金额向施工单位支付工程进度款。建设单位逾期支付工程进度款的，应按照中国人民银行发布的同期同类贷款基准利率支付违约金。

在对已签发的工程进度款支付证书进行阶段汇总和复核时，如果发现错误、遗漏或重复，建设单位和施工单位均有权提出修正申请。经建设单位和施工单位同意的修正，应在下期工程进度款中支付或扣除。工程进度款支付审批流程如图 4-4 所示。

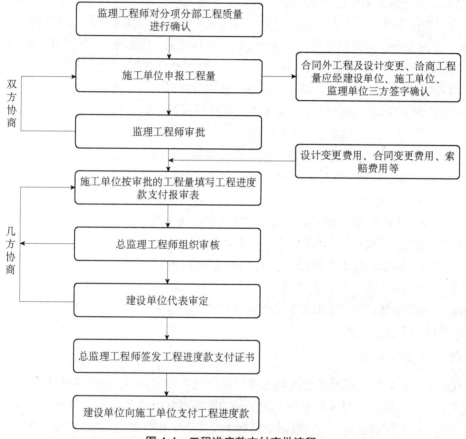

图 4-4 工程进度款支付审批流程

3. 竣工结算

竣工结算是指施工单位按照合同约定或法律、法规、相关标准完成所承包的工程，验收合格后，与发包单位进行工程款结算。《建筑工程施工发包与承包计价管理办法》第十九条规定，工程竣工结算文件经双方签字确认的，应当作为工程决算的依据，未经对方同意，另一方不得就已生效的竣工结算文件委托工程造价咨询企业重复审核。发包方应当按照竣工结算文件及时支付竣工结算款。竣工结算文件应当由发包方报工程所在地县级以上地方人民政府住房和城乡建设主管部门备案。

（1）竣工结算的审核程序。

① 专业监理工程师审核施工单位提交的竣工结算款支付申请，提出审核意见。

② 总监理工程师对专业监理工程师的意见进行审核，签认后报建设单位审批，同时抄送施工单位，并就竣工结算事宜与建设单位、施工单位协商；达成一致意见的，根据建设单位审批意见向施工单位签发竣工结算款支付证书；

③ 监理单位或建设单位对竣工结算申请有异议的，有权要求施工单位进行修正和提供补充资料。

④ 合同双方对工程竣工结算不能达成一致意见的，应按施工合同约定处理。

（2）竣工结算的审核。

竣工结算有严格的审核过程，一般从以下几方面入手。

① 核对合同条款。首先，应核对竣工工程内容是否符合合同要求，工程是否竣工验收合格；其次，应按合同规定的结算方法、计价定额、主材价格、优惠条款等对工程竣工结算进行审核，若发现开口合同或有漏洞，应请建设单位与施工单位认真研究，明确结算要求。

② 检查隐蔽验收记录。所有隐蔽工程均需要进行验收，由2人以上签证；实行工程监理的项目应经监理工程师签证确认。审核竣工结算时应核对隐蔽工程施工记录和验收签证，手续完整且工程量与竣工图一致方可列入结算。

③ 落实设计变更签证。原设计单位出具设计变更通知单和修改后的设计图纸，由校审人员签字并加盖公章，经建设单位和监理工程师审查同意、签证。重大设计变更应经原审批部门审批，否则不列入结算。

④ 按图核实工程数量。竣工结算的工程量应依据竣工图、设计变更单和现场签证等进行核算，并按国家统一规定的计算规则计算工程量。

⑤ 执行合同约定的结算单价。按合同约定或招标规定的计价定额与计价原则进行竣工结算。

⑥ 防止各种计算误差。工程竣工结算的子目多、篇幅大，往往有计算误差，应认真核算，防止因计算误差多计或少算。

4. 工程质量保证金

工程质量保证金是指建设单位与施工单位在合同中约定，从应付的工程款中预留，用以保证施工单位在缺陷责任期内对建设工程出现的缺陷进行维修的资金。建设单位应按照合同约定的方式预留工程质量保证金，总预留比例不得高于工程款结算总额的3%。合同约定由施工单位以银行保函代替预留保证金的，保函金额不得高于工程款结算总额的3%。

（1）提供工程质量保证金有以下三种方式。

① 质量保证金保函。

② 相应比例的工程款。

③ 双方约定的其他方式。

（2）工程质量保证金的扣留有以下三种方式。

① 在支付工程进度款时逐次扣留。在此情形下，工程质量保证金的计算基数不包括工程预付款的支付、扣回以及价格调整的金额。

② 工程竣工结算时一次性扣留工程质量保证金。

③ 双方约定的其他扣留方式。

（3）工程质量保证金的退还。

缺陷责任期是指施工单位按照合同约定承担缺陷维修义务，且建设单位预留工程质量保证金的期限自工程通过竣工验收之日起计算。在缺陷责任期内，施工单位应认真履行合同约定的维修义务和责任。由施工单位的原因造成的质量缺陷，施工单位应负责维修，并承担鉴定及维修费用。如果施工单位既不维修也不承担费用，建设单位可按合同约定从工程质量保证金或银行保函中扣除，费用超出工程质量保证金数额的，建设单位可按合同约定向施工单位进行索赔。由他人原因造成的质量缺陷，建设单位负责组织维修，施工单位不承担费用，且建设单位不得从工程质量保证金中扣除费用。施工单位维修并承担相应费用后，不免除对工程的损失赔偿责任。缺陷责任期到期后，施工单位可向建设单位申请返还工程质量保证金。

【任务安排】

按照相关政策，建设工程中承包人和发包人需要进行资金担保，在哪些情况下需要进行工程担保？

任务四　建设工程投资偏差分析

建设工程投资
偏差分析

【教学导入】

2011 年，历时 5 年完工的西安地铁 2 号线终于通车，在地铁的建设过程中，挖掘出了 130 多座古墓，出土文物超过 200 件。2014 年 8 月 1 日，西安地铁 4 号线又挖出了明清石雕。2019 年 3 月，西安地铁 5 号线二期工程发现了疑似"雍王"章邯的都城。

西安作为历史文化名城，地下深处隐藏着大量历史文物遗址。修建地铁时需要考虑文物保护等问题，加大了投资和管理的难度。

请问，如果工程建设因保护文物增加了投资额，是建设方还是施工方应承担的风险？

4.4.1　投资偏差分析参数

1. 投资偏差

投资偏差是指将已完工程的计划投资额和实际投资额进行比较，得出工程投资是节约了还是超支了，可用下列公式表示。

投资偏差=计划投资额−实际投资额=实际工程量×计划单价−实际工程量×实际单价

如果投资偏差为负值，表示实际投资额超出计划投资额；当投资偏差为正值时，表示实际投资额没有超出计划投资额。

2. 进度偏差

进度偏差是指将实际进度和计划进度进行比较，得出工程进度是提前了还是延后了，可用下列公式表示。

进度偏差=计划进度时间−实际进度时间

一般可将进度偏差和投资偏差联系起来，此时有

$$进度偏差=已完工程计划投资额-拟完工程计划投资额$$

$$=实际工程量×计划单价-计划工程量×计划单价$$

如果进度偏差为负值，表示项目进度延后，实际进度落后于计划进度；如果进度偏差为正值，表示项目进度提前，实际进度超过计划进度。

3. 投资偏差程度

投资绩效指数的计算公式如下。

$$投资绩效指数=已完工程计划投资额/已完工程实际投资额$$

当投资绩效指数小于 1 时，表示超支，即实际投资额高于计划投资额；当投资绩效指数大于 1 时，表示节支，即实际投资额低于计划投资额。

进度绩效指数的计算公式如下。

$$进度绩效指数=已完工程计划投资额/拟完工程计划投资额$$

当进度绩效指数小于 1 时，表示进度延误，即实际进度落后于计划进度；当进度绩效指数大于 1 时，表示进度提前，即实际进度提前于计划进度。

投资偏差反映的是绝对偏差，结果很直观，有助于管理人员了解投资偏差的绝对数额，并依此采取措施，制订或调整投资支出计划和资金筹措计划。但绝对偏差有不容忽视的局限性，例如同样是 10 万元的投资偏差，对于总投资为 1000 万元的项目和总投资为 1 亿元的项目而言，其严重程度显然是不同的。因此投资偏差仅适合对同一项目进行偏差分析。投资绩效指数反映的是相对偏差，它不受项目层次的限制，也不受项目实施时间的限制，因而在同一项目和不同项目的比较中均可采用。

在项目实施过程中，以上投资偏差参数可以形成三条曲线，即拟完工程计划投资额、已完工程计划投资额、已完工程实际投资额的曲线，如图 4-5 所示。

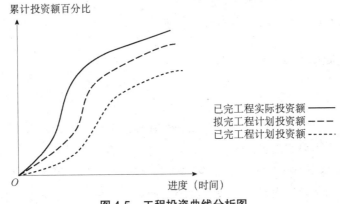

图 4-5　工程投资曲线分析图

4.4.2　投资偏差原因分析

投资偏差原因分析的一个重要目的就是找出引起偏差的原因，从而采取有针对性的措施，减少或避免相同现象再次发生。在进行投资偏差原因分析时，首先应将已经导致和可能导致偏差的各种原因逐一列举出来。导致不同建设工程产生投资偏差的原因具有一定的共性，因

而可以对已建项目的投资偏差原因进行归纳、总结，为采取预防措施提供依据。

一般来说，产生投资偏差的原因有几种，如图 4-6 所示。

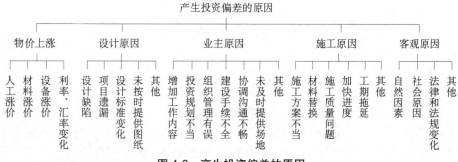

图 4-6　产生投资偏差的原因

4.4.3　投资偏差处理

1. 修改投资计划

修改投资计划就是对投资文件进行修正，例如调整设计概算、变更合同价格等。

2. 采取纠偏措施

纠偏的主要对象是建设单位原因和设计原因造成的投资偏差。确定了纠偏的主要对象之后，就需要采取有针对性的纠偏措施，可采用组织措施、经济措施、技术措施、合同措施等。例如，寻找新的、更好的、效率更高的设计方案；购买部分产品，而不是完全采用自主生产的产品；重新选择供应商；改变实施过程；变更工程范围；索赔等。

3. 整理纠偏资料

找出产生偏差的原因后，纠偏措施以及从投资控制中吸取的其他教训都要形成文字材料，作为本工程项目或者其他工程项目的参考资料。

【任务安排】

某建设工程的混凝土浇筑工程量和单价如表 4-2 所示，请分析每月投资偏差和每月进度偏差、累计投资偏差和累计进度偏差。

表 4-2　混凝土浇筑工程量和单价

工作情况	第 1 个月	第 2 个月	第 3 个月
计划工程量（m³）	2000	1000	1500
实际工程量（m³）	1800	1000	2200
计划单价（元/m³）	400	400	400
实际单价（元/m³）	400	450	500

项目小结

本项目详细介绍了建设工程各阶段投资控制的基本要求、内容、程序。通过本项目的学习，学生可了解项目投资的构成，熟悉在各阶段投资控制的过程中监理工程师的工作内容和要求。

能力训练

一、单选题

1. 在建设工程的初步设计阶段，投资控制的依据是（　　）。

A. 估算指标　　　　　B. 概算指标　　　　　C. 预算定额　　　　　D. 企业定额

2. 对设计变更进行技术经济比较，严格控制设计变更，属于投资控制的（　　）。

A. 组织措施　　　　　B. 经济措施　　　　　C. 技术措施　　　　　D. 合同措施

3. 在（　　）后，建设单位应将工程质量保证金返还给施工单位。

A. 工程完工　　　　　　　　　　B. 竣工验收合格

C. 缺陷责任期满　　　　　　　　D. 保修期满

4. （　　）进行现场计量，按照合同约定审核工程量清单，审查施工单位提交的工程进度款支付申请。

A. 监理员　　　　　B. 专业监理工程师　　　　C. 旁站人员　　　　D. 总监理工程师

5. 计量的几何尺寸主要以实际施工图为依据，施工单位自身原因造成返工的工程量应（　　）。

A. 竣工结算后计量　　　　　　　B. 经建设单位审定批准后计量

C. 协商决定计量　　　　　　　　D. 不予计量

6. （　　）是施工阶段投资控制的目标。

A. 投资估算　　　　　B. 设计概算　　　　　C. 合同价　　　　　D. 结算价

7. 对建设工程投资起决定性影响的阶段是（　　）。

A. 决策阶段　　　　　B. 设计阶段　　　　　C. 施工阶段　　　　　D. 竣工阶段

二、多选题

1. 提高产品价值的途径有（　　）。

A. 减少功能，降低成本

B. 增加功能，提高成本

C. 功能略有减少，但成本大幅度降低

D. 功能不变，提高成本

E. 功能不变，降低成本

2. 设计分包必须得到（　　）的同意。

A. 建设单位　　　　　　　　　　B. 设计单位

C. 监理单位　　　　　　　　　　D. 政府主管部门

E. 施工图审查机构

3. 工程预付款一般用于（　　）。

A. 购买材料　　　　　　　　　　B. 购买工程设备

C. 搭建临时设施　　　　　　　　D. 支付担保费用

E. 租赁施工设备

三、思考题

1. 在设计阶段，投资控制的主要工作有哪些？
2. 工程计量的程序是怎样的？
3. 现场签证的适用范围是什么？
4. 竣工结算审核需要从哪些方面入手？
5. 产生投资偏差的原因有哪些？

四、案例分析题

某工程项目合同约定，混凝土方量为 1000m³，合同单价为 400 元/m³；工期为三个月，工程进度款支付计划为：第 1 个月完成工程量 200m³；第 2 个月完成工程量 300m³；第 3 个月完成工程量 500m³；工程进度款按月结算，次月初施工单位向监理工程师上报上月产值，由监理工程师审批上月应付工程进度款。

合同约定，每次按已完成产值的 80%支付工程进度款，每次支付工程进度款时扣除工程质量保证金的 5%；如未达到 10 万元，当月不予支付，下次一并支付。

请问，监理工程师每月审核的应支付工程进度款是多少？工程竣工结算后，还应支付多少剩余款项？

五、综合实训

根据案例分析题的结果，指导学生填写工程进度款支付报审表和工程进度款支付证书。

项目五　建设工程进度控制

 知识目标

1. 理解建设工程进度控制的概念和主要任务，了解影响建设工程进度的主要因素。
2. 了解建设工程进度控制的目标与原则，熟悉施工进度计划的编制、审核、检查、修订方法。
3. 掌握建设工程施工计划的调整和优化方法。

 拓展知识点

1. 工程进度、项目全过程可视化等软件的应用
2. 建设工程实际开工时间和竣工时间出现争议时的司法解释。
3. 工程进度计划 BIM 5D 技术的应用。

任务一　了解建设工程进度控制

了解建设工程
进度控制

【教学导入】

2021 年 1 月 1 日开始施行的《最高人民法院关于审理建设工程施工合同纠纷案件适用法律问题的解释（一）》第八条规定，当事人对建设工程开工日期有争议的，人民法院应当分别按照以下情形予以认定。

（一）开工日期为发包人或者监理人发出的开工通知载明的开工日期；开工通知发出后，尚不具备开工条件的，以开工条件具备的时间为开工日期；因承包人原因导致开工时间推迟的，以开工通知载明的时间为开工日期。

（二）承包人经发包人同意已经实际进场施工的，以实际进场施工时间为开工日期。

（三）发包人或者监理人未发出开工通知，亦无相关证据证明实际开工日期的，应当综合考虑开工报告、合同、施工许可证、竣工验收报告或者竣工验收备案表等载明的时间，并结合是否具备开工条件的事实，认定开工日期。

第九条规定，当事人对建设工程实际竣工日期有争议的，人民法院应当分别按照以下情形予以认定。

（一）建设工程经竣工验收合格的，以竣工验收合格之日为竣工日期。

（二）承包人已经提交竣工验收报告，发包人拖延验收的，以承包人提交验收报告之日为竣工日期。

（三）建设工程未经竣工验收，发包人擅自使用的，以转移占有建设工程之日为竣工日期。

请问，确定实际开工日期、实际竣工日期的依据有哪些？

5.1.1 建设工程进度控制的概念

在建设工程项目的实施过程中，监理单位必须对施工进度计划的进展进行动态监测与检查，随时监控项目的进展，收集实际进度数据，并与进度计划进行对比；若出现偏差，需要找出原因及对工期的影响程度，并采取有效措施，使项目按预定的进度目标进行，这一不断循环的过程称为进度控制。

建设工程进度控制的目标是通过有效的进度控制工具和具体的进度控制措施，在满足投资和质量要求的前提下，使工程的实际工期不超过计划工期。

建设工程具有规模庞大、工程结构与工艺技术复杂、建设周期长、相关单位多等特点，因此建设工程进度受到许多因素的影响。要想有效地控制建设工程进度，就必须对影响进度的有利因素和不利因素进行全面、细致的分析和预测。

5.1.2 建设工程进度的日期和期限

1. 开工日期

开工日期包括计划开工日期和实际开工日期。计划开工日期是合同约定的开工日期。实际开工日期是监理工程师按照合同约定发出的符合法律规定的开工通知中载明的开工日期。

2. 竣工日期

竣工日期包括计划竣工日期和实际竣工日期。计划竣工日期是合同约定的竣工日期。实际竣工日期应根据施工合同约定或按以下情况确定。

（1）竣工验收合格的，以施工单位提交竣工验收申请报告的日期为实际竣工日期。

（2）竣工验收不合格的，监理单位应按照验收意见发出指示，要求施工单位对不合格工程进行返工、修复或采取其他补救措施。完成返工、修复或采取其他补救措施后，应重新提交竣工验收申请报告，建设单位重新组织竣工验收。竣工验收合格的，以施工单位重新提交竣工验收申请报告的日期为实际竣工日期。

（3）因建设单位原因，未在监理单位收到施工单位提交的竣工验收申请报告42天内完成竣工验收的，或完成竣工验收不予签发工程接收证书的，以提交竣工验收申请报告的日期为实际竣工日期。

（4）工程未经竣工验收，建设单位擅自使用的，以建设单位实际占用工程之日为实际竣工日期。

3. 工期

工期是合同约定的承包人完成工程所需的期限，包括按照合同约定所作的期限变更。

4. 计划工期

计划工期是合同约定的施工单位完成工程所需的期限，包括按照合同约定所作的期限变更。

5. 实际工期

实际工期是从工程实际开工日期到实际竣工日期所经历的天数。

6. 缺陷责任期

缺陷责任期是指施工单位按照合同约定承担缺陷维修义务，且建设单位预留工程质量保证金（已缴纳履约保证金的除外）的期限，自实际竣工日期起计算。

7. 保修期

保修期是指施工单位按照合同约定对工程承担保修责任的期限，自工程竣工验收合格之日起计算。

8. 设计使用年限

设计使用年限是设计规定的结构或结构构件不需要大修即可按预定目的使用的年限。

5.1.3　影响建设工程进度的因素

1. 业主因素

① 业主进行设计变更。

② 不能及时提供施工场地，或所提供的场地不能满足工程需要。

③ 不能及时向施工单位或材料供应商付款。

2. 勘察设计因素

① 勘察资料不准确，特别是地质资料错误或遗漏。

② 设计内容不完善，规范应用不恰当，设计有缺陷或错误。

③ 对施工的可能性未考虑或考虑不周。

④ 施工图纸供应不及时、不配套，或出现重大差错。

3. 施工技术因素

① 施工工艺错误。

② 施工方案不合理。

③ 施工安全措施不当。

④ 应用了不可靠的技术。

4. 自然环境因素

① 复杂的工程地质条件。

② 不明的水文气象条件。

③ 地下埋藏文物的保护、处理。

④ 洪水、地震、台风等不可抗力。

5. 社会环境因素

① 外单位临近工程。

② 节假日交通、市容整顿的限制。

③ 临时停水、停电。

6. 组织管理因素

① 申请审批手续的延误。

② 签订合同时遗漏条款、表述不当。

③ 计划安排不周密，组织协调不力，导致停工待料、相关作业脱节。

④ 领导不力，指挥失当，使参加工程建设的各单位的交接、配合发生矛盾。

7. 材料、设备因素

① 材料、配件、设备供应环节出现差错。

② 品种、规格、质量、数量、时间不能满足工程需要。

③ 特殊材料及新材料的不合理使用。

④ 施工设备不配套，选型不当、安装失误、有故障等。

8. 资金因素

① 有关方拖欠资金、资金不到位、资金短缺。

② 汇率浮动和通货膨胀等。

【任务安排】

某一住宅楼建设项目的土方开挖工程的工程量为 1000m³，根据下列施工条件，分别计算工期。

（1）采用人工挖土的方式，人工挖土的劳动定额为 10m³/工日，一个施工队伍有 20 人。

（2）采用反铲挖土的方式，反铲的机械台班定额为 100m³/台班，现场有 2 台反铲。

（3）施工条件同（2），24 小时不间断挖土。

任务二　编制、检查和优化施工进度计划

【教学导入】

建设工程项目的部分管理人员对进度计划的看法大都存在以下问题。

（1）认为进度计划是一种摆设，可有可无。

（2）对于计划还算重视，但实际工作与计划脱节。

（3）进度计划过粗或过细。

请问，作为监理工程师，如何做好进度计划的控制？

5.2.1 施工进度计划的编制

施工进度计划是为实现项目设定的工期目标，对各项施工过程的施工顺序、起止时间和衔接关系所进行的统筹策划和安排。通过对各单项工程的分部工程、分项工程的计算，明确工程量，进而计算出劳动力、主要材料、施工设备的需求量，从而编制出开工顺序和施工工期，并将施工工序等衔接时间，用横道图、网络图等形式表示。

施工进度计划是施工单位进行施工管理的核心指导文件，也是监理工程师实施进度控制的重要依据。

施工单位在开工前应提交详细的施工进度计划，施工进度计划的编制应符合国家法律规定和一般工程实践惯例，经监理单位批准后报建设单位同意后实施。

1. 施工进度计划的编制依据

（1）合同和相关要求。

（2）项目管理规划文件。

（3）资源条件、内部与外部约束条件。

2. 施工进度计划的主要内容

（1）编制说明。

（2）进度安排。

（3）资源需求计划。

（4）进度保证措施。

3. 施工进度计划的编制步骤

（1）确定进度目标。

（2）进行工作结构分解与工作活动定义。

（3）确定工作顺序。

（4）估算各项工作投入的资源。

（5）估算工作的持续时间。

（6）编制进度计划图（表）。

（7）编制资源需求计划。

（8）审批。

5.2.2 施工进度计划审查

在工程开工前，项目监理机构应审查施工单位报审的施工总进度计划和阶段性施工进度计划，提出审查意见，并由总监理工程师审核后报建设单位。施工进度计划审查包括下列基本内容。

（1）施工进度计划应符合施工合同的约定。施工单位编制的施工总进度计划必须符合施工合同约定的工期要求，阶段性施工进度计划必须与施工总进度计划的目标一致。

（2）主要工程项目无遗漏，应满足分批投入试运、分批动用的需要。

（3）施工顺序应符合施工工艺要求。

（4）施工人员、工程材料、施工机械等资源供应计划应满足施工进度计划的需要。

（5）施工进度计划应符合建设单位提供的资金、施工图纸、施工场地、物资等施工条件。

项目监理机构收到施工单位报审的施工总进度计划和阶段性施工进度计划时，应对上述内容进行审查，提出审查意见。发现问题时，应以监理通知单的方式及时向施工单位提出书面修改意见，并重新对调整后的进度计划进行审查，发现重大问题时应及时向建设单位报告。施工进度计划经总监理工程师审核签认，并报建设单位批准后方可实施。

5.2.3　施工进度计划的动态检查

在施工进度计划的实施过程中，由于各种因素的影响，常常会打乱原始计划而出现进度偏差。因此，监理工程师必须对施工进度的执行情况进行动态检查，并分析进度偏差产生的原因。

1. 动态检查的内容

（1）工作完成数量。

（2）工作时间的执行情况。

（3）工作顺序的执行情况。

（4）资源使用及其与进度计划的匹配情况。

（5）前次检查提出问题的整改情况。

2. 收集实际进度信息

监理工程师可以通过以下方式获得实际进度信息。

（1）定期地、经常地收集施工单位提交的进度报表。

进度报表不仅是监理工程师进行进度控制的依据，也是核对工程进度款的依据。在一般情况下，进度报表的格式由监理单位提供，施工单位按时填写完后提交给监理工程师检查。

报表的内容根据施工对象及承包方式的不同有所区别，一般应包括工作的开始时间、完成时间、持续时间、逻辑关系、工程量、工作量，以及工作时差的利用情况等。施工单位若能准确地填写进度报表，监理工程师就能从中详细了解工程的实际进度。

（2）驻地监理人员现场检查工程的实际进度。

为了避免施工单位超报已完工程量，驻地监理人员有必要进行现场实地检查和监督。至于每隔多长时间检查一次，应视工程的类型、规模、监理范围、施工现场的条件等而定。

除了上述两种方式，由监理工程师定期组织现场施工负责人召开现场会议，也是获得建设工程实际进度信息的一种方式。通过这种面对面的交谈，监理工程师可以从中了解施工过程中的潜在问题，以便及时采取相应的措施。

3. 施工进度的检查方法

施工进度的主要检查方法是对比法，即利用进度比较的方法，比较实际进度数据与计划进度数据，从中发现是否出现进度偏差以及进度偏差的大小。如果进度偏差比较小，应在分析其原因的基础上采取有效措施，解决矛盾，排除障碍，继续执行原进度计划。如果经过努力，确实不能按原计划实现，再考虑对原计划进行调整（即适当延长工期，或加快施工速度）。

5.2.4 施工进度计划的调整和优化

进度偏差分析

通过检查分析，如果发现原施工进度计划不能适应实际情况，项目监理机构应督促施工单位做好施工进度计划的调整和优化工作。施工进度计划的调整流程如图 5-1 所示。

1. 调整内容

调整内容有工程量、起止时间、持续时间、工作关系、资源供应等。

2. 调整方法

（1）关键工作的调整。这是施工进度计划调整的重点，也是最常用的方法之一。

（2）缩短工作间歇时间，通过组织搭接作业或平行作业来缩短工期。

（3）改变某些工作间的逻辑关系。此种方法效果明显，但在允许改变工作关系的前提下才能进行。

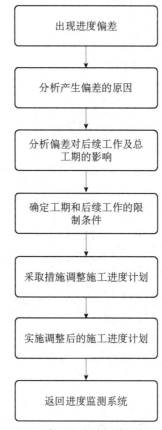

图 5-1 施工进度计划的调整流程

（4）对剩余工作重新编制施工进度计划。当采用其他方法不能解决时，应根据工期要求，对剩余工作重新编制施工进度计划。

（5）调整非关键工作。为了充分利用资源、降低成本，必要时可对非关键工作的时差做适当调整。

3. 工期优化

工期优化也称为时间优化，是指通过压缩关键线路上的关键工作的持续时间等措施，达到满足工期要求的目的。

选择优化对象时应考虑下列工作。

（1）缩短持续时间对质量和安全影响不大的工作。

（2）有备用或替代资源的工作。

（3）缩短持续时间所需增加的资源、费用最少的工作。

4. 资源优化

资源优化是指通过改变工作的开始时间和完成时间，使资源按照时间的分布符合优化目标，通常分为"资源有限、工期最短"的优化和"工期固定、资源均衡"的优化。资源优化的前提条件如下。

（1）不改变各项工作间的逻辑关系。

（2）不改变各项工作的持续时间。

（3）各工作单位时间所需的资源数量合理。

（4）一般不允许中断工作，应保持其连续性。

【任务安排】

某学校运动场馆工程的合同工期为 235 天，实际工期为 286 天，延期 51 天。按合同约定，每延期 1 天，对施工单位处罚 2 万元。该工程出现工期延误的三个主要原因是：施工单位为外省企业，未办理入省备案手续，中标后不能及时办理施工许可证，导致开工时间比合同约定时间晚 15 天；地质勘探报告不准确，导致施工方案需要重新设计，导致工期延期 20 天；新增看台工程，导致工期延期 16 天。

请问，出现这些事件后，监理工程师审批的工期延期是几天，如何对施工单位进行索赔？

任务三　对工程项目实施进度控制

【教学导入】

2015 年，北京的三元桥"火"了一把。这座位于北京市最繁忙路段之一，服役了 30 余年的桥梁在进行大型维修时，从工程启动更换主梁到结束仅用了 43 小时。此次"三元桥速度"让世界刮目相看，一些外国网友看到中国人能够在这么短的时间内完成这样复杂的工程，感叹这如果在自己的国家简直是奇迹。

这次三元桥大修工程圆满完成，关键是成功地运用千吨级驮运架一体机——"驮梁车"，它是完成这次三元桥大修任务的关键"功臣"。"驮梁车"是集机械、电子、液压技术为一体的大型现代化设备，是中国自主研发的。有了这样的技术设备，三元桥才创造了大吨位整体换梁新技术范例。

请问，我国还有哪些工程建设展现了"中国速度"？

5.3.1 确定进度控制目标

为了提高施工进度计划的预见性和进度控制的主动性，在确定施工进度控制目标时，必须全面、细致地分析各种有利因素和不利因素，以便制订一个科学的、切合实际的进度控制目标。确定进度控制目标的主要依据有施工合同的工期要求、工期定额及类似工程的实际进度、工程难易程度、施工条件的落实情况等。

在确定进度控制目标时，还要考虑以下几方面的问题。

（1）对于建筑群及大型工程项目，应根据尽早投入使用、尽快发挥投资效益的原则，集中力量分期分批建设。

（2）合理安排施工顺序。尽管施工顺序随工程项目类别、施工条件的不同而变化，但仍有可遵循的某些规律，例如先准备后施工、先地下后地上、先土建后安装等。

（3）参考同类工程项目的经验，结合本工程的特点和施工条件，制订可行的施工进度目标。

（4）做好资源配置工作。一旦确定进度，资源供应就必须满足进度的需要。技术、人力、材料、机械设备、资金等统称为资源（生产要素）。

（5）建设工程的实施具有很强的综合性和复杂性，应考虑外部协作条件的配合情况，包括施工及项目竣工所需的水、电、通信、道路及其他条件。

（6）工程项目大多是露天作业，同时建设地点具有固定性，因此要考虑项目建设地点的气象、地形、地质、水文等自然条件。

5.3.2 进度控制的监理工作内容

1. 编制监理实施细则

监理实施细则包括以下内容。

（1）施工进度控制目标分解图。

（2）施工进度控制的主要工作内容和深度。

（3）施工进度控制人员的责任分工。

（4）与施工进度控制有关的各项工作时间安排及工作流程。

（5）施工进度控制的手段和方法。

（6）施工进度控制的具体措施。

（7）施工进度控制目标实现的风险分析。

（8）施工进度控制应注意的有关问题。

2. 施工进度计划的协调工作

监理工程师要随时了解施工进度计划执行过程中存在的问题，并帮助施工单位予以解决，特别是施工单位无力解决的内外关系协调问题。

监理工程师应着重解决各施工单位的施工进度计划之间、施工进度计划与资源保障计划之间、外部协作条件的延伸性计划之间的综合平衡与相互衔接问题，并根据上期计划的完成情况对本期计划做必要的调整，作为施工单位近期执行的指令性计划。

3. 下达工程开工令

监理工程师应根据施工单位和业主的准备情况，选择合适的时机发布工程开工令。工程开工令的发布要尽可能及时，因为从发布工程开工令之日算起，加上合同工期，即为工程竣工日期。如果开工令的发布延迟，就等于推迟了工程竣工时间。

为了检查双方的准备情况，监理工程师应参加建设单位主持召开的第一次工地会议。建设单位应按照合同规定，做好征地拆迁工作，及时提供施工用地；同时，还应完成法律及财务方面的手续，以便及时向施工单位支付工程预付款。施工单位应将开工所需要的人力、材料及设备准备好，同时还要按照合同为监理工程师提供各种条件。

4. 监督施工进度计划的实施情况

监理工程师不仅要及时检查施工单位报送的施工进度报告，还要进行必要的现场实地检查，核实所报送的已完工程的时间及工程量，杜绝虚报现象。

在对工程实际进度资料进行整理的基础上，监理工程师应将其与计划进度相比较，以判断实际进度是否出现偏差。如果出现进度偏差，监理工程师应进一步分析偏差对进度控制目标的影响程度，以便研究对策，提出纠偏措施。

施工进度计划纠偏的三种情况如下。

（1）实际进度和计划进度的偏差较小，可以直接纠偏。

（2）实际进度和计划进度的偏差一般，需要调整后期实施计划。

（3）实际进度和计划进度的偏差较大，需要重新确定施工进度目标，并据此重新制订实施计划。

5. 组织现场协调会议

监理工程师应定期（每月或每周）组织召开不同层级的现场协调会议，以解决工程施工过程中的协调配合问题。在每月召开的现场协调会议上，应通报工程建设的重大变更事项，协商其处理方法，解决施工单位之间以及业主与施工单位之间的协调配合问题。在每周召开的现场协调会议上，应通报各自进度、存在的问题、下周的安排，解决施工过程中的协调配合问题。

在平行、交叉施工单位多，工序交接频繁且工期紧迫的情况下，甚至需要每天召开现场协调会议，在会上通报和检查当天的工程进度，确定薄弱环节，为次日的正常施工创造条件。

对于某些未预料到的突发变故或问题，监理工程师还可以发布紧急协调指令，督促有关单位采取应急措施，维护正常的施工秩序。

6. 签发工程进度款支付凭证

已完工程质量检验合格后，监理工程师应对施工单位申报的已完工程量进行核实，签发工程进度款支付凭证。

7. 审批工程延期

造成工程进度拖延的主要原因有两个，一是施工单位自身的原因，二是非施工单位的原因。前者造成的进度拖延称为工程延误，而后者造成的进度拖延称为工程延期。

工程延期

（1）工程延误。

出现工程延误时，监理工程师有权要求施工单位采取有效措施加快施工进度。如果一段时间后实际进度没有明显加快，监理工程师应要求施工单位修订施工进度计划。

要强调的是，监理工程师对修订后的施工进度计划进行确认，并不能免去施工单位应负的一切责任，施工单位需要承担赶工的全部额外开支和延误工期的损失。

（2）工程延期。

如果由于施工单位之外的原因造成工期拖延，施工单位有权提出延长工期的申请。监理工程师应根据合同规定，审批工程延期时间。经过监理工程师核实批准的工程延期时间应纳入合同工期，作为合同工期的一部分。工程延期管理的基本程序如图 5-2 所示。

批准工程延期应同时满足下列条件。

① 施工单位在合同约定的期限内提出工程延期。

② 因非施工单位的原因造成施工进度滞后。

③ 施工进度滞后影响了合同约定的工期。

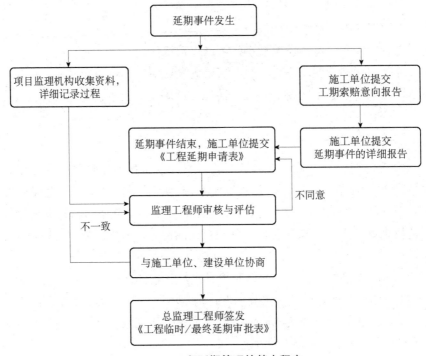

图 5-2　工程延期管理的基本程序

8. 向建设单位提交工程进度报告

监理工程师应随时整理进度资料，并做好工程记录，定期向建设单位提交工程进度报告。

9. 达到复工条件时及时下发复工令

工程暂停施工后，参建各方应采取有效措施消除暂停施工的影响。工程复工前，项目监理机构应与建设单位和施工单位确定暂停施工造成的损失，并确定工程复工条件。当工程具备复工条件时，总监理工程师应经建设单位批准后向施工单位发出复工令。施工单位应按照要求复工。

10. 及时组织竣工预验收

当工程达到竣工验收条件后，施工单位在自行检验的基础上提交工程竣工申请报告，申请竣工验收。总监理工程师组织对竣工资料及工程实体进行全面检查，预验收合格后，签署工程竣工报验单，并向建设单位提交工程质量评估报告。

5.3.3 比较施工进度的方法

1. 横道图比较法

横道图比较法是最直观的方法。横道图又称为甘特图，在工程中应用广泛。每项工作内容对应的横道起点表示工作的起始时间，横道的长短表示工作持续时间的长短。横道图实质上是图和表的结合。

横道图比较法如图 5-3 所示。

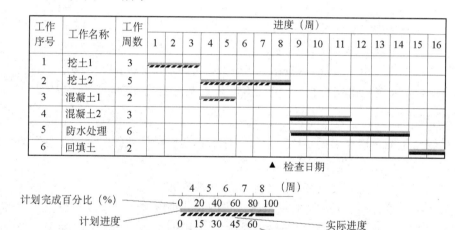

图 5-3　横道图比较法

需要注意的是，横道图中的实际进度可用持续时间或工作量的累计百分比表示。但由于横道只表示工作的开始时间、持续时间、完成时间，并不表示计划完成量，所以在实际工作中要根据工作任务的性质灵活调整。

横道图比较法的优点是：能清楚地表达工作的开始时间、结束时间、持续时间，一目了然，易于理解；工作与横道一一对应，简单、直观、易于制作，便于理解；可以直观地展现任务之间的层级关系。

横道图比较法的缺点是：不能系统、直观地表达一个项目包含的各项工作之间的逻辑关系，也不能表示任务的时差、关键路径；不能显示多条关键线路；不能反映工作所具有的机动时间；不能反映工程费用与工期之间的关系，不便于缩短工期、降低工程成本。

2. 前锋线比较法

前锋线是指在时标网络图上，从检查时刻的时标点出发，用点划线依次将各项工作的实际进展位置点连接成的折线。前锋线比较法就是通过实际进度前锋线与原进度计划中各工作箭线的交点位置来判断实际进度与计划进度的偏差，进而判定该偏差对后续工作及总工期的影响程度，如图 5-4 所示。

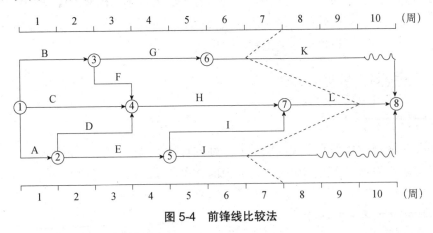

图 5-4 前锋线比较法

前锋线可以直观地反映实际进度与计划进度之间的关系，可能存在以下三种情况。

（1）实际进展位置点落在检查日期的左侧，表明实际进度拖后，拖后的时间为二者之差。

（2）实际进展位置点与检查日期重合，表明实际进度与计划进度一致。

（3）实际进展位置点落在检查日期的右侧，表明实际进度超前，超前的时间为二者之差。

3. 列表比较法

列表比较法是记录检查日期应该进行的工作名称及已经作业的时间，然后列表计算有关时间的参数，并根据工作总时差比较实际进度与计划进度的方法。

实际进度与计划进度的比较结果可能有以下几种情况。

（1）如果尚有总时差与原有总时差相等，说明实际进度与计划进度一致。

（2）如果尚有总时差大于原有总时差，说明实际进度超前，超前的时间为二者之差。

（3）如果尚有总时差小于原有总时差，且仍为非负值，说明该工作实际进度拖后，拖后的时间为二者之差，但不影响总工期。

（4）如果尚有总时差小于原有总时差，且为负值，说明该工作实际进度拖后，拖后的时间为二者之差，此时实际进度偏差将影响总工期。

某工程项目的双代号网络图如图 5-5 所示，在第 10 天对各项工作进行检查，D 工作尚需 1 天（方括号内的数）才能完成，G 工作尚需 8 天才能完成，L 工作尚需 2 天才能完成。列表比较如表 5-1 所示，D、L 工作不受影响，G 工作拖延 1 天。G 工作是关键工作，G 工作的工期拖延将导致整个计划拖延，故应调整计划，追回损失的时间。

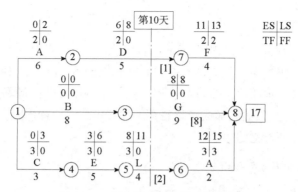

图 5-5　某工程项目的双代号网络图

表 5-1　列表比较

工作编号	工作名称	尚需时间（天）	尚有时间（天）	原有总时差（天）	尚有总时差（天）	情况判断
2→7	D	1	13-10=3	2	3-1=2	不受影响
3→8	G	8	17-10=7	0	7-8=-1	拖延一天
5→6	L	2	15-10=5	3	5-2=3	不受影响

4. S 曲线比较法

S 曲线比较法是指在一个横坐标表示时间，纵坐标表示累计完成任务量的坐标系中，首先按计划时间和任务量绘制累计完成任务量曲线（即 S 曲线），然后将实际完成任务量也绘制成曲线，并与 S 曲线进行比较，可以得到以下信息。

（1）实际进度与计划进度。如果实际进度点落在 S 曲线左侧，表示实际进度比计划进度超前；若落在右侧，则表示拖后；若刚好落在 S 曲线上，则表示二者一致。

（2）实际进度比计划进度超前或拖后的时间。如图 5-6 所示，ΔT_a 表示 T_a 时刻实际进度超前的时间，ΔT_b 表示 T_b 时刻实际进度拖后的时间。

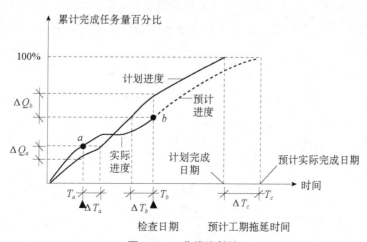

图 5-6　S 曲线比较法

5. 香蕉曲线比较法

香蕉曲线实际上是两条 S 曲线组合成的闭合曲线，如图 5-7 所示。一般情况下，任何一个工程项目都可以绘制出两条开始时间和结束时间相同的 S 曲线，一条是用各项工作的最早开始时间绘制的 S 曲线，简称为 ES 曲线；另一条是用各项工作的最迟开始时间绘制的 S 曲线，简称为 LS 曲线。这两条曲线形成形如香蕉的曲线，故称为香蕉曲线。只要实际进度曲线在两条曲线之间，就不影响总进度。

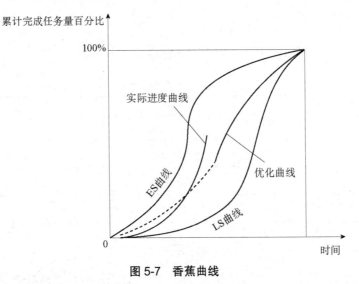

图 5-7　香蕉曲线

香蕉曲线比较法的作用如下。

（1）合理安排工程进度计划。

（2）可以定期进行实际进度与计划进度的比较。

（3）在检查状态下，可以预测 ES 曲线和 LS 曲线的趋势。

【任务安排】

如图 5-8 所示，利用前锋线检查工程实际进展，回答以下问题。

1. 总工期是多少天？关键线路和关键工作是哪些？

2. B、C、D 工作是提前还是延期了？这三项工作对紧后工作和总工期有没有影响？如果有影响，会影响几天？

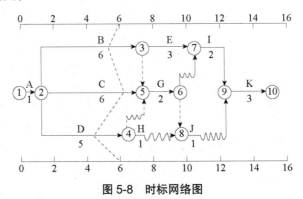

图 5-8　时标网络图

项目小结

本项目详细介绍了建设工程进度控制的基本知识。在项目全过程中，施工阶段的进度控制难度最大，影响因素多，容易产生争议。所以，监理工程师应认真分析工程实际情况，做好预防措施和进度计划，通过科学的管理手段，积极配合施工单位，整合内外部资源，按期、保质完成建设工程项目。

能力训练

一、单选题

1. 某工程项目施工合同的约定工期是 2019 年 3 月 1 日—2019 年 10 月 31 日。施工单位进场时间为 2019 年 2 月 20 日，总监理工程师发布开工令的时间为 2019 年 3 月 1 日（开工令上注明开工时间为 2019 年 3 月 6 日）。2019 年 10 月 16 日，施工单位提出竣工验收申请；2019 年 10 月 31 日，建设单位组织竣工验收，工程质量合格。该工程的进度偏差是（　　）。

A. 拖后 10 天　　　　　B. 提前 5 天　　　　　C. 提前 10 天　　　　　D. 提前 20 天

2. 施工设计文件未被及时提供给施工单位，导致影响工期，这种情况属于哪类影响工期的因素？（　　）

A. 施工技术因素　　　B. 业主因素　　　　C. 勘察设计因素　　　D. 组织管理因素

3. 某分项工程的实物工程量为 36000m³，该分项工程的人工产量定额为 75m³/工日，计划每天 24 小时不间断工作，每班有 8 名工人工作，则该工程的工期为（　　）天。

A. 20　　　　　　　　B. 24　　　　　　　　C. 25　　　　　　　　D.30

4. 为确保建设工程进度控制目标的实现，监理工程师必须认真制订进度控制措施，下列属于进度控制的技术措施是（　　）。

A. 对应急赶工给予优厚的赶工费用

B. 建立图纸审查、工程变更、设计变更管理制度

C. 优化施工工艺，进行科技创新

D. 推行 CM 承发包模式，协调合同工期与进度计划的关系

5. 施工进度检查的主要方法是将实际进度与计划进度进行比较，其目的是（　　）。

A. 分析影响施工进度的原因　　　　　　B. 掌握各项工作时差的利用情况

C. 发现进度偏差及其大小　　　　　　　D. 提供计划调整和优化的依据

6. 监理工程师实施进度控制的依据是（　　）。

A. 资金需要量计划　　　　　　　　　　B. 施工部署

C. 技术经济指标　　　　　　　　　　　D. 施工进度计划

7. 在建设工程实施阶段，监理工程师控制物资供应进度的工作内容有（　　）。

A. 编制、审核、控制物资供应计划　　　B. 物资供应计划的检查

C. 物资供应计划的编制　　　　　　　　D. 物资供应计划的调整

8. 监理工程师检查实际进度时，发现工作 M 的总时差由原计划的 3 天变为−1 天，说明工作 M 的实际进度是（　　　）。

A. 拖后 4 天，影响工期 2 天　　　　　　　B. 拖后 4 天，影响工期 1 天

C. 拖后 1 天，影响工期 1 天　　　　　　　D. 拖后 2 天，影响工期 1 天

9. 监理工程师应随时整理进度资料，并做好工程记录，定期向（　　　）提交工程进度报告。

A. 监理单位　　　　　B. 施工单位　　　　　C. 建设单位　　　　　D. 设计单位

10. （　　　）既可以用来比较工作的实际进度与计划进度，也可以根据进度偏差预测其对总工期及后续工作的影响程度。

A. 横道图比较法　　　　　　　　　　　　　B. 香蕉曲线比较法

C. S 曲线比较法　　　　　　　　　　　　　D. 前锋线比较法

二、多选题

1. 在施工阶段，如果业主过分强调缩短建设工期，结果是（　　　）。

A. 可能增加建设投资

B. 工程质量可能会下降

C. 投产后产品成本必然增加

D. 业主可以得到提前投产的权益

E. 投资效益可能会降低

2. 工程实际进度与计划进度的比较分析方法有（　　　）。

A. 横道图比较法　　　　　　　　　　　　　B. 网络图法

C. S 曲线比较法　　　　　　　　　　　　　D. 前锋线比较法

E. 垂直图法

3. 网络计划工期优化一般通过（　　　）来满足工期要求。

A. 机动时间　　　　　　　　　　　　　　　B. 计划工期

C. 工作持续时间　　　　　　　　　　　　　D. 关键工作的持续时间

E. 改变某些工作间的逻辑关系

4. 关于工程延误和工程延期的概念描述，不准确的是（　　　）。

A. 工程延误与工程延期是同一概念

B. 工程延误是由于施工单位自身原因造成的进度拖延

C. 工程延期经监理工程师审查批准后，所延长的时间属于合同工期的一部分

D. 导致工程延期的原因可能是工程变更引起工程量增加、业主的干扰和阻碍等

E. 工程延误可以索赔，工程延期不可以索赔

三、思考题

1. 如何确定工程项目的实际竣工日期？

2. 编制施工进度计划的主要步骤有哪些？

3. 修订施工进度计划的程序是怎样的？

4. 工程延误和工程延期有什么区别？

四、案例分析题

某施工单位承建的办公楼工程的主体结构为框架结构,独立基础埋深为1.5m,基础持力层为中砂层,钢材由建设单位供应。基础工程施工分为两个施工段,组织流水施工。

施工单位编制了基础工程的施工进度计划,并绘出双代号网络图,如图5-9所示。

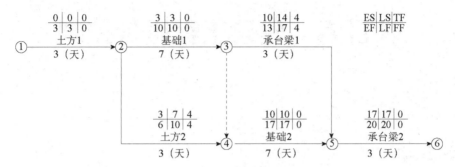

图 5-9　双代号网络图

在工程施工过程中,发生了以下事件。

事件1:在土方2施工过程中,开挖后发现局部基础持力层为软弱层,导致工期延期6天。

事件2:在承台梁1施工过程中,钢材未按时进场,导致工期延期3天。

事件3:在基础2施工过程中,因施工单位原因造成工程返工,导致工期延期5天。

请回答以下问题。

1. 指出基础工程网络计划的关键线路,写出该基础工程的计划工期。

2. 针对上述各事件,施工总承包单位是否可以提出工期索赔?并说明理由。

3. 对于可以提出工期索赔的事件,总工期可以顺延几天?实际工期是多少天?

4. 上述事件发生后,本工程网络计划的关键线路是否发生改变?如有改变,请指出新的关键线路。

五、综合实训

某房屋建筑工程的合同约定工期为300天,施工进度计划经监理工程师审核后批准。在施工过程中,出现了以下事件,导致工期延期。

1. 由于图纸提供日期延迟,导致工程开工令中的开工时间比合同中的计划开工时间晚10天。

2. 开工后第1个月,部分基础地质情况和地质勘察报告有较大出入,导致基础工程延期5天。

3. 开工后第3个月,建设单位采购的钢筋进场较晚,导致二层主体结构的钢筋工程延期7天。

4. 开工后第5个月,连续下雨,导致脚手架搭设工程停工7天。

5. 开工后第7个月,由于施工单位管理不善,导致墙体抹灰工程延期10天。

建设工程竣工后,对以上工作进行进度分析,二层主体结构的钢筋工程、脚手架搭设工程、墙体抹灰工程为非关键工作,总时差均为5天;基础工程为关键工作。

请同学们根据以上项目进展情况,分组模拟施工单位和监理单位,填写和审批工程临时/最终延期报审表。

项目六   建设工程质量控制

知识目标

1. 了解建设工程质量的概念、特点，建设工程质量的形成特点及质量控制的意义。
2. 熟悉影响建设工程质量的主要因素，熟悉质量控制的目标、依据、原则，熟悉质量缺陷和质量事故的处理程序。
3. 掌握准备阶段的质量控制的主要内容，掌握质量控制的方法。

拓展知识点

1. 施工阶段工程质量管理表格和台账的要求。
2. 建设工程质量闭环控制管理。
3. 智慧建造和智能检测等现代化技术手段。

任务一   了解建设工程质量的相关知识

建设工程质量的
相关知识

【教学导入】

广州市住房和城乡建设局开展了××年第×季度建设工程质量监督综合执法检查，并组织开展全市房屋住宅小区工程项目质量专项检查，共抽查了全市在建项目50项。检查发现，多个项目存在混凝土强度值低于设计值的现象，部分混凝土剪力墙垂直度偏差较大，存在较多烂根、错台、露筋、蜂窝等缺陷；现场建筑材料进场报验资料不齐全，缺少材料检验报告及送检记录；缺少混凝土氯离子含量检测报告等。

请问，影响建设工程质量的因素有哪些？

6.1.1 建设工程质量的概念

建设工程质量简称工程质量，是建设工程满足相关标准、规定和合同约定的程度，包括其在安全性、功能性、耐久性、节能性、环保性等方面的固有特性。建设工程作为一种特殊的产品，除了具有一般产品的质量特性，还具有特定的内涵，主要表现在以下几方面。

（1）适用性，即功能，包括理化性能，例如尺寸、规格、保温、隔热、隔声等，以及耐酸、耐碱、耐腐蚀、防火、防风化、防尘等化学性能；结构性能，例如地基基础牢固程度，以及结构的强度、刚度、稳定性；使用性能，例如民用住宅工程要能使居住者安居，工业厂房要能满足生产活动需要，道路、桥梁、铁路、航道要通达、便捷等。

（2）耐久性，也就是工程竣工后的合理使用寿命。由于建筑物本身的结构类型不同，质量要求不同，施工方法不同，使用性能不同，目前国家对建设工程的合理使用寿命缺乏统一规定，仅在少数技术标准中提出了明确要求。

（3）安全性，即工程在使用过程中保证结构安全，保证人身和环境免受危害的程度。

（4）可靠性，是指工程在规定的时间和条件下完成规定功能的能力。工程不仅要在竣工验收时达到规定的指标，而且在一定的使用时期内要保持应有的正常功能。

（5）经济性，是指工程从规划、勘察、设计、施工到整个寿命周期内的成本和消耗的费用。经济性具体表现为设计成本、施工成本、使用成本三者之和。

（6）节能性，是指工程在设计、建造及使用过程中满足节能减排、降低能耗的标准和有关要求的程度。

（7）与环境的协调性，是指工程与其周围生态环境协调，与所在地区的经济环境协调以及与周围已建工程协调，以适应可持续发展的要求。

6.1.2　建设工程质量的特点

（1）影响因素多。建设工程质量受到多种因素的影响，例如决策、设计、材料、机械设备、施工方法、施工工艺、技术措施、人员素质、工期、工程造价等，这些因素会直接或间接地影响工程质量。

（2）质量波动大。材料规格或品种使用错误、施工方法不当、操作未按规程进行、机械设备过度磨损或出现故障、计算失误等都会导致质量波动。

（3）质量隐蔽性。建设工程在施工过程中，分项工程交接多、中间产品多、隐蔽工程多，因此存在质量隐蔽性。若不及时进行质量检查，事后只能从表面进行检查，很难发现内在的质量问题，容易产生判断错误，将不合格的产品误认为合格产品。

（4）终检的局限性。建设工程的终检（竣工验收）无法进行内在质量的检验，发现隐蔽的质量缺陷。因此，建设工程的终检存在一定的局限性，这就要求工程质量控制以预防为主，防患于未然。

（5）评价方法的特殊性。建设工程质量的评价方法体现了"验评分离、强化验收、完善手段、过程控制"的指导思想。

6.1.3　影响建设工程质量的主要因素

1. 人员

人是生产经营活动的主体，也是建设工程的决策者、管理者、操作者。人的文化水平、技术水平、决策能力、管理能力、组织能力、作业能力、控制能力、身体素质、职业道德等会直接或间接地对规划、决策、勘察、设计、施工的质量产生影响，从而对建设工程质量产生不同程度的影响。

2. 材料

构成工程实体的各类建筑材料、构配件、半成品等是工程质量的基础。材料选用是否合理、产品是否合格、材质是否经过检验、使用是否得当等将直接影响建设工程的结构刚度和强度，影响工程的外表、观感、使用功能、使用安全。

3. 机械

机械可分为两类，一类是组成工程实体及配套的工艺设备和各类机具，例如电梯、泵机、通风设备等；另一类是施工过程中使用的各类设备，包括大型垂直与横向运输设备、各类操作工具、各种施工安全设施、各类测量仪器和计量器具等。

4. 方法

方法是指施工工艺、操作方法、施工方案。施工方案是否合理、施工工艺是否先进、操作方法是否正确，都会对工程质量产生重大影响。

5. 环境

环境是指对建设工程质量起重要作用的环境因素，包括工程技术环境，例如工程地质、水文、气象条件等；工程作业环境，例如施工环境的作业面大小、防护设施、通风照明和通信条件等；工程管理环境；周边环境，例如工程邻近的地下管线、建（构）筑物等。

6.1.4 各阶段对建设工程质量的影响

1. 项目决策阶段

项目决策阶段主要确定工程应达到的质量目标及水平，要充分反映业主对质量的要求和意愿。在进行项目决策时，应从国民经济的角度出发，根据经济发展的长期计划和资源条件，有效控制投资规模，以确定最佳的投资方案、质量目标、建设周期。

2. 设计阶段

设计阶段主要根据项目决策阶段已确定的质量目标，通过工程设计使其具体化。设计在技术上是否可行、工艺上是否先进、经济上是否合理、设备上是否配套、结构上是否安全可靠等，都将影响建成后的使用价值和功能。

3. 实施阶段

实施阶段是指根据设计文件和图纸的要求，通过施工形成工程实体。因此，实施阶段决定了设计意图能否被体现，直接关系到工程的安全性、使用功能，这一阶段直接影响建设工程的最终质量。

4. 竣工验收阶段

竣工验收阶段就是对建设工程进行试车运转、检查评定，考核建设工程质量是否符合设计阶段的质量目标。这一阶段是建设工程向生产转移的必要环节，体现了工程质量水平的最终结果。因此，竣工验收阶段是工程质量控制的最后一个重要阶段。

【任务安排】

《近零能耗建筑技术标准》（GB/T 51350—2019）中将低能耗建筑分成三种类型：超低能耗建筑、近零能耗建筑、零能耗建筑。2022 年 3 月，住房和城乡建设部印发的《"十四五"建筑节能与绿色建筑发展规划》中提出，到 2025 年，我国建设超低能耗、近零能耗建筑 0.5 亿平方米以上。

请问，低能耗建筑对工程质量提出了哪些新要求？

任务二　熟悉建设工程项目质量控制

建设工程质量控制的
概述

【教学导入】

中国建设工程鲁班奖（国家优质工程）简称鲁班奖是中国建设工程质量的最高荣誉奖。鲁班奖的评选秉承对人民负责、对历史负责的精神，坚持"优中选优""宁缺毋滥"和"公开、公正、公平"的原则。

鲁班奖主要授予中国境内已经建成并投入使用的各类新（扩）建工程，其工程质量应达到中国国内领先水平。由于该奖项的高标准和严格要求，参评项目需要满足一系列条件和要求，包括工程质量、技术水平、安全环保等方面，所以获奖的比例通常比较低，每年只有少数优秀的建设工程项目能够获得这一殊荣。

请问，获得鲁班奖需要具备哪些条件？

6.2.1　质量控制的目标

建设工程质量控制的目标就是通过有效的质量控制工作和具体的质量控制措施，在满足投资和进度要求的前提下，实现预定的质量目标。

质量目标有以下两方面的含义。

（1）建设工程的质量首先必须符合国家现行的关于工程质量的法律、法规、技术标准和规范，这实际上就明确了对设计、施工质量的基本要求。从这个角度来讲，同类建设工程的质量目标具有共性，不因业主、建造地点以及其他建设条件的不同而不同。

（2）建设工程的质量目标是通过合同约定的。任何建设工程都有特定的功能和使用价值。建设工程的功能与使用价值的质量目标是相对于业主的需要而言的，并无固定和统一的标准。从这个角度来讲，建设工程的质量目标具有个性。

建设工程的质量控制目标包括以下三方面。

（1）工作质量控制目标。工作质量是指参与工程建设的人员为保证建设质量所表现的工作水平和完善程度，可分为管理工作质量、政治工作质量、技术工作质量、后勤工作质量等。

（2）工序质量控制目标。工程建设全过程是通过一道道工序完成的。每道工序的质量都必须满足下一道工序相应的质量标准。如果某个工程的质量出现了问题，肯定是某一道工序质量不合格导致的，所以工序质量必然决定工程质量。

（3）产品质量控制目标。产品质量是指工程满足相关标准规定或合同约定。

6.2.2 质量控制的原则

1. 系统控制原则

建设工程质量的系统控制应考虑三点，一是避免不断提高质量目标，二是确保基本质量目标的实现，三是尽可能发挥质量控制对投资目标和进度目标的积极作用。

2. 全过程控制原则

建设工程总体质量目标的实现与工程质量的形成过程息息相关，因而必须对工程质量实行全过程控制，应根据建设工程各阶段质量控制的特点和重点，确定各阶段质量控制的目标和任务，以便实现全过程质量控制。设计阶段和施工阶段的持续时间较长，这两个阶段工作的"过程性"也尤为突出。

3. 全方位控制原则

对建设工程质量进行全方位控制应从三方面着手。一是对建设工程中所有的工程内容的质量进行控制；二是对建设工程质量目标的所有内容进行控制，要特别注意对设计质量的控制，要尽可能进行多方案比较；三是对影响建设工程质量目标的所有因素进行控制。

4. 全员控制原则

（1）从产品生产者角度进行的质量控制——实施者自身的质量控制，即设计单位、勘察单位、施工图审查单位、施工单位、材料供应单位等都应做好质量控制工作。

（2）从社会公众角度进行的质量控制——政府对工程质量的监督。政府是建设工程质量的监控主体，主要以法律、法规为依据，通过施工许可、工程质量监督、竣工验收备案等环节进行质量控制。

（3）从业主角度或者产品需求者角度进行的质量控制——监理单位的质量控制。监理单位接受建设单位的委托，代表建设单位对工程实施全过程的质量监督和控制。

6.2.3 参建各方的质量责任和义务

1. 建设单位的质量责任和义务

（1）建设单位应将工程发包给具有相应资质等级的单位，不得将建设工程肢解发包。

（2）建设单位应当依法对建设工程的勘察、设计、施工、监理以及重要设备、材料等的采购进行招标。

（3）建设单位必须向有关的勘察、设计、施工、监理等单位提供与建设工程有关的原始资料。

（4）建设工程发包单位不得迫使承包方以低于成本的价格竞标，不得任意压缩合理工期。建设单位不得明示或暗示设计单位、施工单位违反工程建设强制性标准，降低建设工程质量。

（5）建设单位应将施工图设计文件报县级以上人民政府建设行政主管部门或者其他有关部门审查。施工图设计文件未经审查批准的，不得使用。

（6）实行监理的建设工程，建设单位应当委托具有相应资质等级的工程监理单位进行监理，也可以委托具有工程监理相应资质等级并与被监理工程的施工承包单位没有隶属关系或者其他利害关系的该工程的设计单位进行监理。

（7）建设单位在开工前，应当按照国家有关规定办理工程质量监督手续。

（8）按照合同约定，由建设单位采购建筑材料、建筑构配件和设备的，建设单位应当保证建筑材料、建筑构配件和设备符合设计文件和合同要求；由施工单位采购的，建设单位不得明示或者暗示施工单位使用不合格的建筑材料、建筑构配件和设备。

（9）涉及建筑主体和承重结构变动的装修工程，建设单位应当在施工前委托原设计单位或者具有相应资质等级的设计单位提出设计方案；没有设计方案的不得施工。房屋建筑使用者在装修过程中，不得擅自变动房屋建筑主体和承重结构。

（10）建设单位收到建设工程竣工报告后，应当组织设计单位、施工单位、监理单位等进行竣工验收，验收合格的方可交付使用。

（11）建设单位应当严格按照国家有关档案管理的规定，及时收集、整理各环节的文件资料，建立、健全建设项目档案，并在竣工验收后及时向建设行政主管部门或者其他有关部门移交建设项目档案。

2. 勘察、设计单位的质量责任和义务

（1）从事建设工程勘察、设计的单位应当依法取得相应等级的资质证书，并在其资质等级许可的范围内承揽工程。禁止勘察、设计单位超越其资质等级许可的范围或者以其他勘察、设计单位的名义承揽工程。禁止勘察、设计单位允许其他单位或者个人以本单位的名义承揽工程。勘察、设计单位不得转包或者违法分包所承揽的工程。

（2）勘察、设计单位必须按照工程建设强制性标准进行勘察、设计，并对其勘察、设计的质量负责。注册建筑师、注册结构工程师等注册执业人员应当在设计文件上签字，对设计文件负责。

（3）勘察单位提供的地质、测量、水文等勘察成果必须真实、准确。

（4）设计单位应当根据勘察成果文件进行建设工程设计。设计文件应当符合国家规定的设计深度要求，注明工程合理使用年限。

（5）设计单位在设计文件中选用的建筑材料、建筑构配件和设备，应当注明规格、型号、性能等技术指标，其质量要求必须符合国家规定的标准。除有特殊要求的建筑材料、专用设备、工艺生产线等外，设计单位不得指定生产厂、供应商。

（6）设计单位应当就审查合格的施工图设计文件向施工单位做出详细说明。

（7）设计单位应当参与建设工程质量事故分析，并对因设计造成的质量事故提出相应的技术处理方案。

3. 施工单位的质量责任和义务

（1）施工单位应当依法取得相应等级的资质证书，并在其资质等级许可的范围内承揽工程。禁止施工单位超越本单位资质等级许可的业务范围或者以其他施工单位的名义承揽工程。禁止施工单位允许其他单位或者个人以本单位的名义承揽工程。施工单位不得转包或者违法分包工程。

（2）施工单位对建设工程的施工质量负责。施工单位应当建立质量责任制，确定工程项目的项目经理、技术负责人和施工管理负责人。

建设工程实行总承包的，总承包单位应当对全部建设工程质量负责；建设工程勘察、设计、施工、设备采购的一项或者多项实行总承包的，总承包单位应当对其承包的建设工程或者采购的设备的质量负责。

（3）总承包单位依法将建设工程分包给其他单位的，分包单位应当按照分包合同的约定对其分包工程的质量向总承包单位负责，总承包单位与分包单位对分包工程的质量承担连带责任。

（4）施工单位必须按照工程设计图纸和施工技术标准施工，不得擅自修改工程设计，不得偷工减料。施工单位在施工过程中发现设计文件和图纸有差错的，应当及时提出意见和建议。

（5）施工单位必须按照工程设计要求、施工技术标准和合同约定，对建筑材料、建筑构配件、设备和商品混凝土进行检验，检验应当有书面记录和专人签字；未经检验或者检验不合格的，不得使用。

（6）施工单位必须建立、健全施工质量的检验制度，严格工序管理，做好隐蔽工程的质量检查和记录。隐蔽工程在隐蔽前，施工单位应当通知建设单位和建设工程质量监督机构。

（7）施工人员对涉及结构安全的试块、试件以及有关材料，应当在建设单位或者工程监理单位监督下现场取样，并送具有相应资质等级的质量检测单位进行检测。

（8）施工单位对施工中出现质量问题的建设工程或者竣工验收不合格的建设工程，应当负责返修。

（9）施工单位应当建立、健全教育培训制度，加强对职工的教育培训；未经教育培训或者考核不合格的人员，不得上岗作业。

4. 工程监理单位的质量责任和义务

（1）工程监理单位应当依法取得相应等级的资质证书，并在其资质等级许可的范围内承担工程监理业务。

禁止工程监理单位超越本单位资质等级许可的范围或者以其他工程监理单位的名义承担工程监理业务。禁止工程监理单位允许其他单位或者个人以本单位的名义承担工程监理业务。

工程监理单位不得转让工程监理业务。

（2）工程监理单位与被监理工程的施工承包单位以及建筑材料、建筑构配件和设备供应单位有隶属关系或者其他利害关系的，不得承担该项建设工程的监理业务。

（3）工程监理单位应当依照法律、法规以及有关技术标准、设计文件和建设工程承包合同，代表建设单位对施工质量实施监理，并对施工质量承担监理责任。

（4）工程监理单位应当选派具备相应资格的总监理工程师和监理工程师进驻施工现场。

未经监理工程师签字，建筑材料、建筑构配件和设备不得在工程上使用或者安装，施工单位不得进行下一道工序的施工。未经总监理工程师签字，建设单位不拨付工程款，不进行竣工验收。

（5）监理工程师应当按照工程监理规范的要求，采取旁站、巡视和平行检验等形式，对建设工程实施监理。

【任务安排】

2020年9月，住房和城乡建设部印发了《关于落实建设单位工程质量首要责任的通知》（建质规〔2020〕9号），要求依法界定并严格落实建设单位工程质量首要责任，不断提高房屋建筑和市政基础设施工程质量水平。

请问，为什么建设单位是工程质量的第一责任人？建设行政主管部门对于落实质量终身责任制有哪些措施？

任务三　在项目施工过程中的质量控制

【教学导入】

某市地铁工程电缆质量问题被曝光，此次事件暴露的问题主要有以下几方面。

一是生产环节恶意制假售假。电缆公司在生产过程中，故意只将电缆两端15米左右的部分按标准生产以备抽检，将中间部分拉细"瘦身"，通过内部操作来控制产品质量等级。其产品大多数未经有关机构检验，而是通过弄虚作假、私刻检验机构印章、伪造检验报告等手段蒙混过关。

二是采购环节内外串通。在工程电缆的采购招投标中，电缆公司向建设单位、施工单位人员送礼行贿。

三是使用环节把关形同虚设。建设单位、施工单位、监理单位未认真履行责任，在进场验收等方面没有严格执行有关管理规定。

四是行政监管履职不力。

请问，在施工过程中，监理工程师如何保证将合格的材料用于工程项目？

6.3.1　准备阶段的监理工作

1. 图纸会审

图纸会审是指在收到审查合格的设计文件后，由建设单位组织的，全面、细致地熟悉和审查施工图纸的活动。图纸会审是开工前进行质量控制的重要工作。图纸会审记录要由参加会审的各单位会签、盖章。对于图纸会审记录中提出的问题，设计单位在图纸会审记录中应予以明确答复或提交书面设计变更文件，如表6-1所示。如果涉及地基基础等问题，勘察单位应予以答复和确认。

施工图纸是工程施工的主要依据。通过审查图纸，各单位可以熟悉工程特点、设计意图和关键部位的工作质量要求，发现和减少设计差错。

表 6-1　图纸会审记录

工程名称	××××一期工程 LJ4 标		日期	
地点			专业名称	
序号	图号	图纸问题		图纸问题答复

续表

序号	图号	图纸问题		图纸问题答复
签字盖章栏	建设单位	监理单位	设计单位	施工单位

2. 设计交底

设计交底一般在图纸会审之后，目的是使参与工程建设的各方了解工程设计的主导思想、建筑构思和要求、设计规范、抗震设防烈度、防火等级、基础、结构、内外装修、机电设备设计，掌握工程关键部分的技术要求，保证工程质量。设计单位必须依据国家设计技术管理的有关规定，对提交的施工图纸进行系统的设计交底，如表 6-2 所示。

表 6-2　设计交底记录

工程名称				主持人	
交底人		被交底人		交底日期	
参加人员	建设单位			设计单位	
	监理单位			施工单位	
交底内容：					
建设单位代表 （盖章）		监理单位代表 （盖章）		设计单位代表 （盖章）	施工单位代表 （盖章）

3. 施工组织设计/施工方案审查

在工程项目开工前的约定时间内，施工单位必须完成施工组织设计的编制及内部自审批准工作，填写施工组织设计/施工方案报审表，报送项目监理机构审查。监理工程师要重点审查施工组织设计中的质量安全技术措施，以及施工方案与工程建设强制性标准的符合性。

总监理工程师应组织专业监理工程师审查，提出意见后，由总监理工程师签认，批准实施。需要施工单位修改时，由总监理工程师、监理工程师签发书面意见，退回施工单位修改后再报审，重新审查。审定后的施工组织设计由项目监理机构报送建设单位。

施工单位应按审定批准的施工组织设计文件组织施工。在施工过程中，监理工程师有权随时检查已批准的施工组织设计的实施情况，如果发现施工单位有违背之处，应及时指出并下达监理指令，要求予以改正。

4. 第一次工地会议

第一次工地会议是在工程项目尚未全面展开、总监理工程师下达开工令前，建设单位、监理单位和施工单位对人员及分工、开工准备、监理例会的要求等进行沟通和协调的会议，也是检查开工前各项准备工作是否就绪并明确监理程序的会议。

第一次工地会议应由建设单位主持，邀请监理单位、总承包单位等单位的主要人员参加，也可邀请分包单位代表参加，必要时可邀请有关设计单位人员参加。

在第一次工地会议上，总监理工程师应介绍监理工作的目标、范围和内容、项目监理机构及人员分工、监理工作程序、方法和措施等。会议结束后，由项目监理机构整理会议记录，报参会各方签认后归档保存。

5. 监理交底

监理交底是为了使施工单位熟悉监理工作的要求、内容、流程、有关制度等，监理单位要对项目开展过程中的监督计划进行说明，以便施工单位能在实际工作中与监理单位密切配合，确保工程顺利完成。监理交底一般在项目开工前进行，可以在第一次工地会议上进行，也可以由监理单位单独召开监理交底会议。

监理交底书范本

6. 质量管理体系审查

在项目开工前，总承包单位应向监理工程师呈报项目部以及分包单位主要岗位的人员名单、人员配备计划，项目监理机构应认真审查，审查内容包括以下几部分。

（1）分包单位资质证书、安全生产许可证。

（2）质量、安全管理组织机构及质量、安全生产管理制度。

（3）项目经理、项目技术负责人、质量员、施工员、专职安全管理人员等主要管理人员的资格证书。

（4）建筑施工特种作业操作资格证书。

（5）分包单位近几年的工程业绩。

根据对分包单位资格审查的结果，总监理工程师有权决定该分包单位是否有能力胜任专业工程分包作业。

7. 对试验室资格的审查

建设工程质量检测是指依据国家有关法律、法规、工程建设强制性标准和设计文件，对建筑工程的材料、构配件、设备，以及工程实体质量、使用功能等进行测试，确定其质量特性的活动。试验室检测能力和检测水平是决定材料、构配件等质量的关键。其中，涉及安全和使用功能的材料、构配件等应由建设单位委托第三方检测机构进行检测。施工单位可以建立自己的工地试验室，配置必要的试验设备和合格的试验技术人员，以满足各种常规试验的需要。

开展工程试验检测前，施工单位应提交试验室资格报审资料。监理工程师应审查试验室资质、公正性声明、检测环境、人员资格、试验仪器（设备）、试验方法等涉及检测能力的关键要素。

8. 材料、构配件的报验

每次进场的水泥、混凝土外加剂、钢筋、型钢、保温材料等均需要经过随机抽样检验。混凝土结构、金属结构、木结构的预制件、试块及试件也需要检查和验收。对于机电设备及金属结构，应检查其是否有出厂合格证，以及运输和存放过程中发生的变形、锈蚀、受潮、损坏等问题是否已被妥善处理。

进场的工程材料和构配件未经报验、检验结果不合格或者未经监理工程师签认的，不得在工程中使用或安装，施工单位不得进行下一道工序的施工。已经进场的材料、构配件应进行退场处理，监理单位应做好记录，并留存影像等资料。

9. 工程测量控制成果检查

施工测量放线是建筑工程产品形成的第一步，其质量好坏直接影响着工程的质量，并且制约着施工过程中相关工序的质量。因此，工程测量控制是质量控制的一项基础工作。监理工程师应将其作为保证工程质量的一项重要内容，在监理工作中，应进行工程测量的复核控制工作。

专业监理工程师应按以下要求对施工单位报送的测量放线成果及保护措施进行检查，符合要求时，专业监理工程师应对施工单位报送的施工测量成果报验申请予以签认。

10. 设置质量控制点

质量控制点是为了保证作业活动的效果和质量而事先确定的重点控制对象，包括重要工序、关键部位和薄弱环节。

设置质量控制点是保证施工质量达到要求的必要前提。在工程开工前，监理工程师要明确提出要求，要求承包单位在工程施工前根据施工过程质量控制的要求，列出质量控制点明细表，详细地列出各质量控制点的名称或控制内容、检验标准及方法等。监理工程师审查批准后，在此基础上实施质量预控。

监理工程师在拟订质量控制工作计划时，应予以详细考虑，并通过制度来落实。质量控制点的设置原则如下。

（1）影响施工质量的关键部位、关键环节；

（2）影响结构安全和使用功能的关键部位、关键环节；

（3）采用新技术、新工艺、新材料、新设备的部位和环节；

（4）隐蔽工程验收。

11. 审查开工条件，签发工程开工令

总监理工程师应组织专业监理工程师，审查施工单位提交的开工报审表及相关资料。具备开工条件的，由总监理工程师签署审查意见，报建设单位同意后，由总监理工程师下达工程开工令。

6.3.2 实施阶段的监理工作

1. 监理单位对施工过程的质量控制

施工阶段的监理工作是对建设工程进行全过程、全方位监控，施工现场质量管理检查记录如表 6-3 所示。在过程控制中应坚持确认上一道工序质量合格后，才能准许进行下一道工序施工的原则，如此循环，每一道合格的工序均应被确认。

表 6-3　施工现场质量管理检查记录

工程名称		施工许可证（开工证）		
建设单位		项目负责人		
设计单位		项目负责人		
监理单位		总监理工程师		
施工单位		项目经理		项目技术负责人

序号	项目	内容
1	现场质量管理制度	工地质量例会制度； 月评比及奖罚制度； 三检及交接检制度； 质量与经济挂钩制度
2	质量责任制	岗位责任制； 技术交底制度； 挂牌制度
3	主要专业工种操作上岗证书	电焊工、电工、架子工、机械工、钢筋工有证书
4	分包单位资质与对分包单位的管理制度	有分包资质； 有管理分包单位的制度
5	施工图审查情况	图纸自审、会审制度
6	地质勘察资料	岩土工程详细勘察报告
7	施工组织设计、施工方案及审批	施工组织设计、施工方案及审批手续齐全
8	施工技术标准	国家及地方规范
9	工程质量检验制度	见证取样制度； 施工过程中的试验及报告制度； 竣工后的抽查检测制度
10	搅拌站及计量设置	符合要求
11	现场材料、设备存放与管理	材料、设备存放与管理制度

检查结论：

总监理工程师：
（建设单位项目负责人）
年　　月　　日

2. 监理通知单

项目监理机构发现施工存在质量问题，或施工单位采用不适当的施工工艺造成工程质量不合格的，应及时签发监理通知单，要求施工单位定期整改，如表 6-4 所示。整改完毕后，项目监理机构应根据施工单位报送的监理通知回复单对整改情况进行复查，提出复查意见，如表 6-5 所示。

监理通知单——筑业云软件操作

表 6-4 监理通知单

致：×××公司（施工单位）
事由：×楼×层×部位钢筋不合格事宜
内容：经现场监理工程师巡视，由你司施工的×楼×层×部位（或现场部位）存在以下质量问题。 钢筋型号及间距不符合设计要求。 钢筋保护层未加垫块。 要求你司针对上述质量问题进行整改，整改完毕、自检合格后书面回复监理验收。   <div align="right">项目监理机构（盖章） 总/专业监理工程师（签字）：××× 年　月　日</div>

表 6-5 监理通知回复单

致：××工程项目监理部
我方接到编号为××的监理通知单后，已按要求完成相关工作，请予以复查。 附件： 1. 质量验收检查记录； 2. 整改后的照片。 <div align="right">施工项目监理部（盖章） 项目经理（签字） 年　月　日</div>
复查意见： 经对编号为××的监理通知单提出整改问题的复查，已按通知单要求整改完毕，符合设计和规范要求。 <div align="right">项目监理机构（盖章） 总监理工程师/专业监理工程师（签字） 年　月　日</div>

3. 工程暂停令、工程复工令

工程出现下列情况时，总监理工程师有权下发工程暂停令，要求暂时停止施工，目的是消除存在的质量及安全隐患或者防止事故扩大。

（1）未经检验或经检验不合格的分项工程擅自进行下一道工序施工。

（2）工程质量不断下降或质量通病不断发生且影响工程安全和使用功能，经多次指出而未采取有效措施进行整改或整改成效不明显使问题继续发展，或已发生严重的质量缺陷未按要求进行处理。

（3）擅自变更设计图纸或提出变更但未得到总监理工程师签认。

（4）擅自将工程转包或未得到总监理工程师同意的分包单位进场作业。

（5）对于重要工序，有复杂的技术要求但无可靠的质量保证措施，贸然组织施工，或因

工程开工令、停工令和复工令

此已出现质量问题。

（6）为避免重大安全隐患，造成工程损失或危及人身和重要设备安全的紧急事件，或者已经出现了安全事故。

（7）弄虚作假、偷工减料、以次充好。

（8）遇到了不可抗力事件导致停工。

（9）特殊工序或特殊专业工种人员无证上岗造成事故。

（10）对业主或监理工程师的指令不予执行。

（11）响应政府部门或者业主的要求，暂停施工。

（12）非施工单位原因导致必须停工，并由施工单位提出停工申请。

凡是需要暂停施工的，在签发工程暂停令前，应事先征求业主意见，若因情况紧急来不及征求意见，要在停工后24小时内报告业主。

在消除工程隐患后，具备复工条件的，施工单位应提交工程复工报审表。项目监理机构应对施工单位的整改过程、结果进行检查、验收；符合要求的，总监理工程师应及时签署审批意见，并报建设单位批准。征得建设单位同意后，总监理工程师应及时签发工程复工令，施工单位接到工程复工令后应组织复工。

4．工程变更

不管是施工单位和建设单位的哪一方提出工程变更或图纸修改，都必须办理书面变更手续。

对于施工单位提出的变更，项目监理机构可按下列程序处理。

（1）总监理工程师组织专业监理工程师审查施工单位提出的工程变更申请，提出审查意见。如果涉及工程设计文件修改，应由建设单位转交原设计单位修改工程设计文件。必要时，项目监理机构应建议建设单位组织设计单位、施工单位召开工程设计修改的专题会议。

（2）总监理工程师组织专业监理工程师对工程变更费用及工期影响做出评估。

（3）总监理工程师组织建设单位、施工单位等共同商定工程变更费用及工期变化，会签工程变更单。

（4）项目监理机构根据批准的工程变更文件监督施工单位实施工程变更。

5．监理会议

监理会议是常见的监理管理手段，也是沟通协调的重要方法，包括监理例会和专题会议等。

监理例会由总监理工程师组织和主持，按一定程序召开，主要研究施工中出现的计划、进度、质量及工程款支付等问题。监理例会应当定期召开，宜每周召开一次。

监理会议记录由监理工程师整理，经与会各方相关人员签认，分发给有关单位。

6．质量检验

（1）质量检验的类型。

质量检验按被检验的对象数量可分为全数检验和抽样检验。

全数检验是指对总体中的全部个体逐一观察、测量、计数、登记，从而获得对总体质量水平的评价结论。

抽样检验是指按照随机抽样的原则，从总体中抽取部分个体组成样本，根据样品检验结果推断总体质量水平。要使样本的数据能反映总体的全貌，样本必须能代表总体的质量特性。

（2）质量检验的方法。

① 目测法。目测法即凭感官进行检验，主要根据质量要求，采用看、摸、敲、照等手法对检验对象进行检验，如图 6-1 所示。

图 6-1　检查墙面空鼓

② 量测法。量测法就是利用测量工具或测量仪器，将实际测量结果与规定的质量标准或规范对照，从而判断质量是否符合要求，如图 6-2 所示。量测的手段可归纳为靠、吊、量、套。

图 6-2　现场工程实测实量

③ 试验法。试验法是指在工程现场或试验室，通过试验仪器按照规定的操作方法取得相应的数据，用试验结果判断质量是否符合要求，如图 6-3 所示。

图 6-3　防水材料物理试验

（3）项目监理机构开展质量检验的条件。

① 监理单位必须配备有相应技术水平和资格的技术人员。监理单位按照委托监理合同或相关规定开展监理平行检验时，可以委托具有资质的检测机构。

② 监理单位应建立完善的质量检验管理制度，包括岗位责任制度、培训制度、仪器设备的使用和维修制度等。

③ 项目监理机构应根据项目分项工程的划分情况，配置监理工器具。监理工器具的质量应满足使用要求，对于需要检定和校准的工器具，应定期检定和校准。以房屋建筑工程为例，监理工器具的配置如表 6-6 所示。

④ 具备适合的工作条件，包括试验环境条件、检验评价标准等。

表 6-6　房屋建筑工程监理工器具的配置

配置　　保管地点	工器具名称																
	全站仪	水准仪	楼板测厚仪	钢筋扫描仪	裂缝观测仪	回弹仪	涂层测厚仪	激光测距仪	游标卡尺	千分尺	质量检测工具包	卷尺	温湿度仪	螺纹规	电阻测试仪	万用表	扭矩扳手	测绳	激光扫平仪
单位	√	√	√	√	√	√	√												
项目								√	√	√	√	√	√	√	√	√	√	√	√

6.3.3　质量控制的方法

1. 现场巡视

现场巡视是项目监理机构在施工现场进行的定期或不定期的检查活动。通过巡视，一方面可以掌握工程质量情况；另一方面可以掌握承包单位的管理体系是否正常运转。具体方法是通过目视或常用工具检查施工质量。如果在施工过程中发现偏差，应及时让施工单位进行整改。监理工程师应填写监理巡视记录单，如表 6-7 所示。现场巡视应包括下列主要内容。

① 施工单位是否按工程设计文件、工程建设标准和批准的施工组织设计或（专项）施工方案施工。

② 使用的工程材料、构配件和设备是否检验合格；是否根据工程进度制作了试块、试件；现场的标准养护间是否正常运行。

③ 施工现场管理人员（特别是施工质量管理人员）是否到位；特种作业人员是否持证上岗；作业人员是否进行了技术交底工作。

④ 现场的施工环境对工程施工有无影响。

⑤ 隐蔽工程或者检验批（工序）是否报请监理工程师检查验收。

⑥ 现场是否存在质量、安全隐患。

表 6-7　监理巡视记录单

巡视项目名称		项目负责人	
项目地点		总监理工程师	
		监理工程师	
巡视人		巡视时间	
巡视内容及整改意见：			
现场签收人		签收时间	
备　注			

2. 见证取样检验

见证取样检验是施工单位在工程监理单位或建设单位的见证下，按照有关规定从施工现场随机抽取试样，送至具备相应资质的检测机构进行检验的活动。

建设单位应委托具备相应资质的第三方检测机构进行工程质量检测，检测项目和数量应符合抽样检验要求。非建设单位委托的检测机构出具的检测报告不得作为工程质量验收依据。

对于工程中涉及结构安全的试块、试件和建筑材料，施工单位和检测机构应按规范做好保护和养护工作，如图 6-4 所示。

图 6-4　混凝土试块养护间

工程施工前，检测机构应制订工程试验计划或检测方案，经监理单位审核通过后实施。检测机构应对检测数据和检测报告的真实性和准确性负责。对于不合格的试块、试件和材料，可以根据规范采取加倍数量复检、禁止使用、实体检验、加固等方式进行处理。

见证人员应由建设单位或监理单位中具备建筑施工试验知识的专业技术人员担任，并应书面通知施工单位、检测单位和负责该项工程的质量监督机构。见证人员应对制样、取样、封样、送检等过程进行见证，应当熟悉建筑材料的取样要求、取样频率、试验项目等，并制作见证取样、送检台账记录，如表6-8所示，并将其归入施工技术档案。

表6-8　见证取样、送检台账记录

工程名称		施工单位		见证材料类别		检测单位	
见证单位				见证人员			
取样日期	取样部位	取样数量	取样人签名	见证人员签名	送检日期	收到报告日期	报告编号

3. 旁站

旁站是项目监理机构对工程的关键部位或关键工序的施工质量进行的监督活动。监理单位在编制监理规划时，应当制订旁站监理方案，明确旁站监理的范围、内容、程序和旁站监理人员的职责等。旁站监理方案应当送建设单位和施工单位各一份，并抄送工程所在地的建设行政主管部门或其委托的工程质量监督机构。施工单位在需要实施旁站的关键部位、关键工序施工前，应书面通知项目监理机构。

旁站监理记录——
筑业云软件操作

项目监理机构接到施工单位的书面通知后，应安排旁站监理人员实施旁站活动。在旁站活动中，如果发现问题，应及时要求施工单位整改；发现其施工活动已经或者可能危及工程质量的，应及时向专业监理工程师或总监理工程师报告。凡是没有实施旁站活动或者没有旁站监理记录的，专业监理工程师或总监理工程师不得在相应文件上签字。

旁站监理人员的主要职责如下。

① 检查施工单位现场质检人员到岗、特殊工种人员持证上岗情况，以及施工机械、建筑材料准备情况。

② 在现场跟班监督关键部位、关键工序的施工执行情况，以及施工方案、工程建设强制性标准执行情况。

③ 核查进场的建筑材料、建筑构配件、设备和混凝土的质量检验报告等，并可在现场监督施工单位进行检验或者委托具有资质的第三方机构进行复验。

④ 做好旁站监理记录和监理日记，保存旁站监理原始资料。

4. 平行检验

平行检验是指项目监理机构在施工单位自检的同时，根据有关规范、建设工程监理合同，对同一检验项目按一定的比例抽检，进行独立的检验活动。监理人员对施工单位报验的隐蔽工程、检验批、分部工程、分项工程的质量评定，不能完全依据施工单位报的数据来签认。只有通过监理工程师平行检验来判定施工单位报验的质量检验记录是否真实，才能对工程质量有正确的评估。

平行检验的项目、数量、频率、费用等应符合建设工程监理合同的约定，监理工程师要认真做好平行检验记录，如表 6-9 所示。如果平行检验发现不合格的施工质量，项目监理机构应签发监理通知单，要求施工单位在指定时间内整改，并重新报验。

表 6-9　平行检验记录表

序号	实测项目	允许偏差（mm）	各实测点偏差（mm）										合格率	检查时间	检查人	备注
			1	2	3	4	5	6	7	8	9	10				
1	墙面垂直度	5	4	2	1	3	5	3	6	2	1	3	90%	××	××	
2	表面平整度	8	3	4	5	9	4	4	8	7	10	2	80%	××	××	
3																
4																
5																
6																
7																
8																
9																
10																

表头：××分项工程总包单位：×××工程有限责任公司

总监理工程师意见：
总监理工程师：
日　期：

5. 下发指令文件

指令文件是运用监理工程师指令控制权的具体形式。指令文件是监理工程师对施工单位做出指示和要求的书面文件。监理工程师的各项指令都应是书面的或是有文件记录的，并作为技术文件资料存档。如果时间紧迫，来不及做出正式的书面指令，也可以用口头指令的方式下达给施工单位，但随即应按合同规定及时补充书面文件，对口头指令予以书面确认。

6. 支付控制手段

支付控制是国际上通用的一种重要的控制手段，也是业主或承包合同赋予监理工程师的支付控制权。所谓支付控制权，就是向施工单位支付工程款时，须由监理工程师开具工程款支付证书。如果没有监理工程师签署的支付证书，业主不得向施工单位支付工程款。

支付工程款的条件之一是工程质量必须达到规定的要求和标准。如果工程质量达不到要求，而又不能按监理工程师的指示予以处理，监理工程师有权拒绝开具支付证书，停止支付部分或全部工程款，由此造成的损失由施工单位自行承担。

7. 驻厂监督

随着建筑工业化程度越来越高，很多建设单位、施工单位将工程构配件、设备等委托给有生产能力的工厂进行加工生产。为了把控材料、设备、构配件的出厂质量，监理单位要根据质量检验计划和检验要求，委派监理人员进驻加工生产现场，对构配件、设备等的制造过程进行监督和检查，对主要及关键部件的制造工序及产品质量进行抽检，并组织生产单位对构配件、设备进行性能检测、调试、出厂预验收，质量符合设计文件和合同约定要求后应予以签认。如果构配件、设备等的生产加工质量或产品性能不符合要求，严禁产品交付工地使用。

【任务安排】

1. 在建筑工程主体结构施工过程中，施工单位采购了一批钢材，施工图纸中对钢材有抗震设计要求，为Ⅲ级钢材，直径为18mm，共80吨。该批钢材的取样要求、抽样频率、试验项目、合格判定标准是什么？如何送检钢材样品？

2. 表6-6中的监理工器具适用于哪些分项工程的质量检验？

任务四　处理质量缺陷与质量事故

【工程案例】

2017年11月，山东省某项目参建单位在巡视时发现9号楼、14号楼、15号楼、16号楼部分楼层墙体梁板混凝土拆模后存在不同程度的裂缝，经山东省建筑工程质量检验检测中心有限公司、山东建筑大学工程鉴定加固研究院有限公司对问题楼层（9号楼8~11层，14号楼12~13层，15号楼10~14层，16号楼7层、9~11层）混凝土强度的鉴定检测，混凝土强度不满足C30混凝土的设计要求。经专家论证，建设单位于2018年5月确定由专业加固技术公司对问题楼层进行加固处理，并对部分问题梁板进行置换，但是工程加固遭到业主强烈反对，开发商决定拆除重建，工程现场照片如图6-5所示。

请问，哪些单位应承担混凝土的质量责任？

图6-5　工程现场照片

6.4.1　质量缺陷的处理程序

质量缺陷是施工质量中不符合规定和要求的检验项或检验点，按其程度可分为严重质量缺陷和一般质量缺陷。严重质量缺陷是对结构构件的受力性能、耐久性或安装使用性能有决定性影响的缺陷；一般质量缺陷是对结构构件的受力性能、耐久性或安装使用性能无决定性影响的缺陷。

对于已经出现的一般质量缺陷，应由施工单位提出技术处理方案，并按方案进行处理，监理工程师应对处理后的部位重新验收。一般质量缺陷可以不经监理工程师批准，但施工单位的处理方案应报送项目监理机构，监理工程师按照此方案督促施工单位整改。

对于已经出现的严重质量缺陷，应由施工单位提出技术处理方案，经监理单位认可后，施工单位按照方案进行处理；对于裂缝、连接部位出现的严重质量缺陷及其他影响结构安全的严重质量缺陷，技术处理方案应经设计单位认可。

对于发现的工程质量缺陷，监理单位应安排监理人员进行检查和记录，保存现场影像资料，并要求施工单位予以整改和处理，同时应监督实施。修复质量缺陷后，施工单位应报项目监理机构审核。监理工程师验收合格后，应予以签认。

6.4.2　质量事故的处理程序

质量事故是由于建设、勘察、设计、施工、监理等单位违反工程质量的有关法律、法规和工程建设强制性标准，使工程产生结构安全、重要使用功能等方面的质量缺陷，造成人员伤亡或者重大经济损失的事故。质量事故发生后，项目监理机构可按以下程序进行处理。

① 下达工程暂停令。质量事故发生后，总监理工程师应签发工程暂停令，要求暂停质量事故部位和关联部位的施工，要求施工单位采取必要的措施，防止事故扩大并保护好现场。

② 进行质量事故调查。项目监理机构应要求施工单位进行质量事故调查，分析质量事故产生的原因，并提交质量事故调查报告。

③ 制订技术处理方案。根据质量事故调查报告，项目监理机构应要求相关单位完成技术处理方案。质量事故的技术处理方案一般由施工单位提出，经设计单位同意和签认，并报建设单位批准。对于涉及结构安全和加固处理等的重大技术处理方案，一般由设计单位提出。必要时，应要求相关单位组织专家论证，以确保技术处理方案可靠、可行，保证结构安全和使用功能。

④ 按照批准后的技术处理方案进行处理。对处理过程进行跟踪检查，对处理结果进行验收。发生质量事故时，不论是否是施工单位造成的，都由施工单位进行处理。如果发生的质量事故不是施工单位造成的，则应对施工单位处理质量事故所产生的费用或工程延期给予补偿。

⑤ 下达工程复工令。质量事故处理完毕后，具备工程复工条件时，施工单位应提出复工申请，项目监理机构应检查验收。符合要求后，总监理工程师应签署意见，报建设单位批准后，签发工程复工令。

项目监理机构应及时向建设单位提交质量事故调查报告，组织办理交工验收文件，并将完整的质量事故调查报告和质量事故处理报告整理归档。质量事故调查报告应包括以下内容。

- 工程及各参建单位名称。
- 质量事故发生的时间、地点、工程部位。
- 事故发生的简要经过、工程损伤状况、伤亡人数、直接经济损失的初步估计。
- 事故发生原因的初步判断。
- 事故发生后采取的应急措施及处理方案。
- 事故处理建议。

6.4.3　质量事故的鉴定和验收

监理工程师应当通过鉴定和验收确认是否消除了工程质量不合格和工程质量问题，鉴定应由建设单位（或建设行政主管部门）委托有资质的第三方检测单位实施具体工作。

对于质量事故，无论是否需要经过技术处理，均应有明确的书面结论，验收结论通常有以下几种。

① 事故已排除，可以继续施工。

② 质量隐患已消除，结构安全有保证。

③ 经修补处理后，完全可以满足使用要求。

④ 可以从根本上满足使用要求，但使用时有附加限制条件，例如限制载荷等。

⑤ 对耐久性的结论。

⑥ 对建筑物外观影响的结论。

⑦ 在短期内难以做出结论的，可提出进一步检测的要求。

验收后，监理工程师需要提交质量事故处理报告。质量事故处理报告包括事故调查报告、事故原因分析、事故处理依据、事故处理方案、事故处理方法及技术措施，以及事故处理中各种原始记录和资料、检查和验收记录、事故验收结论等。

【任务安排】

某商业建筑的主体结构中，框架柱的混凝土强度等级应为 C35，但是经过试验室检测，混凝土试块的抗压强度代表值只有 32MPa，因而参建各方对主体结构的处理出现了争议。

请问，假设你是监理工程师，如何提出合理的意见？

项目小结

建设工程质量关乎人民生命财产安全，政府对建设工程质量越来越重视。在工程项目的建设程序中，施工阶段存在风险因素多、参建人员多、合同关系复杂、工期长等诸多因素，所以质量控制的难度最大。监理单位要对施工阶段全过程进行重点监控，做好事前、事中、事后的质量控制，通过标准化流程管理，不断创新管理手段，利用信息化管理等方式，尽量避免出现质量事故，努力降低监理单位的质量责任风险。

能力训练

一、单选题

1. 为了确保工程质量，施工单位必须建立完善的工程质量自检体系，其中不包括（   ）。

A. 自检　　　　　　 B. 飞行检验　　　　 C. 交接检　　　　　　 D. 专检

2. 随时抽查桩基施工的原材料质量，评定混凝土强度，按月向建设单位报送质量评定结果，这是针对可能发生的（   ）质量问题采取的措施。

A. 混凝土强度不足　 B. 斜孔、断桩　　　 C. 钢筋笼上浮　　　　 D. 缩颈、堵管

3. 图纸会审之前，设计单位在设计文件交付施工时，需按法律规定的义务进行（   ）。

A. 设计说明　　　　　　B. 设计交底　　　　　　C. 设计会审　　　　　　D. 图纸解释

4. 下列关于设计变更的说法中，正确的是（　　　）。

A. 国家有关政策、法律、法规的变化不会引起设计变更

B. 任何设计变更都必须报请原施工图纸审查机构审批

C. 任何设计变更都必须得到建设单位同意并办理书面变更手续

D. 设计变更主要在施工阶段出现，与设计阶段的质量控制工作无关

5. 施工阶段质量控制的基础是（　　　）。

A. 设置质量控制点　　　　　　　　　　B. 见证取样检验

C. 做好作业技术交底　　　　　　　　　D. 保证作业活动的效果与质量

6. 总包单位依法将建设工程分包时，分包工程发生的质量问题，应（　　　）。

A. 由总包单位负责

B. 由总包单位、分包单位、监理单位共同负责

C. 由分包单位负责

D. 由总包单位与分包单位承担连带责任

7. 进行工程质量见证检验工作的检测机构，应与（　　　）签订检测合同。

A. 建设单位　　　　　　B. 施工单位　　　　　　C. 分包单位　　　　　　D. 监理单位

8. 建设工程质量是指建设工程满足相关标准规定和合同约定的（　　　）。

A. 过程　　　　　　　　B. 程度　　　　　　　　C. 数量　　　　　　　　D. 标准

9. （　　　）是指工程在规定的条件下，满足规定功能要求使用的年限，也就是工程竣工后的合理使用寿命。

A. 安全性　　　　　　　B. 可靠性　　　　　　　C. 耐久性　　　　　　　D. 适用性

10. 项目的（　　　）直接影响项目的决策质量和设计质量。

A. 可行性研究　　　　　B. 勘察、设计　　　　　C. 施工阶段　　　　　　D. 竣工验收

二、多选题

1. 下列有关工程质量责任的说法中，不正确的是（　　　）。

A. 施工单位可以委托有资质的检测机构进行见证取样检验

B. 施工单位在开工前必须办理施工许可证

C. 工程竣工验收不合格的工程项目，不得交付使用

D. 甲供材料质量由建设单位负责

E. 分包单位应向监理单位提交资格报审表

2. 某工程的质量保修书中明确了保修范围和保修期限，不符合规定的是（　　　）。

A. 地基基础工程的质保期为该工程的合理使用年限

B. 屋面防水工程的保修期限为 2 年

C. 供热系统的保修期限为 2 个采暖期

D. 装修工程的保修期限为 2 年

E. 电气工程的保修期限为 1 年

3. 当工程质量事故处理完毕，进行鉴定和验收时，监理工程师应（　　　）。

A. 办理竣工验收文件

B. 组织有关单位会签

C. 做书面质量事故报告

D. 拒绝不满足安全使用要求的工程的验收

E. 不需要专门处理的，不用提交书面结论

4. 影响工程质量的因素有（　　　）。

A. 人员　　　　　　　　　　　　B. 材料

C. 管理制度　　　　　　　　　　D. 机械

E. 环境

三、思考题

1. 工程监理单位的质量责任和义务有哪些？

2. 质量控制点中的见证点和停止点有什么区别？

3. 什么是工程监理的"三令"？这些指令性文件下发的前提是什么？在什么时候下发？

4. 质量事故的处理程序是什么？

四、案例分析题

事件1：某项目工程开工前，总监理工程师主持召开了第一次工地会议。会上，总监理工程师仅介绍了建设单位对监理单位的授权，并对召开工地例会提出了要求。

事件2：现场监理工程师发现某主体结构的部分工序未报验就已施工完毕，专业监理工程师向总监理工程师报告，总监理工程师到现场后发现情况属实。专业监理工程师随即下达工程暂停令，施工单位暂停施工。

事件3：施工单位为了保证施工材料质量合格，由施工单位的工地试验室自行承担施工材料的见证取样检验工作，项目监理机构没有提出异议。

事件4：监理工程师发现部分墙面未经隐蔽验收就已经粉刷了，怀疑部分墙面未按设计要求进行施工，要求施工单位将粉刷层剔凿进行检验，检查结果是墙面符合设计要求。施工单位以返工为由要求索赔，监理工程师拒绝了施工单位的索赔要求。

事件5：专业监理工程师在熟悉图纸时发现，基础工程的设计内容不符合有关工程质量标准和规范。总监理工程师随即致函设计单位，要求改正并提出更改建议方案。设计单位研究后，口头同意了总监理工程师的更改方案，总监理工程师随即将更改的内容写成监理指令，通知甲施工单位执行。

在以上事件中，监理单位的做法是否正确？说明理由。

五、综合实训

组织学生分组模拟施工质量检验，利用检测仪器对砌筑工程、钢筋工程或者混凝土工程进行质量检验，按照相关质量检验规范和要求，填写平行检验记录表，并进行质量检验评定。针对检验出来的质量问题，下发监理通知单，并审核施工单位提交的监理通知回复单。

项目七　建设工程监理验收工作

 知识目标

1. 理解建设工程划分原则，理解建设工程质量验收的基本规定。
2. 熟悉检验批、分项工程、分部工程验收的内容和程序，熟悉各专业工程质量验收规范，熟悉各类质量检查记录表格的填写要求。
3. 掌握在建的工程各阶段质量验收时项目监理机构的具体工作。

 拓展知识点

1. 《建筑与市政工程施工质量控制通用规范》（GB 55032—2022）中对工程验收的规定。
2. 举牌验收制度。
3. 质量验收表格的填写要求。
4. 质量检验的抽样要求。

任务一　规范化制定质量验收方案

【教学导入】

不少宋代建筑屹立至今，很大一部分是因为《营造法式》，《营造法式》的制度规划中有一条对建筑的质量做了量化。通过这个标准的建筑视为合格，没有通过这个标准的建筑则不合格。

宋代建筑验收的标准非常高，而且建筑验收是根据建筑的大小和规模来决定的。比如宫殿，为了防止宫殿质量不合格，从宫殿刚开始建设的时候就会有专职官员到现场进行监督。宫殿在建造过程中只要有一处不合格，那么这座宫殿将面临被拆除的风险。

请问，《营造法式》是谁编修的？《营造法式》的积极意义是什么？

7.1.1　建设工程的划分

1. 单项工程

具有独立的设计文件且竣工后可以独立发挥生产能力或效益的工程称为单项工程（也称为工作项目）。建设项目可以由一个单项工程组成，也可由若干单项工程组成。例如，在工业建设项目中，各个独立的生产车间、实验楼、仓库等都可以称为单项工程；在民用建设项目中，学校的教学楼、实验楼、图书馆、学生宿舍等都可以称为单项工程。

2. 单位工程

具有单独的设计文件，可以独立施工，但完工后不能独立发挥生产能力或效益的工程称为单位工程。单项工程一般由若干单位工程组成。单位工程可以按照以下原则进行划分。

① 具备独立施工条件并能形成独立使用功能的建筑物或构筑物是一个单位工程。

② 对于规模较大的单位工程，可将能形成独立使用功能的部分划分为一个子单位工程。

例如，一个复杂的生产厂房一般由土建工程、电力工程、设备安装工程、市政工程等多个子单位工程组成。

3. 分部工程

按照工程的种类或主要部位可以将单位工程划分为若干分部工程。分部工程可以按照以下原则进行划分。

① 可按专业性质、工程部位确定。

② 当分部工程较大或较复杂时，可按材料种类、施工特点、施工程序、专业系统及类别将分部工程划分为若干子分部工程。

例如，房屋的土建工程可以分为地基基础、主体结构、建筑装饰装修、屋面建筑、给水排水及供暖、通风与空调、建筑电气、智能建筑、建筑节能、电梯等分部工程。

4. 分项工程

分项工程可按主要工种、材料、施工工艺、设备类别划分，以便于专业施工班组的施工。例如，房屋的混凝土结构可以划分为模板、混凝土等分项工程。

5. 检验批

可根据施工、质量控制和专业验收的需要，按工程量、楼层、施工段、变形缝等，将分项工程划分成若干检验批。例如，有一栋 5 层住宅，每层划分为 2 个施工段，该项工程的混凝土结构的钢筋分项工程可以划分为 10 个检验批来进行验收。

施工前，应由施工单位制订分项工程和检验批的划分方案，并由监理单位审核。对于相关专业验收规范未涵盖的分项工程和检验批，可由建设单位组织监理单位、施工单位等协商确定。

7.1.2　质量验收工作的内容

1. 质量验收的条件

① 工程质量验收应在施工单位自检合格的基础上进行。

② 参加工程质量验收的各方人员应具备相应的资格。

③ 检验批的质量应按主控项目和一般项目验收。

④ 对于涉及安全、节能、环境保护和主要使用功能的试块、试件及材料，应在进场时或施工中按规定进行见证取样检验。

⑤ 隐蔽工程在隐蔽前应由施工单位通知监理单位进行验收，并应形成验收文件，验收合格后方可继续施工。

⑥ 进行抽样检验。

⑦ 工程的观感质量应由验收人员现场检查，并应共同确认。

2. 验收合格的标准

质量验收合格应符合下列规定。

① 符合工程勘察、设计文件的要求。

② 符合相关标准和专业验收规范的规定。

规定①是要符合勘察单位、设计单位对施工的要求。勘察单位、设计单位针对该工程的水文地质条件，根据建设单位的要求，从技术和经济结合的角度，为满足工程的使用功能和安全性、经济性、环境协调性等，以图纸、文件的形式对施工提出要求，是针对每个工程项目的个性化要求（这个要求可以归纳为"按图施工"）。

规定②是要符合法律、法规的要求。建设行政主管部门为了加强建设工程质量管理，规范工程质量验收，保证工程质量，制订了相应的标准和规范，可以归纳为"依法施工"。

合格是对施工质量的基本要求，建设单位可与施工单位在施工合同中约定更高的质量要求，或自行创造更好的施工质量。

7.1.3 质量验收程序

1. 检验批验收程序

检验批应由专业监理工程师组织施工单位项目专业质量检查员、专业工长等进行验收。

质量验收的要求及程序

2. 分项工程验收程序

分项工程应由专业监理工程师组织施工单位项目专业技术负责人等进行验收。

3. 分部工程验收程序

分部工程应由总监理工程师组织施工单位项目负责人和项目专业技术负责人等进行验收。

勘察单位、设计单位项目负责人，以及施工单位技术部门、质量部门负责人应参加地基基础分部工程的验收。设计单位项目负责人，以及施工单位技术部门、质量部门负责人应参加主体结构、节能分部工程的验收。

4. 单位工程验收程序

单位工程完工后，各相关单位应按下列要求进行验收。

① 勘察单位应编制工程勘察质量检查报告，按规定程序审批后向建设单位提交。

监理质量评估报告

② 设计单位应对设计文件及设计变更进行检查，并编制工程设计质量检查报告，按规定程序审批后向建设单位提交。

③ 施工单位应组织有关人员进行自检。自检合格后，施工单位应向项目监理机构提交单位工程竣工验收报审表等相关资料，并编制工程竣工报告，按规定程序审批后向建设单位提交。

④ 项目监理机构收到单位工程竣工验收报审表等资料后，总监理工程师应组织各专业监

理工程师、施工单位相关人员对单位工程质量进行竣工预验收。发现工程存在质量问题时，应由施工单位整改。整改完毕后，经项目监理机构复验合格后，项目监理机构应向建设单位提交工程质量评估报告，按规定程序审批后向建设单位提交，并报请建设单位组织竣工验收。

⑤ 建设单位应组织监理单位、施工单位、设计单位、勘察单位等相关单位的项目负责人进行竣工验收，验收合格后提交竣工验收报告。

【任务安排】

根据《建筑与市政工程施工质量控制通用规范》（GB 55032—2022）中的附录 A 和附录 B，对学校的教学楼以及室外工程进行工程划分，分别列出单位工程、分部工程、子分部工程、分项工程和检验批。

任务二 项目监理机构组织施工质量验收

【教学导入】

举牌验收制度是指在房屋建筑和市政基础设施工程的关键工序、关键部位、隐蔽工程及主要节点、分部工程验收时，在施工现场验收部位设立验收公示牌，将工程名称、分部工程名称、验收部位、验收内容、验收结论、验收人、验收时间等在公示牌上进行详细记录，同时在验收完成后留存项目专业技术负责人、专业工长、质量（安全）员、监理工程师等参与验收人员手举质量验收公示牌的照片，影像资料作为工程质量验收资料的附件会被一并存档，实现工程质量责任可追溯，如图 7-1 所示。

图 7-1 现场分部工程举牌验收

请问，为什么要实行举牌验收制度？

7.2.1 检验批质量验收

1. 检验批和工序

检验批是按相同的生产条件或按规定的方式汇总起来，供抽样检验用的，由一定数量样本组成的检验体。

工序是建筑工程施工的基本组成部分，一个检验批可能由一道或多道工序组成。根据目前的验收要求，监理单位对工程质量控制到检验批，工序的质量一般由施工单位通过自检控制。但为了保证工程质量，对于监理单位有要求的重要工序，应经监理工程师检查认可，才能进行下一道工序。

2. 质量验收评定

① 检验批代表了工程中某一施工过程的材料、构配件或建筑安装项目的质量。检验批的验收是深入工程各个部位，贯穿施工全过程的最基础及最小单元的检验工作。

② 检验批可根据施工、质量控制和专业验收的需要，按工程量、楼层、施工段、变形缝进行划分。施工前，应由施工单位制订分项工程和检验批的划分方案，并由监理单位审查未涵盖的分项工程和检验批。

③ 检验批验收前，施工单位应完成自检，针对存在的问题自行整改，然后申请验收，由专业监理工程师组织施工单位项目专业质量检查员、专业工长等进行验收，专业监理工程师通过平行检验等方式查验施工单位自检结果，并出具"（不）合格"或"（不）符合要求"的验收结论。

④ 填写检验批验收记录时还应具有现场验收原始记录。监理工程师检查验收记录时要注意检验项目是否齐全，签字人员是否正确、齐全，如表7-1所示。

表 7-1 检验批验收记录

单位（子单位）工程名称			分部（子分部）工程名称		建筑装饰装修（建筑地面）	分项工程名称	
施工单位			项目负责人			检验批容量	
分包单位			分包单位项目负责人			检验批部位	
施工依据					验收依据		
验收项目			设计要求及规范规定	最小/实际抽样数量		检查记录	检查结果
主控项目	1	材料质量		/			
	2			/			
	3			/			
一般项目	1			/			
	2			/			
	3			/			
施工单位检查结果			专业工长： 项目专业质量检查员： 年　　月　　日				
监理单位验收结论			专业监理工程师： 年　　月　　日				

3. 抽样检验

检验批抽样样本应随机抽取，满足分布均匀、具有代表性的要求，抽样数量应符合有关专业验收规范。当采用计数抽样检验时，检验批最小抽样数量如表 7-2 所示，实际抽样数量应不少于最小抽样数量。

表 7-2　检验批最小抽样数量

检验批容量	最小抽样数量	检验批容量	最小抽样数量
2～15	2	151～280	13
16～25	3	281～500	20
26～90	5	501～1200	32
91～150	8	1201～3200	50

一般项目的抽样检验包括计数抽样检验和计量抽样检验。

（1）计数抽样检验

计数抽样检验是通过确定抽样样本中不合格的个体数量，对样本总体质量做出判定的检验方法。

采用计数抽样检验方法时，合格率应符合有关专业验收规范的规定，且不得存在严重缺陷。对于一般项目，正常检验一次抽样一般可按表 7-3 进行判定，正常检验二次抽样可按表 7-4 进行判定。

表 7-3　一般项目正常检验一次抽样的判定

样本容量	合格判定数	不合格判定数	样本容量	合格判定数	不合格判定数
5	1	2	32	7	8
8	2	3	50	10	11
13	3	4	80	14	15
20	5	6	125	21	22

表 7-4　一般项目正常检验二次抽样的判定

抽样次数	样本容量	合格判定数	不合格判定数	抽样次数	样本容量	合格判定数	不合格判定数
（1） （2）	3 6	0 1	2 2	（1） （2）	20 40	3 9	6 10
（1） （2）	5 10	0 3	3 4	（1） （2）	32 64	5 12	9 13
（1） （2）	8 16	1 4	3 5	（1） （2）	50 100	7 18	11 19
（1） （2）	13 26	2 6	5 7	（1） （2）	80 160	11 26	16 27

【知识拓展】

根据《混凝土结构工程施工质量验收规范》(GB 50204—2015)，在混凝土结构实体检验中，应对梁类、板类构件纵向受力钢筋保护层厚度分别进行验收，并应符合下列规定。

1. 当全部钢筋保护层厚度检验的合格率为90%及以上时，可判为合格。

2. 当全部钢筋保护层厚度检验的合格率小于90%但不小于80%时，可再抽取相同数量的构件进行检验。当按两次抽样总和计算，合格率为90%及以上时，仍可判为合格。

3. 每次抽样检验结果中不合格点的最大偏差均不应大于规范规定的允许偏差的1.5倍。

（2）计量抽样检验

计量抽样检验是指定量检验随机抽取的样本，利用样本特性值计算相应的统计量，以样本的检验数据计算总体均值、特征值、推定值，以此判断或评估总体质量，并与判定标准相比，以判断是否合格。

4. 隐蔽工程验收

工程隐蔽部位经施工单位自检确认具备覆盖条件的，施工单位应在共同检查前48小时书面通知监理单位检查，通知中应说明检查的内容、时间和地点，并附自检记录和必要的检查资料。

监理工程师应按时到场并对隐蔽工程及其施工工艺、材料和工程设备进行检查。监理工程师不能按时进行检查的，应在检查前24小时向施工单位提交书面延期要求，但延期不能超过48小时。隐蔽工程验收应有记录，记录应包含隐蔽工作内容、隐蔽工程草图（隐蔽部位照片）、工程量等信息。

5. 重新检验

施工单位覆盖工程隐蔽部位后，建设单位或者监理单位对工程质量有疑问的，可要求施工单位对已覆盖的部位进行钻孔探测或揭开重新检查，施工单位应遵照执行，并在检查后重新覆盖，恢复原状。

经检查证明工程质量合格的，由建设单位承担由此增加的费用和（或）延误的工期，并向施工单位支付合理的利润；经检查证明工程质量不合格的，由此增加的费用和（或）延误的工期由施工单位承担。

施工单位私自将工程隐蔽部位覆盖的，无论工程质量是否合格，由此增加的费用和（或）延误的工期由施工单位承担。

7.2.2 分项工程质量验收

专业监理工程师组织施工单位项目专业技术负责人等进行分项工程质量验收，专业监理工程师审核施工单位自检结果，并出具监理验收结论，如表7-5所示。

分项工程质量验收合格应符合下列规定。

① 所含检验批均应验收合格。

② 所含检验批的质量验收记录应完整、真实。

表 7-5 分项工程质量验收记录

单位（子单位）工程名称			分部（子分部）工程名称			
分项工程数量			检验批数量			
施工单位		项目负责人			项目专业技术负责人	
分包单位		分包单位项目负责人			分包内容	

序号	检验批名称	检验批容量	部位/区段	施工单位自检结果	监理单位验收结论
1					
2					
3					
4					
5					
6					
7					
8					
9					
10					

施工单位检查结果	项目专业技术负责人： 年　月　日
监理（建设）单位验收结论	专业监理工程师： （建设单位代表） 年　月　日

7.2.3 分部工程质量验收

分部工程质量经过施工单位自检合格的，应向项目监理机构提交分部工程报验表和分部工程质量验收记录，如表 7-6 所示。

表 7-6　分部工程质量验收记录

单位（子单位）工程名称			子分部工程数量		分项工程数量	
施工单位			项目负责人		项目专业技术负责人	
分包单位			分包单位项目负责人		分包内容	
序号	子分部工程名称	分项工程名称	检验批数量	施工单位自检结果		监理单位验收结论
1						
2						
3						
4						
5						
6						
7						
质量控制资料						
安全和功能						
观感质量						
综合验收结论						
分包单位 项目负责人： 年　月　日	施工单位 项目负责人： 年　月　日		勘察单位 项目负责人： 年　月　日	设计单位 项目负责人： 年　月　日		监理单位 总监理工程师： 年　月　日

　　分部工程的验收如图 7-2 所示。分部工程质量验收结束后，总监理工程师应在分部工程质量验收记录中填写验收结论并签名。

　　分部工程质量验收合格应符合下列规定。

　　（1）所含分项工程的质量应验收合格

　　① 分部（子分部）工程所含的各分项工程施工均已完成。

　　② 所含的各分项工程划分正确。

　　③ 所含的各分项工程均按规定通过了质量验收。

图 7-2　分部工程质量验收

④ 所含的各分项工程验收记录应内容完整、填写正确、收集齐全。

（2）质量控制资料应完整、真实

质量控制资料完整是工程质量合格的重要条件。在分部工程质量验收时，应根据各专业工程质量验收规范进行系统检查，着重检查资料是否齐全、完整、准确、规范。

（3）抽样检验结果应符合要求

有关安全、节能、环境保护和主要使用功能的抽样检验结果应符合要求；涉及安全、节能、环境保护和主要使用功能的地基基础、建筑结构、设备安装等分部工程应进行有关的见证取样检验或抽样检验。

（4）观感质量应符合要求

工程的观感质量应由验收人员进行现场检查，并应共同确认。观感质量检查并不给出"合格"或"不合格"的结论，而是给出"一般""好"或"差"的总体评价。所谓"一般"，是指经观感质量检查，符合验收规范的要求；所谓"好"，是指在质量符合验收规范的基础上，能达到精致、流畅的要求，精度控制好；所谓"差"，是指勉强达到验收规范的要求，但质量不够稳定，离散性较大。

【任务安排】

1. 某项目检验批抽样样本数量是 50 个，检验中发现有 9 个不合格，根据一般项目正常检验二次抽样的判定，请问如何判定该检验批的质量？

2. 某项目混凝土结构设计强度为 C20，经检测，该工程的 10 组混凝土标准养护试块的抗压强度代表值分别为 21.3 MPa、20.5 MPa、19.6 MPa、21.2 MPa、21.3 MPa、20.5 MPa、19.6 MPa、21.2 MPa、20.5 MPa、17.0MPa，该批混凝土强度是否合格？

任务三　建设单位组织单位工程竣工验收

【教学导入】

单位工程竣工验收

某企业的办公楼工程项目结束后，建设单位为使办公楼提前投入使用，在单位工程竣工预验收后，认为工程质量达到合格标准，将办公楼投入使用，然而当地建设行政主管部门却下发了工程暂停使用通知书，并对建设单位和施工单位进行了处罚。

请问，当地建设行政主管部门的做法是否正确？如何正确进行单位工程竣工验收？

7.3.1 单位工程竣工验收条件

单位工程竣工验收是指依照国家有关法律、法规及工程建设规范、标准的规定，完成工程设计文件和合同约定的各项内容，已取得政府有关主管部门（或其委托机构）出具的工程施工质量、消防、规划、环保、城建等验收文件或准许使用文件后，建设单位组织工程竣工验收并编制工程竣工验收报告。工程项目的竣工验收是施工全过程的最后一道程序，也是工程项目管理的最后一项关键工作。它是建设投资成果转入生产或使用的标志，也是全面考核投资效益、检验设计和施工质量的重要环节。

单位工程竣工验收应满足下列条件。

① 完成工程设计文件和合同约定的各项内容。

② 施工单位在工程完工后对工程质量进行了检查，确认工程质量符合有关法律、法规和工程建设强制性标准，符合设计文件及合同要求，并提交工程竣工报告。工程竣工报告应经项目经理和施工单位有关负责人审核签字。

③ 对于委托监理单位的工程项目，监理单位对工程进行了质量评估，具有完整的监理资料，并提交工程质量评估报告。工程质量评估报告应经总监理工程师和监理单位有关负责人审核签字。

④ 勘察单位、设计单位对勘察文件、设计文件及施工过程中由设计单位签署的设计变更通知单进行了检查，并提交质量检查报告。质量检查报告应经项目勘察、设计负责人和勘察单位、设计单位有关负责人审核签字。

⑤ 有完整的技术档案和施工管理资料。

⑥ 有工程使用的主要建筑材料、建筑构配件和设备的进场试验报告，以及工程质量检测和功能性试验资料。

⑦ 建设单位已按合同约定支付工程款。

⑧ 有施工单位签署的工程保修书。

⑨ 对于住宅工程，应进行分户验收并验收合格，建设单位应按户出具住宅工程质量分户验收表。

⑩ 建设行政主管部门及工程质量监督机构责令整改的问题已全部整改完毕。

⑪ 法律、法规规定的其他条件。

建设单位应当在工程竣工验收 7 个工作日前将验收的时间、地点及验收小组名单书面通知负责监督该工程的工程质量监督机构。

7.3.2 单位工程竣工验收的工作内容

建设单位在收到工程竣工报告、工程质量评估报告等资料后，对于达到竣工验收条件的工程，建设单位应组织有关专家及参建单位代表组成工程竣工验收小组，组织勘察单位、设计单位、施工单位、监理单位项目负责人进行全面质量验收。单位工程竣工验收流程如图 7-3 所示。

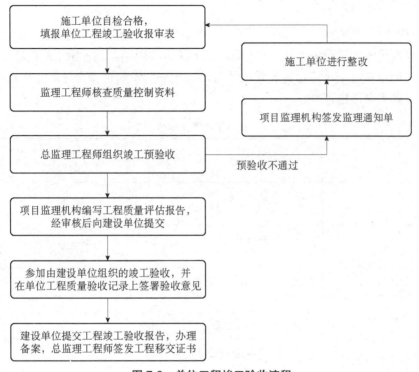

图 7-3 单位工程竣工验收流程

单位工程竣工验收可以按照工程实际情况分阶段进行竣工验收，已经完成验收的工程项目一般在后期的竣工验收时不再重新验收。单位工程竣工验收的主要工作如下。

① 建设单位、勘察单位、设计单位、施工单位、监理单位分别汇报合同履约情况，以及工程建设各个环节执行法律、法规和工程建设强制性标准的情况。

② 审阅建设单位、勘察单位、设计单位、施工单位、监理单位的工程档案资料。

③ 实地查验工程质量。

④ 对工程勘察、设计、施工、设备安装质量和管理等方面做出全面评价，形成验收意见。

参与单位工程竣工验收的各方不能形成一致意见时，应当协商提出解决方案，待意见一致后，重新组织单位工程竣工验收。

7.3.3 质量验收标准

1. 质量合格标准

单位工程质量验收合格应符合下列规定。

（1）所含分部工程的质量应全部验收合格。

（2）质量控制资料应完整、真实。

监理工程师填写验收资料表格时注意的事项

（3）所含分部工程中有关安全、节能、环境保护和主要使用功能的检验资料应完整。

（4）主要使用功能的抽查结果应符合相关专业验收规范的规定。

（5）观感质量应符合要求。

2．验收记录填写要求

单位工程质量验收记录应由施工单位填写，如表7-7所示，验收结论应由监理单位填写。经各方商定，综合验收结论应由建设单位填写，对工程质量是否符合设计文件和相关标准的规定及总体质量水平做出评价。

表7-7　单位工程质量验收记录

工程名称		结构类型		层数/建筑面积	
施工单位		项目专业技术负责人		开工日期	
项目负责人		项目专业技术负责人		完工日期	
序号	项目	验收记录		验收结论	
1	分部工程	共　　分部，共查　　分部，符合设计及标准规定　　分部			
2	质量控制资料核查	共　　项，经核查符合规定　　项，不符合规定　　项			
3	安全和使用功能核查及结果	共核查　　项，符合规定　　项，经返工处理符合要求　　项			
4	观感质量验收	共抽查　　项，符合规定　　项，不符合规定　　项			
5	综合验收结论				
参加验收单位	建设单位	监理单位	施工单位	设计单位	勘察单位
	（公章） 项目负责人： 年 月 日	（公章） 总监理工程师： 年 月 日	（公章） 项目负责人： 年 月 日	（公章） 项目负责人： 年 月 日	（公章） 项目负责人： 年 月 日

单位工程质量控制资料是施工单位为保证工程质量所形成的记录文件，包括进场材料质量证明文件及对其的抽检记录、试块的见证送检记录、隐蔽验收记录、工序交接检查记录等。总监理工程师应组织专业监理工程师进行详细、认真的审核，判定工程质量控制资料是否齐全、完善、真实、有效。

总监理工程师和施工单位项目负责人应共同在单位工程质量控制资料核查记录上填写核查结论并签名，如表7-8所示。

表 7-8　单位工程质量控制资料核查记录

工程名称			施工单位				
序号	项目	资料名称	份数	施工单位		监理单位	
				核查意见	核查人	核查意见	核查人
1	建筑与结构	图纸会审记录、设计变更通知单、工程洽商记录					
2		工程定位测量、放线记录					
3		原材料出厂合格证及进场检验、试验报告					
4		施工试验报告					
5		隐蔽工程验收记录					
6		施工记录					
7		地基基础、主体结构检验及抽样检验资料					
8		分项、分部工程质量验收记录					
9		工程质量事故调查处理资料					
10		新技术论证、备案及施工记录					
1.	给水排水与供暖	图纸会审记录、设计变更通知单、工程洽商记录、竣工图					
2		原材料出厂合格证及进场检验、试验报告					
3		管道及设备强度、严密性试验记录					
4		隐蔽工程验收记录					
5		系统清洗、灌水、通水、通球试验记录					
6		施工记录					
7		分项、分部工程质量验收记录					
8		新技术论证、备案及施工记录					
1	通风与空调	图纸会审记录、设计变更通知单、工程洽商记录、竣工图					
2		原材料出厂合格证及进场检验、试验报告					
3		制冷、空调、管道强度、严密性试验记录					
4		隐蔽工程验收记录					
5		制冷设备运行调试记录					
6		通风、空调系统调试记录					
7		施工记录					
8		分项、分部工程质量验收记录					
9		新技术论证、备案及施工记录					
1	建筑电气	图纸会审记录、设计变更通知单、工程洽商记录、竣工图					
2		原材料出厂合格证及进场检验、试验报告					
3		设备调试记录					

续表

工程名称					施工单位			
序号	项目	资　料　名　称	份数	施工单位		监理单位	
				核查意见	核查人	核查意见	核查人
4	建筑电气	接地、绝缘电阻测试记录					
5		隐蔽工程验收记录					
6		施工记录					
7		分项、分部工程质量验收记录					
8		新技术论证、备案及施工记录					
1	智能建筑	图纸会审记录、设计变更通知单、工程洽商记录、竣工图及设计说明					
2		材料、设备出厂合格证及进场检验、试验报告					
3		隐蔽工程验收记录					
4		施工记录					
5		系统功能测定及设备调试记录					
6		系统技术、操作和维护手册					
7		系统管理人员、操作人员培训记录					
8		系统检测报告					
9		分项、分部工程质量验收记录					
10		新技术论证、备案及施工记录					
1	建筑节能	图纸会审记录、设计变更通知单、工程洽商记录、竣工图					
2		原材料出厂合格证及进场检验、试验报告					
3		隐蔽工程验收记录					
4		施工记录					
5		外墙、外窗节能检验报告					
6		设备系统节能检测报告					
7		分项、分部工程质量验收记录					
8		新技术论证、备案及施工记录					
1	电梯	图纸会审记录、设计变更通知单、工程洽商记录					
2		设备出厂合格证及开箱检验记录					
3		隐蔽工程验收记录					
4		施工记录					
5		接地、绝缘电阻试验记录					
6		负荷试验、安全装置检查记录					
7		分项、分部工程质量验收记录					
8		新技术论证、备案及施工记录					

核查结论：

施工单位项目负责人：
　　年　　月　　日

总监理工程师：
　　年　　月　　日

　　单位（子单位）工程安全和功能检验资料核查及主要功能抽查记录涉及两方面工作，如表 7-9 所示。

　　① 安全和功能检验资料核查。对于涉及安全、节能、环境保护和主要使用功能的分部工程，应核查有关的见证取样检验或抽样检验相关记录或报告，以及资料是否齐全、完善、真实、有效。

　　② 主要功能抽查。抽查项目由各单位验收人员共同商定。

表 7-9　单位（子单位）工程安全和功能检验资料核查及主要功能抽查记录

工程名称				施工单位			
序号	项目	安全和功能检验资料核查	份数	核查意见	抽查结果	核查（抽查）人	
1	建筑与结构	地基承载力检验报告					
2		桩基承载力检验报告					
3		混凝土强度试验报告					
4		砂浆强度试验报告					
5		主体结构尺寸、位置抽查记录					
6		建筑物垂直度、标高、全高测量记录					
7		屋面淋水或蓄水试验记录					
8		地下室渗漏水检测记录					
9		有防水要求的地面蓄水试验记录					
10		抽气（风）道检查记录					
11		外窗气密性、水密性、耐风压检测报告					
12		幕墙气密性、水密性、耐风压检测报告					
13		建筑物沉降观测记录					
14		节能、保温测试记录					
15		室内环境检测报告					
16		土壤氡气浓度检测报告					
1	给水排水与供暖	给水管道通水试验记录					
2		暖气管道、散热器压力试验记录					
3		卫生器具满水试验记录					
4		消防管道、燃气管道压力试验记录					
5		排水干管通球试验记录					
1	通风与空调	通风、空调系统试运行记录					
2		风量、温度测试记录					
3		空气能量回收装置测试记录					
4		洁净室洁净度测试记录					
5		制冷机组试运行调试记录					
1	建筑电气	照明全负荷试验记录					
2		大型灯具牢固性试验记录					
3		避雷接地电阻测试记录					
4		线路、插座、开关接地检验记录					

续表

工程名称			施工单位			
序号	项目	安全和功能检验资料核查	份数	核查意见	抽查结果	核查（抽查）人
1	智能建筑	系统试运行记录				
2		系统电源及接地检测报告				
1	建筑节能	外墙节能构造检查记录或热工性能检验报告				
2		设备系统节能性能检查记录				
1	电梯	运行记录				
2		安全装置检测报告				
结论：						
施工单位项目负责人：　　　年　月　日			总监理工程师：　　　年　月　日			

观感质量验收主要以观察、触摸或简单量测的方式进行，由验收人员根据经验判断并给出质量评价。参加验收的各方代表共同进行现场检查，如果确认没有影响结构安全和使用功能的问题，即可共同商定评价意见。如果有评价为"差"的项目，则属于不合格，应返工。单位工程观感质量检查记录如表 7-10 所示。

表 7-10　单位工程观感质量检查记录

工程名称			施工单位		
序号		项目	抽查质量状况		质量评价
1	建筑与结构	主体结构外观	共查　点，好　点，一般　点，差　点		
2		室外墙面	共查　点，好　点，一般　点，差　点		
3		变形缝、雨水管	共查　点，好　点，一般　点，差　点		
4		屋面	共查　点，好　点，一般　点，差　点		
5		室内墙面	共查　点，好　点，一般　点，差　点		
6		室内顶棚	共查　点，好　点，一般　点，差　点		
7		室内地面	共查　点，好　点，一般　点，差　点		
8		楼梯、踏步、护栏	共查　点，好　点，一般　点，差　点		
9		门窗	共查　点，好　点，一般　点，差　点		
10		雨罩、台阶、坡道、散水	共查　点，好　点，一般　点，差　点		
1	给水排水与供暖	管道接口、坡度、支架	共查　点，好　点，一般　点，差　点		
2		卫生器具、支架、阀门	共查　点，好　点，一般　点，差　点		
3		检查口、扫除口、地漏	共查　点，好　点，一般　点，差　点		
4		散热器、支架	共查　点，好　点，一般　点，差　点		
1	通风与空调	风管、支架	共查　点，好　点，一般　点，差　点		
2		风口、风阀	共查　点，好　点，一般　点，差　点		
3		风机、空调设备	共查　点，好　点，一般　点，差　点		

续表

工程名称			施工单位								
序号		项目	抽查质量状况								质量评价
4	通风与空调	管道、阀门、支架	共查	点,	好	点,	一般	点,	差	点	
5		水泵、冷却塔	共查	点,	好	点,	一般	点,	差	点	
6		绝热	共查	点,	好	点,	一般	点,	差	点	
1	建筑电气	配电箱、配电盘、配电板、接线盒	共查	点,	好	点,	一般	点,	差	点	
2		设备器具、开关、插座	共查	点,	好	点,	一般	点,	差	点	
3		防雷、接地、防火	共查	点,	好	点,	一般	点,	差	点	
1	智能建筑	机房设备安装及布局	共查	点,	好	点,	一般	点,	差	点	
2		现场设备安装	共查	点,	好	点,	一般	点,	差	点	
1	电梯	运行、平层、开关门	共查	点,	好	点,	一般	点,	差	点	
2		层门、信号系统	共查	点,	好	点,	一般	点,	差	点	
3		机房	共查	点,	好	点,	一般	点,	差	点	
观感质量综合评价											

结论：

施工单位项目负责人：　　　年　月　日　　　总监理工程师：　　　　　年　月　日

【任务安排】

某工程的总建筑面积为 12000m²，由教学楼、食堂、室内活动室组成，该工程于 2016 年 10 月 20 日开工，2018 年 1 月 30 日完工，由某建筑企业总承包施工。

事件一：工程完工后施工单位自行组织了有关人员进行检查评定，评定结论为"合格"，随后向监理单位提交了工程竣工验收报告。

事件二：食堂和室内活动室的完工早于教学楼 1 个月，因此建设单位要求施工单位提前验收食堂和室内活动室，以便安排其他布置工作。

（1）事件一中有哪些不妥之处？并说明正确做法。

（2）事件二中建设单位的要求是否合理？说明理由。

任务四　熟悉工程验收后的监理工作

【教学导入】

不论什么类型的建筑，都需要耗费大量时间和精力，而且建筑本身存在一定的隐患，没有任何人或机构可以完全保障建筑的安全。宋代对所有公共工程建设实行"物勒工名"制度，强制要求工匠在建筑物上刻上自己的名字。这一制度实际上是对产品质量的强制性责任认定。时至今日，这种做法依然值得借鉴，是对工程质量的一种有力监管。

"物勒工名"制度就是现在的实名制，宋代官府在律法中明确工匠们在制造建筑材料的时候，一定要加上自己独特的标签，这样只要建筑发生了意外，可以直接找到责任人，而且这种实名制度在春秋战国时期就已经出现了，只不过当时用在了兵器上。

请问，现代建筑的项目管理中有哪些类似于"物勒工名"的制度？

7.4.1 质量验收不合格的处理方式

一般情况下，工程质量不合格在检验批验收时就能被发现并及时处理，但实际工程中不可避免地会出现不合格的情况，因此质量验收不符合要求时，应按下列方式进行处理。

① 经返工或返修的检验批，应重新进行验收。如果主控项目不能满足验收规范中的规定或者其中超过允许偏差限值的样本数量不符合验收规范时，应及时处理。其中，对于严重的质量缺陷，应重新施工；一般的质量缺陷可通过返修、更换予以解决，允许施工单位在采取相应的措施整改后重新进行验收。如果验收结果符合相应的专业验收规范要求，项目监理机构应认为该检验批合格。

② 经有资质的检测机构检测，能够达到设计要求的检验批，应予以验收。当个别检验批发现问题，难以确定能否验收时，应由建设单位委托具有资质的法定检测机构进行检测鉴定。鉴定结果认为能达到设计要求时，该检验批可以通过验收。这种情况通常出现在某检验批的材料试块强度不满足设计要求时。

③ 经有资质的检测机构检测鉴定达不到设计要求，但经原设计单位核算认可，能够满足安全和使用功能的检验批，可予以验收。这主要是因为在一般情况下，标准、规范的规定是满足安全和功能的最低要求，而设计要求往往在此基础上留有一些余量。在一定范围内，会出现不满足设计要求而符合相关规范的情况，两者并不矛盾。

④ 经返修或加固处理的分项、分部工程，满足安全及使用功能要求时，可按技术处理方案和协商文件的要求予以验收。经法定检测机构检测后认为达不到相关规范的要求，即不能满足最低限度的安全和使用功能时，必须进行加固或处理，使之能满足基本要求。这样可能会造成一些永久性的影响，如增大结构尺寸、影响一些次要的使用功能。但为了避免建筑物被整体或局部拆除，避免社会财富遭受更大的损失，在不影响安全和主要使用功能的条件下，可按技术处理方案和协商文件进行验收，责任方应按法律、法规承担相应责任。需要特别注意的是，这种方法不能作为降低质量要求、变相通过验收的一种出路。

⑤ 经返修或加固处理仍不能满足安全和重要使用功能的分部工程及单位工程，严禁验收。经返修或加固处理后仍不能满足安全和重要使用功能时，表明工程质量存在严重缺陷，将导致建筑物无法正常使用，危及人身健康或财产安全，严重时会给社会带来巨大的安全隐患，因此这类工程严禁通过验收，更不得擅自投入使用，需要专门研究处置方案。

⑥ 工程质量控制资料应完整。在实际工程中，偶尔会遇到遗漏检验或资料丢失而导致工程无法正常验收的情况。对此，可有针对性地进行工程质量检验，采取实体检验或抽样检验的方法确定工程质量状况。

7.4.2 工程竣工验收报告

工程竣工验收报告主要包括工程概况，建设单位执行基本建设程序情况，对工程勘察、设计、施工、监理等方面的评价，工程竣工验收时间、程序、内容和组织形式，工程竣工验收意见等。工程竣工验收报告还应附下列文件。

① 施工许可证。
② 施工图设计文件审查意见。
③ 工程竣工报告、监理单位的质量评估报告、勘察单位出具的质量检查报告。
④ 完整的技术档案和施工管理资料。
⑤ 施工单位签署的工程保修书。

⑥ 验收人员签署的工程竣工验收意见。

⑦ 法律、法规规定的其他有关文件。

建设单位应当自工程竣工验收合格之日起 15 日内，依照《房屋建筑和市政基础设施工程竣工验收备案管理办法》，向工程所在地县级以上地方人民政府建设行政主管部门备案。

7.4.3　工程质量维护与保修

建设单位、施工单位或受委托的其他单位在保修期内应明确保修和质量投诉受理部门、人员及联系方式，并建立相关工作记录文件。根据监理合同的要求，监理单位还应对投入使用的工程在保修期间的质量维修进行监督管理。

监理单位应协助建设单位编制工程使用说明书，工程使用说明书应包括以下内容。

① 工程概况。

② 合理使用年限、性能指标及保修期限。

③ 主体结构位置示意图、房屋上下水布置示意图、房屋电气线路布置示意图及复杂设备的使用说明。

④ 使用维护注意事项。

建设单位应建立质量回访和质量投诉处理机制。施工单位应履行保修义务，并应与建设单位签署工程保修书，工程保修书中应明确保修范围、保修期限和保修责任。保修期内出现工程质量缺陷时，应按以下程序处理。

① 当工程在保修期内出现一般质量缺陷时，建设单位应向施工单位发出保修通知，施工单位应进行现场勘察，制订保修方案，并及时进行修复。

② 当工程在保修期内出现涉及结构安全或影响使用功能的严重质量缺陷时，应由原设计单位或具有相应资质的设计单位提出保修设计方案，报监理工程师审核后由施工单位实施保修。保修完成后进行验收时，工程质量应符合原设计要求。

③ 在合同约定的缺陷责任期满后，经过监理工程师审核，建设单位应按期返还剩余的工程质量保证金。施工单位应根据合同约定的保修期限，继续履行工程保修义务。

【任务安排】

某住宅小区因使用不合格混凝土导致出现质量问题的事件引发关注。经核实，同一时期使用问题混凝土的共有 59 个项目，有 3 个项目出现问题。

（1）××项目五期三标 C10 栋 12 层以上部分混凝土构件强度未达到设计要求。

（2）××项目 1 号地二期二标 13 栋 21～25 层部分混凝土构件强度未达到设计要求。

（3）××项目综合楼地下室 4 根顶板梁混凝土抗压强度低于设计要求一个等级，经原设计单位复核，构件满足承载力及正常使用要求。

请问，面对这些存在质量缺陷的项目，应如何处理？

项目小结

本项目详细介绍了建筑工程各个阶段质量验收的基本要求、内容、程序。监理工程师应严格把握验收的标准和要求，正确履行质量验收责任，规范施工单位的质量行为和检查控制流程，才能保证工程项目达到合格标准，顺利通过竣工验收，圆满地完成监理任务。

能力训练

一、选择题

1. （   ）可按主要工种、材料、施工工艺、设备类别划分，以便于专业施工班组的施工。
A. 单位工程　　　　　B. 分部工程　　　　　C. 分项工程　　　　　D. 检验批

2. 分部工程由（   ）组织验收。
A. 建设单位技术负责人　　　　　　　　B. 施工单位项目负责人
C. 专业监理工程师　　　　　　　　　　D. 总监理工程师

3. 建筑装饰装修工程检验批一般项目的合格率为（   ）。
A. 90%　　　　　　　B. 80%　　　　　　　C. 70%　　　　　　　D. 60%

4. 检验批不可以按（   ）进行划分。
A. 施工工艺　　　　　B. 工程量　　　　　C. 施工段　　　　　D. 楼层

5. （   ）需要参建主体项目负责人共同签字。
A. 单位工程质量验收记录
B. 单位工程质量控制资料核查记录
C. 单位（子单位）工程安全和功能检验资料核查及主要功能抽查记录
D. 单位工程观感质量检查记录

6. 在工程项目施工层次结构中，关于检验批、分项工程、分部工程的施工顺序的说法中不正确的是（   ）。
A. 检验批施工质量控制是最基本的质量控制
B. 检验批施工质量决定了有关分项工程的质量
C. 分项工程的质量决定了分部工程的质量
D. 分部工程的质量决定了分项工程的质量

7. 单位工程竣工验收由（   ）组织实施，并提交工程竣工验收报告。
A. 施工单位　　　　　　　　　　　　B. 建设单位
C. 建设行政主管部门　　　　　　　　D. 监理单位

8. 监理工程师对分包工程进行检验批质量验收的前提是（   ），并对施工单位的报验表及相关资料进行审查。
A. 施工单位已经自检
B. 施工分包单位已经自检并合格
C. 施工单位已经自检并合格
D. 施工单位与施工分包单位已经共同检验

9. 《中华人民共和国建筑法》规定，交付竣工验收的建筑工程，必须符合规定的建筑工程质量标准，有完整的（   ），并具备国家规定的其他竣工条件。
A. 工程设计文件、施工文件和监理文件
B. 工程建设文件、竣工图和竣工验收文件

C. 监理文件和经签署的工程质量保证书

D. 工程技术经济资料和经签署的工程保修书

10. 纵向受力钢筋的保护层厚度合格判定正确的是（　　　）。

A. 钢筋保护层厚度检验的合格率为 85%

B. 钢筋保护层厚度检验的合格率为 76%，第二次抽检后两次抽样总和的合格率为 93%

C. 钢筋保护层厚度检验的合格率为 85%，第二次抽检后两次抽样总和的合格率为 90%

D. 钢筋保护层厚度检验的合格率为 92%，个别样本厚度超过规定允许偏差的 1.5 倍

二、多选题

1. 工程竣工验收时，应由建设单位组织（　　　）参加，在监督部门的监督下完成。

A. 设计单位 　　　　　　　　　　　　B. 勘察单位

C. 施工单位 　　　　　　　　　　　　D. 监理单位

E. 质量监督机构

2. 工程的观感质量验收结论有（　　　）。

A. 好 　　　　　　　　　　　　　　　B. 一般

C. 差 　　　　　　　　　　　　　　　D. 合格

E. 不合格

3. 哪些人需要在检验批验收记录上签字？（　　　）

A. 项目经理 　　　　　　　　　　　　B. 项目技术负责人

C. 专业工长 　　　　　　　　　　　　D. 项目专业质量检查员

E. 专业监理工程师

4. 在工程竣工验收阶段，监理工作的主要内容包括（　　　）。

A. 提交工程竣工验收报告

B. 根据预验收结果，提交工程质量评估报告

C. 组织工程预验收

D. 组织竣工验收

E. 核查竣工验收资料，并在工程验收记录上签署验收意见

5. 关于工程质量验收的说法中有误的是（　　　）。

A. 合格的单位工程所含分部工程的质量均为优良

B. 合格的单位工程质量控制资料必须完整

C. 经返修的分项、分部工程，虽然改变了外形尺寸，但仍能满足安全和使用功能要求，可予验收

D. 经返工重做或更换器具、设备的检验批，应重新进行验收

E. 工程竣工验收记录上可以盖项目监理机构章

三、思考题

1. 工程质量验收合格应符合哪些规定？

2. 对于已经隐蔽的工程，监理单位可否要求重新检验？如何处理？

3. 哪些人员应当参加分部工程质量验收？

4. 单位工程质量验收合格应符合什么规定？

5. 工程竣工验收条件是什么？

四、案例分析题

在某单位工程竣工验收中，出现了以下问题。

① 总监理工程师由于有事未参加竣工验收，由总监理工程师代表在单位工程质量验收记录上签字。

② 在单位工程质量验收记录上，施工单位和监理单位项目负责人签名后加盖项目部印章。

③ 在单位（子单位）工程安全和功能检验资料核查及主要功能抽查记录中，发现混凝土强度试验报告是由施工单位试验室出具的加盖公章的检验报告。

④ 在单位工程观感质量检查记录中，发现只有一处为"差"，综合评价为"一般"，该工程观感质量检查结论为"一般"。

⑤ 在竣工验收后，监理单位出具质量评估报告。

以上做法是否正确？请说明理由。

五、综合实训

1. 利用 CAD、思维导图软件等，画出检验批、分项工程、分部工程质量验收流程图。

2. 利用筑业云等专业软件，根据现场记录，填写屋面分部工程质量验收记录等表格，并签署验收结论，如表 7-11～表 7-14 所示。

表 7-11　屋面分部工程质量验收记录

编号：

单位（子单位）工程名称	×××建筑工程	子分部工程数量		分项工程数量	
施工单位	×××建设工程有限公司	项目负责人		项目专业技术负责人	
分包单位		分包单位负责人		分包内容	

序号	子分部工程名称	分项工程名称	检验批数量	施工单位检查结果	监理单位验收结论
1	基层与保护	找坡层和找平层	2		
2	基层与保护	保护层	1		
3	保温与隔热	板状材料保温层	1		
4	保温与隔热	种植隔热层	1		
5	防水与密封	卷材防水层	1		
6	细部构造	水落口	1		
7	细部构造	变形缝	1		
8	细部构造	伸出屋面管道	1		
质量控制资料					
安全和功能检验结果					
观感质量检查结果					
综合验收结论					
施工单位项目负责人：年　月　日		勘察单位项目负责人：年　月　日	设计单位项目负责人：年　月　日	监理单位总监理工程师：年　月　日	

表 7-12　屋面分部工程质量控制资料核查记录

编号：

单位（子单位）工程名称		×××建筑工程				
子分部工程名称						
施工单位		×××建设工程有限公司				
序号	资料名称	份数	施工单位		监理单位	
			核查意见	核查人	核查意见	核查人
1	图纸会审记录、设计变更通知单、工程洽商记录	4				
2	施工组织设计（施工方案）及技术交底记录	3				
3	原材料出厂合格证及进场检验、试验报告	4				
4	混凝土强度试验报告	1				
5	砂浆强度试验报告	2				
6	隐蔽工程验收记录	6				
7	施工原始记录	9				
8	检验批、分项、分部（子分部）工程质量验收记录	17				
9	新技术论证、备案及施工记录	/				
10	工程质量事故及事故调查处理资料	/				
11	其他必要的文件和记录	/				
12	以下空白					
13						
14						
施工单位项目负责人：　　　　　　　　　　总监理工程师：						
年　月　日　　　　　　　　　　　年　月　日						

表 7-13　屋面分部工程安全和功能检验资料核查及主要功能抽查记录

编号：

单位（子单位）工程名称		×××建筑工程		
子分部工程名称		基层与保护、保温与隔热、防水与密封、细部构造		
施工单位		×××建设工程有限公司		
序号	安全和功能检验项目	份数	核（抽）查意见	核（抽）查人
1	屋面蓄水试验记录	/		
2	屋面淋水试验记录	2		
3	屋面雨后观察记录	1		
4	有特殊要求时进行专项验收	/		
5	以下空白			
6				
施工单位核查意见	项目负责人： 　　　　　　　　　　　　年　月　日			
监理（建设）单位核查意见	总监理工程师： （建设单位项目负责人） 　　　　　　　　　　　　年　月　日			

表 7-14 屋面分部工程观感质量检查记录

编号：

序号	项目		质量要求	抽查质量状况（好、一般、差）										质量评价
				1	2	3	4	5	6	7	8	9	10	
1	平面屋	步级高、宽	平整、无空鼓、无裂缝											
		栏杆高度	平整、无空鼓、无裂缝											
		坡向	符合设计要求											
		排气孔	位置正确、数量满足要求											
2	瓦面屋	安装	均匀、一致	/	/	/	/	/	/	/	/	/	/	
		排水	搭接正确、泛水顺直	/	/	/	/	/	/	/	/	/	/	
3	屋面板	安装	平整顺直、压条牢固	/	/	/	/	/	/	/	/	/	/	
		排水	直线段顺直、曲线段流畅	/	/	/	/	/	/	/	/	/	/	
4	细部	水沟	坡向正确、无积水											
		女儿墙	无裂缝、无空鼓											
		水落口	排水顺畅											
		变形缝、管道、基座	防水做法正确、横平竖直											
观感质量综合评价														

施工单位项目负责人：　　　　　　　　　　　总监理工程师：

　　　年　　月　　日　　　　　　　　　　　　　年　　月　　日

项目八　建设工程监理文件与信息管理

 知识目标

1. 了解建设项目管理的信息化。
2. 掌握建设工程监理文件资料管理的主要内容。
3. 掌握建设工程归档、立卷的要求，以及工程档案验收与移交的要求。
4. 熟悉《建设工程监理规范》（GB/T 50319—2013）中监理表格的形式和填写要求。
5. 熟悉主要监理文件的填写要求及内容。

 拓展知识点

1. BIM 技术、物联网技术、云技术等现代化管理技术。
2. 装配式工程技术资料。
3. 建设工程档案验收告知承诺制度。
4. 资料保密级别。

任务一　了解建设工程信息管理

智慧云工地平台

【教学导入】

2015 年国务院印发《促进大数据发展行动纲要》，明确提出，信息技术与经济社会的交汇融合引发了数据迅猛增长，数据已成为国家基础性战略资源。

在中国，大数据如今遍地开花，大数据相关企业迅猛发展，在线交易、即时通信、线上办公、就诊预约等已经融入百姓的日常生活中。在金融、电信、公安、工业等领域，大数据也在发挥价值。

请问，在大数据时代，个人信息安全愈发重要，如何防止个人信息被盗用？

8.1.1 信息管理的概念

1. 信息

信息是用口头方式、书面方式或电子方式传输（传达、传递）的知识、新闻，以及可靠的或不可靠的情报。声音、文字、图像等都是信息表达的形式。建设工程项目的实施需要人力资源和物质资源，所以信息也是项目实施的重要资源之一。

2. 信息管理

信息管理指的是信息传输的合理组织和控制。

3. 项目的信息管理

项目的信息管理是通过对各个系统、各项工作和各种数据的管理，使项目的信息能方便和有效地被获取、存储、处理、交流。

4. 建设项目的信息

建设项目的信息包括决策过程、实施过程、运行过程中产生的信息，以及其他与项目建设有关的信息，包括项目的组织类信息、管理类信息、经济类信息、技术类信息等。

5. 建设项目的信息管理

建设项目的信息管理包括以下内容。

① 信息管理程序的制订和修订。

② 收集信息、录入信息、审核信息、加工信息、信息传输和发布，形成各类报表和报告。

③ 工程档案收集、整理和移交。

8.1.2 建设项目管理信息化

1. 信息化管理的作用

① 信息存储数字化，存储相对集中，便于信息的检索、查询和使用。

② 信息处理和变换程序化，保证了信息处理的高效性和准确性。

③ 传输数字化和电子化，提高了数据的保真度和保密性。

④ 信息获取便捷，体现为项目信息处理的及时性。

⑤ 信息透明度提高，能防止信息被随意篡改。

⑥ 信息流扁平化，有利于参建各方沟通和协同工作。

2. 信息管理规划

信息管理规划是整个建设项目系统管理信息化得以正常实施与运行的基础，其内容包括信息分类、编码设计、信息分析、信息流程、信息制度等。信息管理规划和项目管理规划是相互联系的，在内容上也是相互支持的，因此在实践中往往把信息管理规划纳入项目管理规划中。

信息管理规划主要包括以下内容。

① 建立统一的信息编码体系，包括建设项目编码、建设项目各参与单位组织编码、投资

控制编码、进度控制编码、质量控制编码、合同管理编码等。

②　对信息系统的输入输出报表进行规范和统一，并以信息目录表的形式固定下来。

③　建立完善的建设项目信息流程，使各参与单位之间的信息关系得以明确，同时结合项目的实施情况，对信息流程进行优化和调整，剔除一些不合理或冗余的流程，以适应信息系统运行的需要。

④　注重基础数据的收集和传递，建立基础数据管理制度，保证基础数据全面、及时和准确地按统一格式被录入信息系统中。

⑤　对信息系统中有关人员的任务、职能进行分工，明确有关人员在数据收集和处理过程中的任务分工。

⑥　建立数据保护制度，保证数据的安全性、完整性、一致性。

3. 建设项目信息的分类

信息分类就是把具有相同属性（特征）的信息归在一起，把不具有相同属性（特征）的信息加以区别的过程。信息分类的产物是各式各样的分类或者分类表，并建立起一定的分类系统和排列顺序，以便于管理和使用信息。信息分类的理论与方法广泛应用于信息管理的各个分支中，例如图书管理、情报档案管理等。这些理论与方法是进行信息分类体系研究的主要依据。

建设项目的业主方和项目参与各方可根据各自项目管理的需求，确定其信息管理的分类。但为了信息交流的方便和实现部分信息共享，应尽可能统一分类。在进行项目信息分类时，可从不同角度对建设项目信息进行分类，如图8-1所示。

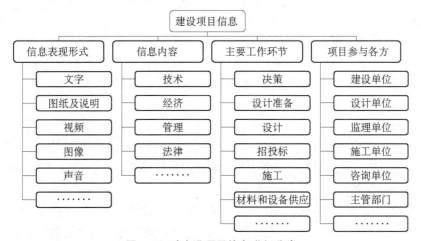

图 8-1　对建设项目信息进行分类

为满足项目管理工作的要求，往往需要对建设项目信息进行综合，即进行多维度分类，如图8-2所示。

4. 建设项目信息的编码

建设项目有不同类型和不同用途的信息，为了有组织地存储信息，方便信息的检索和信息的加工整理，必须对信息进行编码。编码由一系列符号（例如文字）和数字组成，编码是信息处理的一项重要基础工作。建设项目信息的分类（Classification）、编码（Coding）和控制术语（Controlled Terminology）是进行计算机辅助建设项目信息管理的基础和前提，也是不同项目参与方和不同组织之间消除界面障碍的保证。

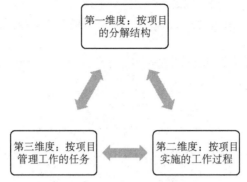

图 8-2　建设项目信息多维度分类

信息分类和编码体系的统一体现在两方面，一是不同项目参与方（业主、设计单位、施工单位、监理单位等）的信息分类和编码体系统一，即横向统一；二是项目在整个实施周期（包括设计、招投标、施工）等各个阶段的划分体系统一，即纵向统一。

8.1.3　信息管理中 BIM 技术的应用

建设项目的信息互用效率是行业难题之一，其原因是工程建设的信息数量庞大、类型复杂、来源广泛且存储分散。建设项目各参与方、与项目相关的各软件系统之间信息沟通和交流的有效性和效率对于建设项目的成功实施至关重要。

建设项目中的每个参与方都可能成为信息的提供者，大量项目信息存储在信息提供者自己的信息系统中。由于信息的形式和格式不同，无法与其他参与方共享，造成信息流失、信息孤岛等问题，这就是信息互用难题，该问题的解决对提高生产效率具有重大意义。

建筑信息模型（Building Information Modeling，BIM）技术是在计算机辅助设计等技术的基础上发展起来的多维建筑模型信息集成管理技术。BIM 技术具有提高建设工程质量水平和投资效益、节省投资、节约资源、缩短工期、加快信息化进程、产品质量可追溯等特点，可以促进我国建筑行业向信息化和工业化升级转型。

BIM 技术能够应用于建设项目规划、勘察、设计、施工、运营维护等阶段，实现各参与方在同一多维建筑信息模型基础上的数据共享，为产业链贯通、工业化建造、繁荣建筑创作提供技术保障；支持对工程环境、能耗、经济、质量、安全等方面的分析、检查和模拟，为项目全过程的方案优化和科学决策提供依据；支持各专业协同工作，以及项目的虚拟建造和精细化管理，为提质增效、节能环保创造条件。

【任务安排】

在房屋建筑工程中形成的监理资料有很多，这些监理资料有特定的作用。请学生根据前面学习的内容，分别列出准备阶段、施工阶段、验收阶段的监理资料清单。

任务二　整理和形成监理文件资料

【教学导入】

2023 年 9 月，某市住建局对全市在建工程进行"双随机"检查，抽查 20 个在建工程，涵盖政府投资、园区厂房、房地产开发等类别的工程。监理检查的主要内容为监理市场行为、主要管理人员到岗履职、危大工程管控等执行情况，共发现问题隐患 58 处，下发整改通知书 4 份、执法建议书 15 份。存在的主要问题如下。

1. 项目监理机构主要人员不到岗、不履职。一些工程存在不同程度的监理合同约定人员不在岗现象，有的监理单位成为"签字监理"；个别监理人员虽在岗，但对工程"一问三不知"，变成摆设；有的工程没有监理考勤记录；有的现场考勤由他人代替等。

2. 监理资料缺失、记录不真实、代写。检查过程中发现工程监理资料缺失严重，个别工程提供不了任何监理资料；监理资料后补、抄袭、代写现象较多，资料和现场的实际情况不符，危大工程相关资料和隐蔽工程相关记录缺失严重。

3. 监理单位对危大工程的施工管控不到位。监理单位对悬挑式卸料平台、起重机械、高支模、有限空间作业、移动操作平台等危大工程未编制监理实施细则；未按规定建立危大工程管理档案，无法提供危大工程巡视记录。

请问，案例中提到了哪些工程监理资料？

监理日志

8.2.1　监理文件资料概述

监理文件资料应真实、准确、完整、有效，具有可追溯性。对于多方共同形成的文件资料，各方应分别对各自的文件资料的真实性负责。

监理文件资料主要的表式、签名、盖章等应符合《建设工程监理规范》（GB/T 50319—2013）的规定，基本表式分为 A、B、C 三类。A 类表为工程监理单位用表，由工程监理单位或项目监理机构填写和签发，例如总监理工程师任命书、工程开工令、旁站记录、工程款支付证书等。B 类表为施工单位报审、报检用表，由施工单位或项目经理部填写后报工程建设相关方，例如工程开工报审表、分包单位资格报审表、施工进度计划报审表、监理通知回复单等。C 类表是通用表，例如工作联系单、索赔意向通知书、工程变更单等。

监理文件资料应反映工程实际情况和监理履职情况，并应与工程进度同步形成、收集和整理，应包括下列主要文件。

● 勘察设计文件、监理合同及其他合同文件。

● 监理规划、监理实施细则。

● 设计交底和图纸会审会议纪要。

● 施工组织设计、（专项）施工方案、施工进度计划报审文件资料。

● 分包单位资格报审文件资料。

● 施工控制测量成果报验文件资料。

● 总监理工程师任命书，工程开工令、暂停令、复工令、灌浆令，开工或复工报审文件资料。

● 工程材料、构配件、设备报验文件资料。

● 见证取样和平行检验文件资料。

● 工程质量检查报验资料及工程有关验收资料。

● 工程变更、费用索赔及工程延期文件资料。

● 工程计量、工程款支付文件资料。

● 监理通知单、工作联系单与监理报告。

● 第一次工地会议、监理例会、专题会议等会议纪要。

● 监理月报、监理日志、旁站记录。

● 工程质量或生产安全事故处理文件资料。

● 工程质量评估报告及竣工验收监理文件资料。

● 监理工作总结。

监理月报

8.2.2 项目前期编制的主要文件

1. 监理大纲

某工程监理招标项
目评标办法

监理大纲又称为监理方案，它是监理单位在业主委托监理的过程中，特别是在业主进行监理招标的过程中，为承揽监理业务而编写的方案性文件。监理大纲的主要作用体现在以下两方面。

（1）承揽监理业务

监理大纲的作用是使业主认可监理单位所提供的监理服务。尤其在通过公开招标的方式获取监理业务时，监理大纲是监理单位能否中标、取信于业主的最主要的文件资料。

（2）为监理单位今后开展监理工作制订基本方案

监理大纲是为中标后监理单位开展监理工作制订的工作方案，是监理合同的重要组成部分，是监理工作的总要求，也是制订监理规划的基础。

2. 监理规划

监理规划是监理单位接受业主委托并签订监理合同之后，在总监理工程师的主持下，根据监理合同，在监理大纲的基础上，结合工程的具体情况，在广泛收集工程信息和资料的情况下制订，经监理单位技术负责人批准，用来指导项目监理机构全面开展监理工作的指导性文件。监理规划的作用如下。

监理规划

① 监理规划是指导项目监理机构全面开展监理工作的重要依据。

② 监理规划是建设行政主管部门对监理单位实施监督管理的重要依据。

③ 监理规划是业主确认监理单位是否履行合同的主要依据。

④ 监理规划是监理单位内部的考核依据和重要存档资料。

监理规划的内容包括工程概况、监理工作范围、监理工作内容、监理目标、监理工作依据、监理组织形式、监理人员配备、监理人员岗位职责、监理工作程序、监理工作方法及措施、监理工作制度、监理设施等。监理规划在一定程度上真实反映了建设工程监理工作的全貌，是最好的监理工作过程记录。

3. 监理实施细则

监理实施细则简称为监理细则，是在监理规划的基础上，由项目监理机构的专业监理工程师针对建设工程中某一专业或某一方面的监理工作编写，并经总监理工程师批准实施的操作性文件。监理实施细则的作用是指导本专业或本子项目具体监理业务的开展。监理实施细则对工程建设项目的监理工作具有以下作用。

① 是项目监理工作实施的技术依据。在项目监理工作的实施过程中，由于建设项目的单件性、一次性及周围环境条件的不断变化，同一施工工序在不同的项目中存在影响工程质量、投资、进度的各种因素。为了防患于未然，专业监理工程师必须依据相关的标准、规范、规程及施工检评标准，对可能出现偏差的工序编制监理实施细则，以便做到事前控制，避免可能出现的偏差。

② 落实项目的实施计划，规范项目施工行为。在施工过程中，不同专业有不同的施工方案。作为专业监理工程师，如果没有详细的实施方案，要想使各项施工工序做到规范化、标准化是很难的。因此，对于较复杂的大型工程，专业监理工程师必须编制各专业的监理实施细则，以规范施工过程。

③ 明确专业分工和职责，协调施工过程中的矛盾。对于专业工种较多的工程建设项目，各个专业相互影响的问题会在施工过程中逐渐出现，例如施工面相互交叉、施工顺序相互影响等。如果专业监理工程师在编制监理实施细则时就考虑到可能影响不同专业工种的各种问题，在施工中就会减少停工、窝工现象。

4. 文件资料之间的关联

监理大纲、监理规划、监理实施细则是相互关联的，都是建设工程监理工作文件的组成部分。监理大纲是纲领性文件，是编制监理规划的依据。监理规划是指导开展具体监理工作的指导性文件。监理实施细则是操作性文件，要依据监理规划来编制。

监理大纲、监理规划、监理实施细则的区别如表 8-1 所示。

表 8-1　监理大纲、监理规划、监理实施细则的区别

文件名称	编制对象	编制人员	编制依据	编制时间
监理大纲	项目整体	监理单位投标部门组织编制	法律、法规、批准的建设计划、勘察设计文件，工程建设的有关规程、规范、标准、项目招标文件等	业主招标阶段
监理规划	项目整体	总监理工程师组织编制	法律、法规、监理大纲、设计文件、监理合同及其他合同文件等	开工前
监理实施细则	某一专业（方面）的具体工作	专业监理工程师编制	监理规划、设计文件、技术资料、施工组织设计、施工方案等	具体工作开始前

一般来说，并不是所有建设工程都有监理大纲，但一定需要编制监理规划。根据建设工程项目的委托内容和范围，监理规划可以按设计、勘察、施工等阶段分开编制，总监理工程师应向专业监理工程师、监理员等进行监理规划交底，交底应形成书面交底记录，并作为监理规划的附件。一个建设工程项目应根据工程规模，编制多份监理实施细则。

8.2.3 监理过程中形成的主要文件

1. 监理日志

监理日志是项目监理机构每日对建设工程监理工作及施工进展情况所做的记录。监理日志应由总监理工程师指定专人负责逐日记录，内容应连续、完整，真实反映工程现状和监理工作情况，做到数据准确、及时、具有可追溯性。总监理工程师应定期对监理日志进行签阅。监理日志应包括下列主要内容。

① 天气和施工环境。

② 当日施工进展。

③ 当日监理工作情况，包括旁站、巡视、见证取样、平行检验等。

④ 当日存在的问题及协调解决情况。

⑤ 其他有关事项。

2. 监理月报

监理月报是项目监理机构每月向建设单位提交的建设工程监理工作及建设工程实施情况的分析总结报告。在监理合同履约期间，项目监理机构应每月编制监理月报。监理月报由总监理工程师组织编写，签字并加盖项目监理机构章，报建设单位审核。

监理月报包括下列主要内容。

① 本月工程实施情况。

② 本月监理工作情况。

③ 本月施工中存在的问题及处理情况。

④ 下月监理工作重点。

3. 会议记录

会议记录是各类会议的记录，包括第一次工地会议、监理例会、工地协调会、工地碰头会及其他非例行会议的记录。由项目监理机构整理的会议记录，应当经参会的各单位相关人员会签后归档。

4. 质量评估报告

单位工程、分部工程及某些分项工程完工后，在施工单位自检合格的基础上，监理工程师根据日常巡视、旁站掌握的情况，结合工程初步验收意见，对工程质量予以评定。工程竣工预验收合格后，项目监理机构应编写工程质量评估报告，并经总监理工程师和监理单位技术负责人审核签字后报建设单位。

质量评估报告应包括下列主要内容。

① 工程概况。

② 对施工现场质量管理体系、质量管理行为检查情况的评述。

③ 质量控制资料验收情况。

④ 检验批、分项工程、分部（子分部）工程、单位（子分部）工程质量验收情况。

⑤ 分部（子分部）工程、单位（子分部）工程安全和功能检验情况及资料核查情况。

⑥ 观感质量验收情况。

⑦ 施工过程中的质量问题（事故）及处理结果。

⑧ 工程质量验收意见。

5. 监理工作总结

监理工作总结是全面反映监理合同履行情况及监理工作成效，对监理工作遗留问题或后续工作做出说明并提出相关建议的总结报告。监理工作总结应在工程竣工验收合格、现场监理工作结束后，由总监理工程师组织编写，并报监理单位和建设单位。监理工作总结应包括下列主要内容。

① 工程概况。

② 委托监理合同履行情况。

③ 监理工作成效。

④ 监理工作中发现的问题及处理情况。

⑤ 说明和建议。

8.2.4 监理文件资料管理

1. 监理文件资料管理要求

① 项目监理机构宜建立监理信息化平台来进行文件资料管理，并应与工程建设相关方互联互通，实现信息共享。

② 监理文件资料应符合地方或行业关于工程资料的相关规定，并满足工程档案管理的相关要求。

③ 项目监理机构应设专职或兼职的监理文件资料管理人员，及时整理、分类、汇总监理文件资料，并应按规定形成监理档案。

④ 项目结束后，监理单位应向有关单位移交需要存档的监理文件资料。

2. 监理文件资料归档

监理文件资料归档要求是编目合理、归档有序、整理及时、存取方便、利于检索。归档的监理文件资料应为原件，若为复印件，应加盖报送单位印章，并由经手人签字，注明日期和原件存放处。监理文件资料应保存在固定地点，防止损坏和丢失。如果需要调整保存地点，总监理工程师应安排专人在文件转移前后分别对文件进行清点并保存记录。

3. 监理文件资料收发

监理文件资料的借阅和归还必须通过资料管理人员办理签字手续。对于涉密资料，应在规定的阅读范围内传递，还应做到不私自拍摄、不随意抽撤资料、不带到公共场所、不在保密室外过夜，并做到日清、月查、及时清退。

4. 监理文件资料验收

工程竣工验收前，项目监理机构应对监理文件资料进行整理，按相关规定进行组卷和成册，总监理工程师应对监理文件资料进行审核验收。属于城建档案管理机构接收范围内的监理文件资料，项目监理机构应参加由城建档案管理机构对监理文件资料进行的预验收。

5. 监理文件资料移交

项目监理机构应将移交建设单位的监理文件资料和城建档案管理机构接收范围内的监理文件资料，按合同约定的时间、套数移交给建设单位，办理移交手续。

项目监理机构结束现场工作后，总监理工程师应将监理档案送技术负责人审阅后移交监理单位保存，与监理单位档案管理人员办理移交手续。

【任务安排】

为了规范监理文件资料管理，发挥监理作用，2020 年 3 月中国建设监理协会颁布了《工程监理资料管理标准（试行）》。该标准将监理资料划分成编制类、签发类、审批类、验收类、记录类、台账类和其他资料，并明确监理资料应反映项目建设客观状况和监理履职情况，监理资料应与工程进度同步形成、收集和整理。

1. 请同学们根据该标准，列出几份监理文件资料的名称。

2. 《工程监理资料管理标准（试行）》和《建设工程监理规范》（GB/T 50319—2013）中的监理表式相比，增加了哪些表格？

任务三　项目监理机构对工程档案的管理

建设工程文件档案
管理

【教学导入】

根据《建设工程文件归档规范》（GB/T 50328—2019）规定，列入城建档案管理机构接收范围的工程，建设单位在工程竣工验收备案前，应向当地城建档案管理机构移交一套符合规定的工程档案。但是，不少建设工程验收时出现了技术资料不完整、资料编号混乱、原件和复印件混装、分类不清晰、组卷顺序混乱、缺少影像资料等情况，导致无法及时备案。

为深化建设工程档案领域"放管服"改革，优化营商环境，提升办事效率和服务质量，近年多省市开始实行建设工程档案验收告知承诺制度。建设工程档案验收告知承诺是指建设单位在申请办理工程档案验收事项时，因暂时无法符合档案验收条件，以书面形式向城建档案管理机构承诺限期完成档案移交，城建档案管理机构先行通过工程档案验收。

请问，建设工程档案验收和移交的程序是怎样的？

8.3.1　工程档案概述

1. 工程档案

工程档案是在工程建设活动中直接形成的具有保存价值的文字、图表、声音、电子文件等形式的历史记录。工程档案是建设工程的重要组成部分，其作用体现在以下几方面。

① 工程档案能反映建设工程是否符合国家法律、法规、技术规范标准。

② 工程档案能体现工程的质量、进度、安全等是否被全面控制。

③ 工程档案是追查工程责任的重要依据。

④ 工程档案能保证工程投入使用后的维护工作。

2. 工程档案保管期限

保管期限应根据卷内文件的保存价值在永久保管、长期保管、短期保管三种保管期限中选择。永久保管是工程档案保管期限的一种，是指工程档案被无限期、尽可能长远地保存下去。长期保管是工程档案保管期限的一种，是指工程档案被保存到该工程被彻底拆除。短期保管是工程档案保管期限的一种，是指工程档案被保存 10 年以下。

当同一案卷内有不同保管期限的文件时，该案卷保管期限应从长。

3. 工程档案密级

工程档案密级分为"绝密""机密""秘密"三级。"绝密"是最重要的秘密，如果泄露会使国家的安全和利益遭受特别严重的损害；"机密"是重要的秘密，如果泄露会使国家的安全和利益遭受严重的损害；"秘密"是一般的秘密，如果泄露会使国家或单位的安全和利益遭受损害。工程档案密级应根据工程保密要求，在"绝密""机密""秘密"三个级别中确定。

当同一案卷内有不同密级的文件时，应以高密级为本卷密级。

4. 建设工程文件归档

建设工程文件归档有两方面含义，一是建设单位、勘察单位、设计单位、施工单位、监理单位等将本单位在工程建设过程中形成的文件向本单位档案管理机构移交；二是勘察单位、设计单位在任务完成后，施工单位、监理单位在竣工验收前，将本单位在工程建设过程中形成的文件向建设单位档案管理机构移交。建设工程归档文件划分如表 8-2 所示。

表 8-2　建设工程归档文件划分

类别	归档文件
工程准备阶段文件（A 类）	（A1）立项文件；（A2）建设用地、拆迁文件；（A3）勘察、设计文件；（A4）招投标文件；（A5）开工审批文件；（A6）工程造价文件；（A7）工程建设基本信息
监理文件（B 类）	（B1）监理管理文件；（B2）进度控制文件；（B3）质量控制文件；（B4）造价控制文件；（B5）工期管理文件；（B6）监理验收文件
施工文件（C 类）	（C1）施工管理文件；（C2）施工技术文件；（C3）进度造价文件；（C4）施工物资出厂质量证明及进场检测文件：出厂质量证明文件及检测报告、进场检验通用表格、进场复试报告；（C5）施工记录文件；（C6）施工试验记录及检测文件、通用表格、建筑与结构工程、给水排水及供暖工程、建筑电气工程、智能建筑工程、通风与空调工程、电梯工程；（C7）施工质量验收文件；（C8）施工验收文件
竣工图（D 类）	
工程竣工验收文件（E 类）	（E1）竣工验收与备案文件；（E2）竣工决算文件；（E3）工程声像资料等

8.3.2　工程文件档案管理

1. 归档的要求

文件归档的质量要求如下。

① 归档的纸质文件应最少有一份原件。

② 工程文件的内容及其深度必须符合国家有关工程勘察、设计、施工、监理等方面的技术规范、标准和规程。

③ 工程文件的内容必须真实、准确，与工程实际情况相符。

④ 工程文件应采用耐久性强的书写材料，不得使用易褪色的书写材料。

⑤ 工程文件应字迹清楚、图样清晰、图表整洁、签字盖章手续完备。

⑥ 工程文件中的文字材料幅面尺寸规格宜为 A4 幅面（297mm×210mm），图纸宜采用国家标准图幅。

⑦ 工程文件的纸张应采用能够长期保存的、耐久性强的纸张。

⑧ 竣工图均应加盖竣工图章，如图 8-3 所示。竣工图章尺寸为 50mm×80mm，竣工图章应使用不易褪色的印泥，盖在图标栏上方空白处。

竣工图			
工程名称			
施工单位			
编制人		审核人	
技术负责人		编制日期	
监理单位			
总监理工程师		监理工程师	

图 8-3　竣工图章

⑨ 不同幅面的工程图纸应统一折叠成 A4 幅面（297mm×210mm）。应将图面朝内，首先沿标题栏的短边方向以"W"形折叠，然后再沿标题栏的长边方向以"W"形折叠，并使标题栏露在外面。

⑩ 利用施工图改绘竣工图时，必须标明变更修改依据，凡是施工图结构、工艺、平面布置等有重大改变或变更部分超过图面 1/3 的，应重新绘制竣工图。

⑪ 归档的建设工程电子文件的内容必须与纸质档案一致，工程电子文件归档格式如表 8-3 所示。

表 8-3　工程电子文件归档格式

文件类别	格式
文本（表格）文件	OFD、DOC、DOCX、XLS、XLSX、PDF/A、XML、TXT、RTF
图像文件	JPEG、TIFF
图形文件	DWG、PDF/A、SVG
视频文件	AVS、AVI、MPEG2、MPEG4
音频文件	AVS、WAV、AIF、MID、MP3
数据库文件	SQL、DDL、DBF、MDB、ORA
虚拟现实/3D 图像文件	WRL、3DS、VRML、X3D、IFC、RVT、DGN
地理信息数据文件	DXF、SHP、SDB

⑫ 归档的建设工程电子文件应采用电子签名等手段，所载内容应真实、可靠。

⑬ 建设工程电子文件离线归档的存储媒体，可采用移动硬盘、光盘、磁带等。存储移交电子档案的载体应经过检测，应无病毒、无数据读写故障，并应确保接收方能通过适当设备读出数据。

2. 立卷的要求

文件立卷是指按照一定的原则和方法，将有保存价值的文件分门别类整理成案卷，亦称组卷，如图 8-4 所示。印刷成册的工程文件宜保持原状，建设工程电子文件的组织和排序应与纸质文件一致。案卷内既有文字材料又有图纸时，文字材料应排在前面，图纸应排在后面。

图 8-4　立卷

（1）立卷流程

① 对属于归档范围的工程文件进行分类，确定归入案卷的文件材料。

② 对卷内的文件材料进行排列、编目、装订（或装盒）。

③ 排列所有案卷，形成案卷目录。

（2）立卷原则

① 立卷应遵循工程文件的自然形成规律和工程专业的特点，保持卷内文件的有机联系，便于档案的保管和利用。

② 工程文件应按不同的形成、整理单位及建设程序，按工程准备阶段文件、监理文件、施工文件、竣工图、竣工验收文件分别进行立卷，并可根据数量组成一卷或多卷。

③ 一项建设工程由多个单位工程组成时，工程文件应按单位工程立卷。

④ 不同载体的文件应分别立卷。

（3）立卷方法

① 工程准备阶段文件应按建设程序、形成单位等进行立卷。

② 监理文件应按单位工程、分部工程或专业、阶段等进行立卷。

③ 施工文件应按单位工程、分部（分项）工程进行立卷。

④ 竣工图应按单位工程分专业进行立卷。

⑤ 竣工验收文件应按单位工程分专业进行立卷。

⑥ 电子文件立卷时，每个工程（项目）应建立多级文件夹，应与纸质文件在案卷设置上一致，并应建立相应的标识关系。

⑦ 声像资料应按建设工程各阶段立卷，重大事件及重要活动的声像资料应按专题立卷，声像档案与纸质档案应建立相应的标识关系。

（4）施工文件的立卷要求

① 专业承（分）包施工的分部、子分部（分项）工程应分别单独立卷。

② 室外工程应按室外建筑环境和室外安装工程单独立卷。

③ 当施工文件中部分内容不能按一个单位工程分类立卷时，可按建设工程立卷。

8.3.3　工程档案验收与移交

1. 工程档案验收

建设工程档案验收时，应查验下列主要内容。

① 工程档案齐全、系统、完整，全面反映工程建设活动和工程实际状况。

② 工程档案已整理立卷，且立卷符合规定。

③ 竣工图的绘制方法、图式、规格等符合专业技术要求，图面整洁，盖有竣工图章。

④ 文件的形成、来源符合实际；要求单位或个人签章的文件，其签章手续完备。

⑤ 文件的材质、幅面、书写、绘图、用墨、托裱等符合要求。

⑥ 电子档案格式、载体等符合要求。

⑦ 声像档案内容、质量、格式符合要求。

2. 工程档案移交

勘察单位、设计单位、施工单位、监理单位等向建设单位移交档案时，应编制移交清单，双方签字、盖章后方可交接。建设工程项目实行总承包管理的，由总承包单位负责收集、汇总各分包单位形成的工程档案，并应及时向建设单位移交。建设工程项目有多个承包单位的，各承包单位应负责收集、整理立卷其承包项目的工程文件，并应及时向建设单位移交。

列入城建档案管理机构接收范围的工程，工程档案的编制不得少于两套，一套应由建设单位保管，另一套（原件）应在工程竣工验收合格后的规定时间内，由建设单位向城建档案管理机构移交。移交工程档案时，应提交移交案卷目录，办理移交手续。

【任务安排】

请学生自行下载《建设工程文件归档规范》（GB/T 50328—2019），分组讨论各参建单位与城建档案管理机构必须归档保存和选择性保存的工程文件名称。

项目小结

本项目主要介绍了建设工程信息管理、监理文件资料管理和建设工程档案管理。其中，任务一介绍了建设项目中的信息及特征、建设项目信息管理的工作内容、建设项目管理信息化与信息管理中 BIM 技术的应用；任务二介绍了监理文件资料的组成、监理工作的主要文件和管理要求；任务三介绍了建设工程档案的基本知识、工程文件档案管理、工程档案验收与移交。

能力训练

一、选择题

1. 提交工程开工报审表、工程复工报审表属于（　　　）。

A. 事前控制　　　　　B. 事中控制　　　　　C. 事后控制　　　　　D. 自检控制

2. 填写分项工程的工程验收结论的是（　　　）。

A. 施工员　　　　　　　　　　　　　B. 专业技术负责人

C. 质量员　　　　　　　　　　　　　D. 专业监理工程师

3. A 类表格是由（　　）填写的。

A. 施工单位　　　　　B. 监理单位　　　　　C. 建设单位　　　　　D. 设计单位

4. 工程档案资料应在竣工验收后，由建设单位向当地（　　）移交。

A. 质量监督部门　　　　　　　　　　　　B. 城市规划部门

C. 城建档案管理机构　　　　　　　　　　D. 施工许可部门

5. 施工单位在竣工后向（　　）移交档案资料

A. 监理单位　　　　　B. 建设单位　　　　　C. 城建档案管理机构　D. 质量监督部门

6. 房屋建筑工程档案资料保管期限为 10 年，属于（　　）。

A. 短期保管　　　　　B. 长期保管　　　　　C. 永久保管　　　　　D. 以上都不是

7. 工程图纸应统一折叠成（　　）幅面。

A. A1　　　　　　　　B. A2　　　　　　　　C. A3　　　　　　　　D. A4

8. 变更部分超过图面（　　）的，应重新绘制竣工图。

A. 1/5　　　　　　　　B. 1/4　　　　　　　　C. 1/3　　　　　　　　D. 1/2

9. 按投资控制、进度控制、质量控制等进行信息分类，属于（　　）分类。

A. 按项目管理工作的对象　　　　　　　　B. 按项目实施的工作过程

C. 按项目管理工作的任务　　　　　　　　D. 按信息的内容属性

10. 工程竣工验收文件不包括（　　）。

A. 竣工验收与备案文件　　　　　　　　　B. 竣工决算文件

C. 工程声像资料等　　　　　　　　　　　D. 监理验收文件

11. 监理实施细则是由（　　）编写的。

A. 总监理工程师　　　　　　　　　　　　B. 监理单位负责人

C. 专业监理工程师　　　　　　　　　　　D. 监理员

12. 监理规划由（　　）审核批准后提交建设单位。

A. 总监理工程师　　　　　　　　　　　　B. 监理单位技术负责人

C. 专业监理工程师　　　　　　　　　　　D. 监理单位法人代表

二、多选题

1. （　　）需要在竣工图上签名。

A. 项目经理　　　　　　　　　　　　　　B. 建设单位项目负责人

C. 现场监理　　　　　　　　　　　　　　D. 总监理工程师

E. 项目技术负责人

2. 监理工作用表中的 C 类表是由（　　）填写的。

A. 施工单位　　　　　　　　　　　　　　B. 设计单位

C. 监理单位　　　　　　　　　　　　　　D. 建设单位

E. 质量监督机构

3. 在监理工作用表的 A 类表中，（　　）需要总监理工程师签字和加盖执业印章。

A. 工程开工令　　　　　　　　　　　　　B. 监理报告

C. 工程复工令　　　　　　　　　　　　　D. 总监理工程师任命书

E. 工程款支付证书

4. 根据《建设工程文件归档规范》（GB/T 50328—2019）规定，工程开工表、工程复工报审表的保存单位有（   ）。

A. 施工单位 　　　　　　　　　　B. 设计单位

C. 监理单位 　　　　　　　　　　D. 建设单位

E. 城建档案管理机构

5. 工程文件应采用（   ）书写。

A. 碳素墨水钢笔 　　　　　　　　B. 纯蓝墨水钢笔

C. 蓝黑墨水钢笔 　　　　　　　　D. 铅笔

E. 圆珠笔

6. 监理规划的作用有（   ）。

A. 指导项目监理机构全面开展监理工作

B. 是监理单位内部的重要存档资料

C. 指导建设工程的设计、施工活动有序开展

D. 是业主确认监理单位是否履行监理合同的主要依据

E. 是建设行政主管部门对监理单位实施监督管理的依据

三、思考题

1. 信息化管理的作用有哪些？

2. 监理文件资料管理的要求是什么？

3. 质量评估报告包括哪些主要内容？

4. 建设工程文件归档有哪些方面的含义？

5. 建设工程项目实行总承包管理时，施工单位的工程档案移交程序是怎样的？

四、案例分析题

某项目由甲、乙施工单位承包。在工程竣工验收前，建设单位要求施工单位甲统一汇总两家施工单位的工程档案，汇总后提交项目监理机构审核，总监理工程师组织工程档案验收。工程竣工验收前，由监理单位向城建档案管理机构办理移交。

该项目监理机构的总监理工程师同时担任了其他项目的负责人，由于经常不在现场，监理单位安排了一名总监理工程师代表为行使总监理工程师权限。因此，本应由总监理工程师签字的表上签署了总监理工程师代表的姓名，并安排专人整理了一套项目的监理文件资料，归档后的监理文件资料直接被移交给城建档案管理机构保存。

1. 以上建设单位和项目监理机构人员的做法是否正确？请说明理由。

2. 哪些监理工作表需要总监理工程师签字、加盖执业印章？

五、综合实训

1. 利用筑业云等专业软件，模拟某项工程的实际进度，填写监理月报，完成监理月报封面等相关工程信息，最后输出 PDF 文档，提交教师批阅。

2. 请同学们在网络上搜索监理实施细则的相关资料，结合某项工程案例，编制监理实施细则。

项目九　建设工程合同管理

 ## 知识目标

1. 理解合同的基本知识，理解建设工程合同的基本概念。
2. 熟悉建设工程管理的内容和方法，熟悉建设工程施工合同、监理合同示范文本的内容，熟悉建设工程合同风险管理。
3. 掌握施工合同、监理合同中当事人的义务和责任，以及合同的履行、索赔、争议处理等。

 ## 拓展知识点

1. 《中华人民共和国民法典》《政府投资条例》的相关规定。
2. 有关合同中对保密、廉政等方面的要求
3. 工程分包与转包的区别。

任务一　了解建设工程合同

【教学导入】

2020 年 5 月 28 日，第十三届全国人民代表大会第三次会议通过《中华人民共和国民法典》（以下简称"民法典"），民法典自 2021 年 1 月 1 日起施行。民法典第三编为合同，共有二十九章。

民法典在中国特色社会主义法律体系中具有重要地位，是一部固根本、稳预期、利长远的基础性法律，对推进全面依法治国、加快建设社会主义法治国家，对发展社会主义市场经济、巩固社会主义基本经济制度，对坚持以人民为中心的发展思想、依法维护人民权益、推动我国人权事业发展，对推进国家治理体系和治理能力现代化，都具有重大意义。

请问，民法典中的典型合同有哪些？

9.1.1　合同的基本知识

合同的基本知识

1. 合同的定义

合同也称为契约，是当事人之间设立、变更、终止民事关系的协议。合同由三部分组成，即合同的主体、合同的客体、合同的内容。

合同的主体是参加合同法律关系，享有相关权利、承担相应义务的当事人，可以是自然人、法人或其他组织。合同的主体可以是双方，也可以是多方。例如，建设工程施工合同的主体是发包方和承包方。

合同的客体是参加合同法律关系的主体享有的权利和承担的义务共同指向的对象，主要包括物、行为和智力成果。例如，建设工程施工合同的客体是拟新（扩、改）建建筑物，建设工程监理合同的客体是监理单位为建设单位提供的技术咨询服务。

合同的内容是合同和法律规定的权利和义务，它是连接合同主体的纽带。权利是指合同主体在法定范围内，按照合同的约定有权按照自己的意志做出某种行为。权利主体可以要求义务主体做出一定的行为或不做出一定的行为，以维护自己的有关权利。当权利受到侵害时，有权得到法律保护。义务是指合同主体必须按法律规定或约定承担应负的责任，义务和权利是相互对应的。

2. 履行合同的基本原则

当事人订立合同是为了实现一定的目的，这个目的只能通过履行合同所确定的权利和义务来实现。因此对于经济活动，合同的订立是前提，合同的履行是关键。合同订立后能否被很好地履行，关系到能否实现合同目的。履行合同应当遵守以下原则。

① 全面履行原则。当事人应当按照合同全面履行自己的义务，包括按约定的主体、标的、数量、质量、价款或报酬、方式、地点、期限等全面履行义务。

② 诚实信用原则。合同当事人应当遵循诚实信用原则，根据合同的性质、目的和交易习惯履行通知、协助、保密等义务。

③ 公平合理，促使合同履行。为了合同能够很好地被履行，订立合同时要尽量想得周到、具体，如果订立合同时有些问题没有被约定，或约定得不太明确，应当加以补救，不要因此影响合同的履行。

④ 不得擅自变更。在履行过程中，为了保障合同的严肃性，一方当事人不得擅自变更或者擅自将权利和义务转让。如果发生需要变更或需要转让的情况，应根据双方协商一致的原则，取得对方当事人同意，并且不得违背法律、法规的强制性规定。

⑤ 合同生效后，当事人不得因姓名、名称的变更，或法定代表人、负责人、承办人的变动不承担合同义务。

3. 合同履行中的常见问题

① 在合同的履行过程中，如果当事人对合同条款的解释有争议，应当按照合同所使用的词句、合同的有关条款、合同目的、交易习惯以及诚实信用原则，确定该条款的真实意思。

② 如果合同文本采用两种以上的文字订立，并约定具有同等效力，当各文本使用的词句不一致时，应当根据合同目的予以解释。

③ 当合同对有些内容没有约定或约定不明时，双方可以订立补充协议。如果不能达成补充协议，根据公平合理的原则，按照以下规定执行。

● 若质量要求不明确，则按照国家标准、行业标准履行；若没有国家标准或行业标准，则按照通常标准或符合合同目的的特定标准履行。

● 若合同对价款或报酬规定不明，则应按照订立合同时履行地的市场价格履行；若依法应当执行政府定价或政府指导价，则应按照规定履行。

● 对于履行地点不明确的情况，若合同规定给付货币，则在接受货币一方所在地履行；若合同规定交付不动产，则在不动产所在地履行；对于其他标的情况，在履行义务一方所在地履行。

● 若履行期限不明确，则债务人可以随时履行，债权人也可以随时要求履行，但应当给对方必要的准备时间。

● 若履行方式不明确，则按照有利于实现合同目的的方式履行。

● 若履行费用的负担不明确，则由履行义务的一方负担。

④ 如果采用格式条款签订合同，格式条款存在两种以上的解释时，以对提供格式条款一方不利的解释为准。

4. 无效合同

无效合同是指合同虽然已经成立，但因其严重欠缺有效要件，在法律上不按当事人之间的合意赋予其法律效力。无效合同分为全部无效合同和部分无效合同。

（1）全部无效合同

全部无效合同是指合同的全部内容不产生法律约束力。

① 订立合同主体不适格，表现为以下内容。

● 无民事行为能力人、限制民事行为能力人订立合同且法定代理人不予追认的，该合同无效。但也有例外，比如纯获利益的合同以及与其年龄、智力、精神健康状况相适应而订立的合同，不需追认，合同有效。

● 代理人不适格且相对人有过失的合同无效。

● 法人和其他组织的法定代表人、负责人超越权限订立的合同，且相对人知道或应当知道其超越权限的，合同无效。

② 订立合同内容不合法，表现为以下内容。

● 违反法律、法规的强制性规定。

● 违反社会公共利益。

● 恶意串通，损害国家、集体或第三人利益。

● 以合法形式掩盖非法目的。

③ 意思表示不真实的合同，即意思表示有瑕疵，例如一方以欺诈、胁迫的手段订立的合同无效，损害国家利益的合同无效。

（2）部分无效合同

部分无效合同是指合同的部分内容不具有法律约束力，合同的其余内容仍然具有法律效力。

9.1.2 与建设工程相关的合同

建设工程合同是承包人进行工程建设，发包人支付价款的合同。建设工程合同包括工程勘察、设计、施工合同。建设工程合同应采用书面形式，即采用要式合同。建设工程合同是诺成合同，签订合同后双方均应遵守执行。建设工程合同是有偿合同，双方在履行合同时，都享有自己的权利，同时应当履行合同约定的义务，并承担相应的责任。

1. 建设工程合同的类别

建设工程合同包括勘察合同、设计合同、施工合同，委托合同包括监理合同、咨询服务合同等，还涉及买卖合同和租赁合同等形式。

① 勘察合同是指根据建设工程的要求，查明、分析、评价建设场地的地质、地理环境特征和岩土工程条件，编制建设工程勘察文件的活动。建设工程勘察合同即发包人与勘察人就完成商定的勘察任务明确双方权利、义务关系的协议。

② 设计合同是指根据建设工程的要求，对建设工程所需的技术、经济、资源、环境等条件进行综合分析、论证，编制建设工程设计文件的活动。建设工程设计合同即发包人与设计人就完成商定的工程设计任务明确双方权利、义务关系的协议。

③ 施工合同是指根据建设工程设计文件的要求，对建设工程进行新建、扩建、改建的施工活动。建设工程施工合同即发包人与承包人为完成商定的建设工程项目的施工任务明确双方权利、义务关系的协议。

④ 采购合同。建筑材料和设备供应一般需要经过订货、生产（加工）、运输、储存、使用（安装）等环节。采购合同分为建筑材料采购合同和设备采购合同，是指采购方（发包人或者承包人）与供货方（物资供应公司或者生产单位）就建设物资的供应明确双方权利、义务关系的协议。

⑤ 监理合同是建设单位（委托人）与监理人签订，委托监理人承担工程监理任务，明确双方权利、义务关系的协议。

⑥ 咨询服务合同根据咨询服务内容和服务对象可以分为多种形式。咨询服务合同是由委托人与咨询服务的提供者之间就咨询服务内容、咨询服务方式等签订的明确双方权利、义务关系的协议。

⑦ 工程建设过程中的代理活动有代建、招标投标代理等，委托人应该就代理的内容，以及代理人的权限、责任、义务、权利等与代理人签订协议。

2. 建设工程合同的作用

① 确定工程建设的各项目标。
② 是工程建设过程中解决双方纠纷的依据。
③ 是工程建设过程中双方活动的准则。
④ 是协调并统一参加工程建设各方行动的重要手段。

3. 建设工程合同的特点

① 签订的合同内容容易存在歧义。建设工程的合同必须保持一定的严谨性，因为涉及法律效力，必须用严肃的态度看待建设工程合同。建设工程合同对各方的责任进行了明确的划分，并对违约赔偿问题进行了明文标示。但建设工程是一个动态的实行过程，涉及很多变量，建设合同是在工程建设前签订的，所以在遇到突发情况时，在责任归属问题上容易出现歧义。

② 合同涉及面广。建设工程合同涉及单位较多，包含业主、施工单位、监管单位、材料和设备供应单位、运输单位等，关系较复杂，只有在确保各单位认真履行职责并相互协调配

合的情况下，才能保证工程建设的顺利开展。

③ 合同履行的有效期长。建设过程比较烦琐、复杂，其内容包含勘察、设计、招标、签订合同、工程施工、竣工验收、工程保修等，通常需要两年以上的时间才能全部完工。

④ 建设工程合同容易变更。由于施工周期长、施工环境复杂等因素的影响，建设工程容易发生突发情况，因此合同的内容不是一成不变的，对建设工程合同的管理必须采取动态的管理理念，依据实际情况对合同内容进行协商。

9.1.3　合同管理的内容与方法

1. 合同管理的内容

① 建立健全规章制度。要使合同管理规范化、科学化，首先要从完善制度入手，制订切实可行的合同管理制度，使管理工作有章可循。合同管理制度的主要内容应包括合同的归口管理，合同资信调查、签订、审批、会签、审查、登记、备案，法人授权委托办法，合同示范文本管理，合同专用章管理，合同履行与纠纷处理，合同定期统计与检查，合同管理人员培训等。

② 加强合同管理人员的培训教育。合同管理人员的业务素质高低直接影响着合同管理的质量。通过培训，可以使合同管理人员掌握相关法律知识和签约技巧，不但增强了合同管理人员的责任感，也提高了合同管理人员解决争议的能力。

③ 重大合同审查管理。把对生产经营活动和经济效益影响较大的合同作为重点管理对象，对合同的项目论证、当事人资信调查、合同谈判、文本起草、修改、签约、履行或变更解除、纠纷处理进行严格管理和控制，可以预防合同纠纷的发生。

④ 追踪管理。通过追踪管理可以知道各类合同的履行情况，及时发现影响合同履行的原因，以便排除阻碍，防止违约行为出现。

⑤ 违约纠纷的及时处理。合同关系是一种法律关系，违约行为是一种违法行为，要承担支付违约金、赔偿损失或强制履行等法律后果。审查合同时选择合适的违约条款和纠纷处理条款很重要，一旦发生违约情形，要及时采取协商、仲裁或诉讼等方式，积极维护当事人的合法权益，减少经济损失。

2. 合同管理的方法

① 严格执行建设工程合同管理法律、法规。

② 普及相关法律知识，培训合同管理人才。

③ 建立合同管理机构，配备合同管理人员。

④ 建立合同管理目标制度。

⑤ 执行标准化格式合同制度。

【任务安排】

合同与我们的日常生活密切相关，只有正确理解合同才能充分保障自己的权利。例如，我们去商店购买钢笔其实就是在建立一种买卖合同。

请问，在购买钢笔的活动中，合同的主体、客体和内容是什么？

任务二　熟悉建设工程施工合同关键性条款

【教学导入】

某施工单位超越资质等级与建设单位签订某工程项目的建设工程施工合同，随后在建设工程竣工前取得了相应资质等级。工程竣工验收合格后，建设单位以施工单位超越资质等级、以非法手段签订施工合同为由，认定该施工合同为无效合同，拒绝支付工程款。

请问，建设单位的做法是否正确？如何正确地处理该施工合同？

9.2.1　建设工程施工合同的相关知识

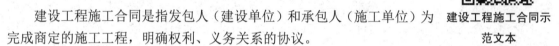

建设工程施工合同示范文本

建设工程施工合同是指发包人（建设单位）和承包人（施工单位）为完成商定的施工工程，明确权利、义务关系的协议。

《建设工程施工合同（示范文本）》（GF-2017-0201）充分考虑了现行法律、法规对工程建设的有关要求，也充分考虑了建设工程施工管理的特殊需要，属于格式合同，合同中的格式条款是一方当事人或政府部门、社会团体预先拟订或印制成固定格式以供使用的条款。建设工程施工合同也可采用非格式合同的形式。

1. 建设工程施工合同示范文本的组成

建设工程施工合同示范文本的组成如表 9-1 所示。

表 9-1　建设施工合同示范文本的组成

合同名称	主要组成文件名称	条款（附件）数量	内容
建设工程施工合同	合同协议书	13	工程概况；合同工期；质量标准；签约合同价与合同价格形式；项目经理；合同文件构成；承诺；词语含义；签订时间；签订地点；补充协议；合同生效；合同份数
	通用合同条款	20	一般约定；发包人；承包人；监理人；工程质量；安全文明施工与环境保护；工期和进度；材料与设备；试验与检验；变更；价格调整；合同价格、计量与支付；验收和工程试车；竣工结算；缺陷责任与保修；违约；不可抗力；保险；索赔；争议解决
	专用合同条款	基本与通用合同条款相同	在通用合同条款的基础上进行补充、修订
	附件	11	承包人承揽工程项目一览表；发包人供应材料设备一览表；工程质量保修书；主要建设工程文件目录；承包人用于本工程施工的机械设备表；承包人主要施工管理人员表；分包人主要施工管理人员表；履约担保格式；预付款担保格式；支付担保格式；暂估价一览表

① 协议书是施工合同总纲性文件，集中约定了合同当事人的基本权利、义务。

② 通用合同条款是合同当事人根据《中华人民共和国建筑法》《中华人民共和国民法典》等的规定，就工程建设的实施及相关事项，对合同当事人的权利、义务做出的原则性约定。

③ 专用合同条款是对通用合同条款原则性约定的细化、完善、补充、修改或另行约定的条款。合同当事人可以根据不同建设工程的特点及具体情况，通过双方的谈判、协商对相应的专用合同条款进行修改、补充。

④ 合同当事人可以就合同的效力约定附件，附件是合同的一部分，具有法律效力。

2. 适用范围

建设工程施工合同示范文本适用于房屋建筑工程、土木工程、线路管道和设备安装工程、装修工程等建设工程的承发包活动，合同当事人可结合建设工程的具体情况，根据建设工程施工合同示范文本订立合同。

3. 合同文件及解释顺序

在合同订立及履行过程中形成的与合同有关的文件均构成合同文件的组成部分。组成合同的各项文件应互相解释、互为说明，并根据其性质确定优先解释顺序。除专用合同条款另有约定外，解释合同文件的优先顺序如下。

① 合同协议书。

② 中标通知书（如果有）。

③ 投标函及其附录（如果有）。

④ 专用合同条款及其附件。

⑤ 通用合同条款。

⑥ 技术标准和要求。

⑦ 图纸。

⑧ 已标价工程量清单或预算书。

⑨ 其他合同文件。

最高人民法院关于审理建设工程施工合同纠纷案件适用法律问题的解释（一）

9.2.2　合同当事人及项目负责人

1. 合同当事人

合同当事人指的是合同履行过程中的发包人和承包人等合同主体。

发包人是指与承包人签订合同的当事人及取得该当事人资格的合法继承人。

承包人是指与发包人签订合同的具有相应工程承包资质的当事人及取得该当事人资格的合法继承人。

监理人是指在专用合同条款中指明的，受发包人委托，按照法律规定进行工程监督管理的法人或其他组织。

设计人是指在专用合同条款中指明的，受发包人委托，负责工程设计并具备相应工程设计资质的法人或其他组织。

分包人是指按照法律规定和合同约定，分包部分工程或工作，并与承包人签订分包合同的具有相应资质的法人。

2. 项目负责人

发包人代表是指由发包人任命并派驻施工现场，在发包人授权范围内行使发包人权利的人。

项目经理是指由承包人任命并派驻施工现场，在承包人授权范围内负责合同履行，且按照法律规定具有相应资格的项目负责人。

总监理工程师是指由监理人任命并派驻施工现场进行工程监理的总负责人，总监理工程师应当得到监理单位法人代表的书面授权。

设计项目负责人是指由设计人任命负责工程设计，在设计人授权范围内负责合同履行，且按照法律规定具有相应资格的项目主持人。

9.2.3 合同主体的义务

1. 发包人的义务

① 发包人应遵守法律，并办理法律规定由其办理的许可、批准或备案，包括但不限于建设用地规划许可证、建设工程规划许可证、建设工程施工许可证，以及施工所需临时用水、临时用电、中断道路交通、临时占用土地等许可和批准。

② 发包人应在专用合同条款中明确其派驻施工现场的发包人代表的姓名、职务、联系方式及授权范围等。发包人代表在发包人的授权范围内，负责处理合同履行过程中与发包人有关的具体事宜。

③ 发包人应提供施工现场、施工条件和基础资料。发包人应按照约定的期限、数量和内容向承包人免费提供图纸，并组织承包人、监理人和设计人进行图纸会审和设计交底。

④ 除专用合同条款另有约定外，发包人应在收到承包人要求提供资金来源证明的书面通知后 28 天内，向承包人提供能够按照合同约定支付合同价款的相应资金来源证明。

⑤ 发包人应按合同约定向承包人及时支付合同价款。

⑥ 发包人应按合同约定及时组织竣工验收。

⑦ 发包人应与承包人、由发包人直接发包的专业工程的承包人签订施工现场统一管理协议，明确各方的权利、义务。

⑧ 在履行合同过程中不侵犯对方及第三方的知识产权。

⑨ 未经承包人同意，发包人不得将承包人提供的技术秘密及声明需要保密的资料信息等商业秘密泄露给第三方。

2. 承包人的义务

① 办理法律规定应由承包人办理的许可和批准，并将办理结果书面报送发包人留存。

② 按法律规定和合同约定完成工程，并在保修期内承担保修义务。

③ 按法律规定和合同约定采取施工安全和环境保护措施，办理工伤保险，确保工程及人员、材料、设备和设施的安全。

④ 按合同约定的工作内容和施工进度要求，编制施工组织设计和施工措施计划，并对所有施工作业和施工方法的完备性、安全可靠性负责。

⑤ 在进行合同约定的各项工作时，不得侵害发包人与他人使用公用道路、水源、市政管网等公共设施的权利，避免对邻近的公共设施产生干扰。承包人占用或使用他人的施工场地，影响他人作业或生活的，应承担相应责任。

⑥ 按照施工合同约定，负责施工场地及其周边环境与生态的保护工作。

⑦ 按施工合同约定，采取施工安全措施，确保工程及其人员、材料、设备和设施的安全，防止因工程施工造成人身伤害和财产损失。

⑧ 将发包人按合同约定支付的各项价款专用于合同工程，且应及时支付人员工资，并及时向分包人支付合同价款。

⑨ 按照法律规定和合同约定编制竣工资料，完成竣工资料立卷及归档，并按专用合同条款约定的竣工资料的套数、内容、时间等要求移交发包人。

⑩ 未经发包人书面同意，承包人不得为了合同以外的目的复制、使用上述文件或将之提供给任何第三方。

⑪ 承包人不得与监理人或发包人聘请的第三方串通，损害发包人利益。

⑫ 承包人应履行施工合同约定的其他义务。

9.2.4　对监理人的规定

1. 监理人的指示

监理人应按照发包人的授权发出监理指示。监理人的指示应采用书面形式，并经其授权的监理人员签字。在紧急情况下，为了保证施工人员的安全或避免工程受损，监理人员可以口头形式发出指示，该指示与书面形式的指示具有同等法律效力，但必须在发出口头指示后24小时内补发书面指示，补发的书面指示应与口头指示一致。

监理人发出的指示应送达承包人项目经理或经项目经理授权接收的人员。因监理人未能按合同约定发出指示、指示延误或发出了错误指示而导致承包人费用增加和（或）工期延误的，由发包人承担相应责任。监理人对承包人的任何工作、工程或其采用的材料和工程设备未在约定的或合理期限内提出意见的，视为批准，但不免除或减轻承包人对该工作、工程、材料、工程设备等应承担的责任和义务。

承包人对监理人发出的指示有疑问的，应向监理人提出书面异议，监理人应在48小时内对该指示予以确认、更改或撤销，监理人逾期未回复的，承包人有权拒绝执行上述指示。

2. 商定或确定

合同当事人进行商定或确定时，总监理工程师应当会同合同当事人尽量通过协商达成一致；不能达成一致的，由总监理工程师按照合同约定审慎做出公正的确定。总监理工程师应将确定以书面形式通知发包人和承包人，并附详细依据。

合同当事人对总监理工程师的确定没有异议的，按照总监理工程师的确定执行。如果任何一方合同当事人有异议，按照合同的相关约定处理。争议解决前，合同当事人暂按总监理工程师的确定执行；争议解决后，争议解决的结果与总监理工程师的确定不一致的，按照争议解决的结果执行，由此造成的损失由责任人承担。

9.2.5　违约责任

1. 发包人违约

（1）发包人违约的情形

① 因发包人原因未能在计划开工日期前7天内下达开工通知的。

② 因发包人原因未能按合同约定支付合同价款的。

③ 发包人违反合同约定，自行实施被取消的工作或转由他人实施的。

④ 发包人提供的材料或工程设备的规格、数量、质量不符合合同约定，或因发包人原因导致交货日期延误或交货地点变更等情况的。

⑤ 因发包人违反合同约定导致暂停施工的。

⑥ 发包人无正当理由没有在约定期限内发出复工指示，导致承包人无法复工的。

⑦ 发包人明确表示或以其行为表明不履行合同主要义务的。

⑧ 发包人未能按照合同约定履行其他义务的。

发包人发生除第⑦条以外的违约情况时，承包人可向发包人发出通知，要求发包人采取有效措施纠正违约行为。发包人收到承包人通知后 28 天内仍不纠正违约行为的，承包人有权暂停相应部位工程施工，并通知监理人。

（2）发包人违约的责任

发包人应承担因其违约给承包人增加的费用和（或）延误的工期，并支付承包人合理的费用。此外，合同当事人可在专用合同条款中另行约定发包人违约责任的承担方式和计算方法。

（3）因发包人违约解除合同

除专用合同条款另有约定外，承包人按合同约定暂停施工满 28 天后，发包人仍不纠正其违约行为并导致合同目的不能实现（或出现合同约定的违约情况）的，承包人有权解除合同，发包人应承担由此增加的费用，并支付承包人合理的利润。

2. 承包人违约

（1）承包人违约的情形

① 承包人违反合同约定进行转包或违法分包的。

② 承包人违反合同约定，采购和使用不合格的材料、工程设备的。

③ 因承包人原因导致工程质量不符合合同要求的。

④ 承包人违反合同相关条款，未经批准私自将已按照合同约定进入施工现场的材料或设备撤离施工现场的。

⑤ 承包人未能按施工进度计划及时完成合同约定的工作，造成工期延误的。

⑥ 承包人在缺陷责任期及保修期内，未能在合理期限内对工程缺陷进行修复，或拒绝按发包人要求进行修复的。

⑦ 承包人明确表示或者以其行为表明不履行合同主要义务的。

⑧ 承包人未能按照合同约定履行其他义务的。

（2）承包人违约的责任

承包人应承担因其违约行为而增加的费用和（或）延误的工期。此外，合同当事人可在专用合同条款中另行约定承包人违约责任的承担方式和计算方法。

（3）因承包人违约解除合同

除专用合同条款另有约定外，出现承包人违约的情形，或监理人发出整改通知后承包人在指定的合理期限内仍不纠正违约行为并导致合同目的不能实现的，发包人有权解除合同。

9.2.6　不可抗力

不可抗力是指合同当事人在签订合同时不可预见，在合同履行过程中不可避免且不能克服的自然灾害和社会性突发事件，如地震、海啸、瘟疫、骚乱、戒严、暴动、战争以及专用合同条款中约定的其他情形。

不可抗力发生后，发包人和承包人应收集证明不可抗力发生及不可抗力造成损失的证据，并及时认真统计所造成的损失。

不可抗力导致的人员伤亡、财产损失、费用增加和（或）工期延误等后果，由合同当事人按以下原则承担。

① 永久工程、已运至施工现场的材料和工程设备的损坏，以及因工程损坏造成的第三人人员伤亡和财产损失由发包人承担。

② 承包人施工设备的损坏由承包人承担。

③ 发包人和承包人承担各自人员伤亡和财产的损失。

④ 因不可抗力影响承包人履行合同约定的义务，已经引起或将引起工期延误的，应当顺延工期，由此导致承包人停工的费用损失由发包人和承包人合理分担，停工期间必须支付的工人工资由发包人承担。

⑤ 因不可抗力引起或将引起工期延误，发包人要求赶工的，由此增加的赶工费用由发包人承担。

⑥ 承包人在停工期间按照发包人要求照管、清理和修复工程的费用由发包人承担。

9.2.7　索赔

1. 承包人的索赔

根据合同约定，承包人认为有权得到追加付款和（或）延长工期的，应按以下程序向发包人提出索赔。

① 承包人应在知道或应当知道索赔事件发生后 28 天内，向监理人递交索赔意向通知书，并说明发生索赔事件的事由。承包人未在前述 28 天内发出索赔意向通知书的，丧失要求追加付款和（或）延长工期的权利。

② 承包人应在发出索赔意向通知书后 28 天内，向监理人正式递交索赔报告。索赔报告应详细说明索赔理由以及要求追加的付款金额和（或）延长的工期，并附必要的记录和证明材料。

③ 索赔事件具有持续影响的，承包人应按合理时间间隔继续递交延续索赔通知，说明持续影响的实际情况和记录，列出累计的追加付款金额和（或）工期延长天数。

④ 在索赔事件影响结束后 28 天内，承包人应向监理人递交最终索赔报告，说明最终要求索赔的追加付款金额和（或）延长的工期，并附必要的记录和证明材料。

对承包人索赔的处理如下。

① 监理人应在收到索赔报告后 14 天内完成审查并报送发包人。监理人对索赔报告存在异议的，有权要求承包人提交全部原始记录副本。

② 发包人应在监理人收到索赔报告或有关索赔的进一步证明材料后的 28 天内，由监理人向承包人出具经发包人签认的索赔处理结果。发包人逾期答复的，视为认可承包人的索

赔要求。

③ 承包人接受索赔处理结果的，索赔款项在当期进度款中进行支付。承包人不接受索赔处理结果的，按照合同约定条款进行处理。

2. 发包人的索赔

根据合同约定，发包人认为有权得到赔付金额和（或）延长缺陷责任期的，监理人应向承包人发出通知并附有详细的证明。

发包人应在知道或应当知道索赔事件发生后 28 天内通过监理人向承包人提出索赔意向通知书，发包人未在前述 28 天内发出索赔意向通知书的，丧失要求赔付金额和（或）延长缺陷责任期的权利。发包人应在发出索赔意向通知书后 28 天内，通过监理人向承包人正式递交索赔报告。

对发包人索赔的处理如下。

① 承包人收到发包人提交的索赔报告后，应及时审查索赔报告的内容、查验发包人证明材料。

② 承包人应在收到索赔报告或有关索赔的进一步证明材料后 28 天内，将索赔处理结果答复发包人。如果承包人未在上述期限内做出答复，视为认可发包人的索赔要求。

③ 承包人接受索赔处理结果的，发包人可从应支付给承包人的合同价款中扣除赔付的金额或延长缺陷责任期。发包人不接受索赔处理结果的，按合同约定条款进行处理。

3. 提出索赔的期限

① 承包人按合同约定接收竣工付款证书后，应被视为已无权再提出在工程接收证书颁发前所发生的任何索赔。

② 在承包人按合同提交的最终结清申请单中，只限于提出工程接收证书颁发后发生的索赔。提出索赔的期限自接受最终结清证书时终止。

9.2.8 争议解决

1. 和解

合同当事人可以就争议自行和解，自行和解达成协议的经双方签字并盖章后作为合同补充文件，双方均应遵照执行。

2. 调解

合同当事人可以就争议请求建设行政主管部门、行业协会或其他第三方进行调解，调解达成协议的，经双方签字并盖章后作为合同补充文件，双方均应遵照执行。

3. 争议评审

合同当事人在专用合同条款中约定采取争议评审方式解决争议以及评审规则，并按下列约定执行。

① 合同当事人可以共同选择一名或三名争议评审员，组成争议评审小组。

② 选择一名争议评审员的，由合同当事人共同确定；选择三名争议评审员的，各自选定一名，第三名成员为首席争议评审员，由合同当事人共同确定或由合同当事人委托已选定的

争议评审员共同确定，或由专用合同条款约定的评审机构指定第三名首席争议评审员。

③ 除专用合同条款另有约定外，评审员报酬由发包人和承包人各承担一半。

合同当事人可在任何时间将与合同有关的任何争议共同提请争议评审小组进行评审。争议评审小组应秉持客观、公正的原则，充分听取合同当事人的意见，依据相关法律、规范、标准、案例经验、商业惯例等，自收到争议评审申请报告后 14 天内做出书面决定，并说明理由。

争议评审小组做出的书面决定经合同当事人签字确认后，对双方具有约束力，双方应遵照执行。任何一方当事人不接受争议评审小组决定或不履行争议评审小组决定的，双方可选择采用其他争议解决方式。

4. 仲裁或诉讼

因合同及合同有关事项产生的争议，合同当事人可以在专用合同条款中约定通过以下一种方式解决争议。

① 向约定的仲裁委员会申请仲裁。

② 向有管辖权的人民法院起诉。

【任务安排】

某施工单位与建设单位签订了施工合同，合同约定的质量等级为"优良"。在项目实施过程中，又签订了补充协议，补充协议的部分内容如下。

1. 不允许乙方将工程分包，只可以转包。

2. 甲方不负责提供施工场地的工程地质和地下管线资料。

3. 乙方应按项目经理批准的施工组织设计组织施工。

4. 补充协议约定的质量等级为"合格"。

工程竣工验收后，工程质量等级评定为"合格"。甲方认为补充协议和原订立的施工合同有冲突，降低了质量标准，该条款无效。

请问，该补充协议是否有不妥之处？说明理由。

任务三　监理单位订立建设工程监理合同

【教学导入】

某开发商将某工程中的给水排水、供暖工程委托给某监理单位实行施工监理，监理期限为 6 个月，监理酬金为 9 万元。合同约定，若任一方未严重不履行责任和义务，则另一方应提前 28 天以书面形式明确通知对方合同终止日期；若合同终止不是因为监理单位，开发商应在工程停工后 1 个月内向监理单位支付监理酬金。后期该工程由于施工单位的原因停工，但开发商一直未支付监理酬金。

请问，开发商的做法是否正确？监理合同中委托人和监理人的义务有哪些？

9.3.1 监理合同的相关知识

1. 监理合同的特点

① 监理合同的当事人双方应当是具有民事权利能力和民事行为能力、取得法人资格的企事业单位、其他社会组织，个人在法律允许范围内也可以成为合同当事一方。委托人必须是有国家批准的建设项目，落实投资计划的企事业单位、其他社会组织及个人；监理人必须是依法成立，具有法人资格的监理单位，并且所承担的工程监理业务应与单位资质相符。

② 监理合同的订立必须符合建设程序。委托人可以将项目可行性研究、勘察、设计、施工、保修等阶段的服务活动委托给监理人。

③ 监理合同的标的是技术服务。监理合同主要约定监理单位凭据自己的知识、经验、技能接受建设单位委托，代表委托人为其签订的其他合同的履行实施监督和管理。因此《中华人民共和国民法典》将监理合同归入委托合同的范畴。

2. 监理合同示范文本的组成

《建设工程监理合同（示范文本）》（GF-2012-0202）由协议书、通用条件、专用条件和附录组成，如表 9-2 所示。

表 9-2　合同示范文本的组成

合同名称	主要组成文件名称	条款数量	内容
建设工程监理合同	协议书	8	工程概况；词语限定；组成本合同的文件；总监理工程师；签约酬金；期限；双方承诺；合同订立
	通用条件	8	定义与解释；监理人的义务；委托人的义务；违约责任；支付；合同生效、变更、暂停、解除与终止；争议解决；其他
	专用条件	基本与通用条件相同	在通用条件的基础上进行补充、修订
	附录	双方约定	相关服务的范围和内容；委托人派遣的人员和提供的房屋、资料、设备

3. 合同文件及解释顺序

组成合同的下列文件彼此应能相互解释、互为说明。除专用条件另有约定外，合同文件的解释顺序如下。

① 协议书。

② 中标通知书（适用于招标工程）或委托书（适用于非招标工程）。

③ 专用条件及附录。

④ 通用条件。

⑤ 投标文件（适用于招标工程）或监理与相关服务建议书（适用于非招标工程）。

9.3.2 当事人的义务

1. 委托人的义务

● 告知。委托人应在委托人与承包人签订的合同中明确监理人、总监理工程师和授予项目监理机构的权限。如有变更，应及时通知承包人。

● 提供资料。委托人应按照附录约定，无偿向监理人提供工程有关的资料。在合同履行过程中，委托人应及时向监理人提供最新的与工程有关的资料。

● 提供工作条件。委托人应为监理人完成监理与相关服务提供必要的条件。

● 在合同约定的监理与相关服务工作范围内，委托人对承包人的任何意见或要求应通知监理人，由监理人向承包人发出相应指令。

● 委托人应在专用条件约定的时间内，对监理人以书面形式提交并要求做出决定的事宜，给予书面答复。逾期未答复的，视为委托人认可。

● 委托人应按合同约定，向监理人支付酬金。

2. 监理人的义务

● 收到工程设计文件后编制监理规划，并在第一次工地会议 7 天前报委托人。根据有关规定和监理工作需要，编制监理实施细则。

● 熟悉工程设计文件，并参加由委托人主持的图纸会审和设计交底会议。

● 参加由委托人主持的第一次工地会议；主持监理例会并根据工程需要主持或参加专题会议。

● 审查施工承包人提交的施工组织设计，重点审查其中的质量安全技术措施、专项施工方案与工程建设强制性标准的符合性。

● 检查施工承包人工程质量、安全生产管理制度及组织机构和人员资格。

● 检查施工承包人专职安全生产管理人员的配备情况。

● 审查施工承包人提交的施工进度计划，核查施工承包人对施工进度计划的调整。

● 检查施工承包人的试验室。

● 审核施工分包人资质条件。

● 查验施工承包人的施工测量放线成果。

● 审查工程开工条件，对条件具备的签发工程开工令。

● 审查施工承包人报送的工程材料、构配件、设备质量证明文件的有效性和符合性，并按规定对用于工程的材料采取平行检验或见证取样方式进行抽检。

● 审核施工承包人提交的工程款支付申请，签发或出具工程款支付证书，并报委托人审核、批准。

● 在巡视、旁站和检验过程中，发现工程质量、施工安全存在事故隐患的，要求施工承包人整改并报委托人。

● 经委托人同意，签发工程暂停令和复工令。

● 审查施工承包人提交的采用新材料、新工艺、新技术、新设备的论证材料及相关验收标准。

● 验收隐蔽工程、分部分项工程。

● 审查施工承包人提交的工程变更申请，协调处理施工进度调整、费用索赔、合同争议等事项。

● 审查施工承包人提交的竣工验收申请，编写工程质量评估报告。

● 参加工程竣工验收，签署竣工验收意见。

● 审查施工承包人提交的竣工结算申请并报委托人。

● 编制、整理工程监理归档文件并报委托人。

9.3.3 违约责任

1. 监理人违约

在合同履行过程中发生下列情况之一的，属于监理人违约。

● 监理文件不符合规范、标准及合同约定。

● 监理人转让监理工作。

● 监理人未按合同约定实施监理并造成工程损失。

● 监理人无法履行或者停止履行监理合同。

● 监理人不履行合同约定的其他义务。

监理人发生违约时，委托人可向监理人发出整改通知，要求其在限定期限内纠正；逾期仍不纠正的，委托人有权解除合同并向监理人发出解除合同通知，监理人应当承担由于违约所造成的费用增加、工期延误和委托人损失等。监理人违约应承担以下责任。

● 因监理人违反合同约定给委托人造成损失的，监理人应赔偿委托人损失。赔偿金额的确定方法在专用条件中约定。监理人承担部分赔偿责任的，其承担的赔偿金额由双方协商确定。

● 监理人向委托人的索赔不成立时，监理人应赔偿委托人由此发生的费用。

● 监理人赔偿金额按下列方法确定。

赔偿金＝直接经济损失×正常工作酬金÷工程概算投资额（或建筑安装工程费）

2. 委托人违约

发生下列情况之一的，属于委托人违约。

● 委托人未按合同约定支付监理酬金。

● 因委托人原因导致监理停止。

● 委托人无法履行或停止履行合同。

● 委托人不履行合同约定的其他义务。

委托人违约时，监理人可向委托人发出整改通知，要求其在限定期限内纠正；逾期仍不纠正的，监理人有权解除合同并向委托人发出解除合同通知，委托人应当承担违约所造成的费用增加、工期延误和监理人损失等。委托人违约应承担以下责任。

● 委托人违反合同约定造成监理人损失的，委托人应予以赔偿。

● 委托人向监理人的索赔不成立时，应赔偿监理人由此引起的费用。

● 委托人未能按期支付酬金超过 28 天的，应按专用条件支付逾期付款利息。

9.3.4 合同履行

1. 合同生效

除法律另有规定或者专用条件另有约定外，委托人和监理人的法定代表人或其授权代理人在协议书上签字并盖单位章后合同生效。

2. 合同变更

① 任何一方提出变更请求时，双方协商一致后可进行变更。

② 除不可抗力外，因非监理人原因导致监理人履行合同期限延长、内容增加时，监理人应将此情况与可能产生的影响及时通知委托人。

③ 合同生效后，如果实际情况发生变化使监理人不能完成全部或部分工作，监理人应立即通知委托人。

④ 签订合同后，如果有与工程相关的法律、法规、标准颁布或修订，双方应遵照执行。由此引起监理与相关服务的范围、时间、酬金变化的，双方应通过协商进行相应调整。

⑤ 因非监理人原因导致工程概算投资额或建筑安装工程费增加时，正常工作酬金应相应调整，调整方法在专用条件中的约定。

⑥ 因工程规模、监理范围的变化导致监理人的正常工作量减少时，正常工作酬金应相应调整，调整方法在专用条件中的约定。

3. 合同暂停与解除

除双方协商一致可以解除合同外，当一方无正当理由未履行合同约定的义务时，另一方可以根据合同约定暂停履行合同直至解除合同。

① 在合同有效期内，由于双方无法预见和控制的原因导致合同全部或部分无法继续履行或继续履行已无意义，经双方协商一致，可以解除合同或监理人的部分义务。在解除之前，监理人应做出合理安排，使开支减至最小。

因解除合同或解除监理人的部分义务导致监理人遭受的损失，除依法可以免除责任的情况外，应由委托人予以补偿，补偿金额由双方协商确定。解除合同的协议必须采取书面形式，协议未达成之前，合同仍然有效。

② 在合同有效期内，因非监理人的原因导致工程施工全部或部分暂停的，委托人可通知监理人要求暂停全部或部分工作。监理人应立即安排停止工作，并将开支减至最小。除不可抗力外，由此导致监理人遭受的损失应由委托人予以补偿。

③ 暂停部分监理与相关服务时间超过 182 天的，监理人可发出解除合同约定的该部分义务的通知；暂停全部工作时间超过 182 天的，监理人可发出解除合同的通知，合同自通知到达委托人时解除。委托人应将监理与相关服务的酬金支付至合同解除日，且应承担相关条款约定的责任。

④ 当监理人无正当理由未履行合同约定的义务时，委托人应通知监理人限期改正。若委托人在监理人接到通知后的 7 天内未收到监理人的书面形式的合理解释，可在 7 天内发出解除合同的通知，自通知到达监理人时合同解除。委托人应将监理与相关服务的酬金支付至限期改正通知到达监理人之日，但监理人应承担相关条款约定的责任。

⑤ 监理人在合同约定的支付之日起 28 天后仍未收到委托人按合同约定应付的款项时，可向委托人发出催付通知。委托人接到通知 14 天后仍未支付或未提出监理人可以接受的延期支付安排的，监理人可向委托人发出暂停工作的通知并自行暂停全部或部分工作。暂停工作后 14 天内监理人仍未获得委托人应付酬金或委托人的合理答复时，监理人可向委托人发出解除合同的通知，自通知到达委托人时合同解除。委托人应承担相关条款约定的责任。

⑥ 因不可抗力导致合同部分或全部不能履行时，一方应立即通知另一方，可暂停或解除合同。

⑦ 合同解除后，合同约定的有关结算、清理、争议解决方式的条件仍然有效。

4. 合同终止

以下条件全部满足时，合同即告终止。

① 监理人完成合同约定的全部工作。

② 委托人与监理人结清并支付全部酬金。

9.3.5　争议解决

1. 协商

双方应本着诚信原则协商解决彼此间的争议。

2. 调解

如果双方不能在 14 天内或双方商定的其他时间内解决合同争议，可以将其提交给专用条件约定的或事后达成协议的调解人进行调解。

3. 仲裁或诉讼

双方均有权不经调解直接向专用条件中约定的仲裁机构申请仲裁或向有管辖权的人民法院提起诉讼。

标准监理招标文件

【任务安排】

1. 某工程由于项目经理履职不力导致现场管理比较混乱，建设单位要求施工单位更换项目经理，办理工作交接、人员备案等导致主体结构封顶时间延误了 3 天。施工单位以建设单位要求人员变更为由，要求总监理工程师批准工程延期。

请问，总监理工程师是否应该批准？说明理由。项目经理变更程序是怎样的？

2. 将《建设工程监理合同（示范文本）》（GF-2012-0202）与《中华人民共和国标准监理招标文件》的第四章内容进行对照，查找监理合同内容的不同之处。

任务四　工程合同中应考虑的风险问题

【教学导入】

《政府投资条例》是我国政府投资领域的第一部行政法规，该条例自 2019 年 7 月 1 日起正式施行。其中针对政府投资项目的资金和工期的部分规定如下。

1. 政府投资项目不得由施工单位垫资建设。

2. 政府投资项目应当按照国家有关规定合理确定并严格执行建设工期，任何单位和个人不得非法干预。

3. 政府投资项目建成后，应当按照国家有关规定进行竣工验收，并在竣工验收合格后及时办理竣工财务决算。

请问,《政府投资条例》实施后政府投资的工程项目可以减少哪些方面的风险?

9.4.1 合同风险分类及成因

1. 合同风险分类

① 按合同风险产生的原因分类,可以分为合同工程风险和合同信用风险。合同工程风险是客观原因和非主观故意导致的,例如工程进展过程中发生的地质条件变化、工程变更、物价上涨、不可抗力等。合同信用风险是主观故意导致的,表现为合同双方的机会主义行为,例如业主拖欠工程款,施工单位层层转包、非法分包、偷工减料、以次充好、知假买假等。

② 按合同的不同阶段分类,可以将合同风险分为合同订立风险和合同履约风险。

2. 合同风险产生的原因

① 合同的不确定性。由于人的有限理性,对外在环境的不确定性是无法预测的,不可能把所有可能发生的事件都写入合同条款中,更不可能制订出处理未来事件的所有具体条款。

② 在复杂的、无法预测的世界中,工程的实施会存在各种各样的风险事件,人们很难预测未来事件,无法根据未来情况做出计划,往往是"计划赶不上变化",例如不利的自然条件、工程变更、政策法规变化、物价变化等。

③ 合同的语句表达不清晰、不细致、不严密、矛盾等,容易导致双方理解上的分歧而发生纠纷,甚至发生争端。

④ 由于合同双方的疏忽,未就有关事宜订立合同,而使合同不完全。

⑤ 交易成本的存在。合同双方为订立某一条款以解决某特定事宜的成本超过了其收益。

⑥ 信息不对称。信息不对称是合同不完全的根源,大多数问题都可以从信息不对称中找到答案。

⑦ 机会主义行为的存在。机会主义行为体现在用虚假的或空洞的,也就是非真实的威胁或承诺来谋取个人利益。

9.4.2 施工合同的常见风险及特征

1. 外界环境风险

① 在国际工程中,工程所在国政治环境的变化可能导致工程施工中断或终止。

② 经济环境的变化,例如通货膨胀、汇率调整、工资和物价上涨。

③ 合同所依据的法律环境的变化。

④ 自然环境的变化。

2. 资信和能力风险

① 业主资信和能力风险。例如企业的经营状况恶化、濒临倒闭、支付能力差、资信不好、撤走资金、恶意拖欠工程款等;业主为了不支付或少支付工程款,刁难施工单位;滥用权力,施行罚款和扣款,对施工单位的合理索赔要求不答复或拒不支付等。

② 施工单位资信和能力风险。例如施工单位的技术能力、施工力量、装备水平和管理能力不足，没有合适的技术专家和项目管理人员，不能积极地履行合同；财务状况恶化，企业处于破产境地，无力采购和支付工资，工程被迫中止；施工单位信誉差，不诚实，在投标报价和工程采购、施工中有欺诈行为等。

③ 监理单位能力风险。例如监理人员的职业道德水平较低；项目监理机构人员配备不到位，监理人员素质较差；总监理工程师个人能力不足，管理能力和协调能力较差，或者未能认真履职；监理单位风险管控意识不够；监理工程师错误指挥或超越权限履行职责等。

3. 合同管理风险

① 对环境调查和预测的风险。对现场和周围环境条件缺乏足够全面、深入的调查，对影响投标报价的风险、意外事件和其他情况缺乏足够的了解和预测。

② 合同条款不严密，有错误、歧义，工程范围和标准存在不确定性。

③ 施工单位投标策略错误，错误理解业主意图和招标文件，导致实施方案错误、报价失误等。

④ 施工单位的技术设计、施工方案、施工计划和组织措施存在缺陷和漏洞，计划不周。

⑤ 实施控制过程中的风险。例如，合作伙伴发生争执、责任不明；缺乏有效措施保证进度、安全和质量要求；分包层次太多，造成计划执行和调整、实施的困难等。

9.4.3 工程合同的风险分配

1. 风险分配的重要性

业主起草招标文件和合同条件，确定合同类型，对风险的分配起主导作用，有更大的主动权和责任。业主不能随心所欲地在合同中增加对施工单位的单方面约束性条款和对自己的免责条款，把风险全部推给对方，一定要理性分配风险，否则可能产生以下后果。

① 业主不承担风险，也缺乏工程控制的积极性和内在动力，工程不能顺利进行。

② 合同不平等，施工单位没有合理的利润，不可预见的风险太大，会对工程缺乏信心和履约积极性。如果发生风险事件，不可预见风险费用不足以弥补施工单位的损失，施工单位通常会采取其他办法弥补损失或减少开支，例如偷工减料、减少工作量、降低材料设备和施工质量标准以降低成本，甚至放慢施工速度或停工等，最终影响工程的整体效益。

③ 如果合同所定义的风险没有发生，则业主多支付了报价中的不可预见风险费，施工单位取得了超额利润。

合理分配风险的好处如下。

① 业主可以获得合理的报价，报价中的不可预见风险费较低。

② 减少合同的不确定性，施工单位可以准确地计划和安排工程施工。

③ 最大限度发挥合同双方风险控制和履约的积极性。

④ 工程的产出效益可能更好。

2. 风险分配的原则

① 从工程整体效益出发，最大限度地发挥双方的积极性，尽可能做到：

● 谁能最有效地预测、防止和控制风险，或能有效地降低风险损失，或能将风险转移到其他方面，则由他承担相应部分的风险责任；

● 承担者控制相关风险是经济的，即能以最低的成本承担风险损失，同时管理风险的成本、自我防范和市场保险费用最低，同时又是有效、方便、可行的；

● 通过风险分配，加强责任，发挥双方管理和技术革新的积极性等。

② 公平合理，责权利平衡，体现在：

● 施工单位提供的工程（或服务）与业主支付的价格之间应体现公平原则，这种公平通常以当地当时的市场价格为依据；

● 风险责任与权利之间应平衡；

● 风险责任与机会对等，即风险承担者应能同时享有风险控制获得的收益和机会收益；

● 承担的可能性和合理性，即给风险承担者风险预测、计划、控制的条件和可能性。

③ 符合现代工程管理理念。

④ 符合工程惯例，即符合通常的工程处理方法。

【任务安排】

某办公楼项目施工前，经建设单位同意，总承包单位将门窗安装工程发包给一家具有资质的分包单位，外墙装饰工程由建设单位直接发包给一家有资质的施工单位。在施工过程中，出现了以下事件。

1. 事件 1：专业监理工程师发现部分门窗安装质量不符合要求，立即下发监理通知单要求门窗安装分包单位进行整改，分包单位未按照专业监理工程师的指示进行整改，总监理工程师随即下发工程暂停令。

2. 事件 2：由于门窗安装工程暂停施工导致外墙装饰工程工期拖延，外墙装饰施工单位向建设单位提交了工期延误和费用索赔申请，经审核后总监理工程师批准了索赔申请。

请问，总监理工程师和专业监理工程师的做法是否正确？说明理由。

项目小结

本项目介绍了建设工程合同的相关知识。建设工程合同管理是监理工程师对建设工程"三控三管一协调"的核心工作，监理工程师应协助建设单位做好合同风险防范工作，督促合同当事人依法正确履行合同。出现合同争议时，应本着公平、公正的原则，坚持以合同为依据，以客观事实为准绳，正确处理合同纠纷，维护建设单位和施工单位的合法利益，确保建设工程的综合效益最大化。

能力训练

一、单选题

1. 索赔事件发生后，承包人应在知道或应当知道索赔事件发生后（　　）天内向监理人递交索赔意向通知书，声明将对此事件提出索赔。

    A. 5   B. 15   C. 21   D. 28

    2. 根据《建设工程施工合同（示范文本）》（GF-2017-0201）通用合同条款的规定，未经（   ）同意，承包人不得将承包工程的任何部分分包。

    A. 总监理工程师   B. 发包人   C. 监理人   D. 项目经理

    3. 某工程项目因发包人委托的设计单位提供的设计图纸错误，给承包人造成了施工损失。下列说法中正确的是（   ）。

    A. 由设计单位直接向承包人承担违约责任

    B. 由发包人和设计单位对承包人承担连带违约责任

    C. 发包人先向承包人承担违约责任，再向设计单位追究违约责任

    D. 发包人依据设计合同追究设计单位的违约责任后，再将设计单位支付的赔偿金转交给承包人

    4. 在监理工作实施过程中，由于监理人行为不当对承包人造成了损失，应由（   ）承担责任。

    A. 监理人   B. 发包人   C. 责任人   D. 承包人

    5. 监理合同自（   ）生效。

    A. 合同签字之日起   B. 合同备案之日起

    C. 工程开工之日起   D. 监理工程师进驻现场之日起

    6. 以下几个文件的优先解释顺序是（   ）。

    ①中标通知书②专用合同条款及其附件③投标函及其附录④通用合同条款⑤合同协议书

    A. ①③②④⑤   B. ⑤③②④①

    C. ⑤①③②④   D. ①②⑤③④

    7. 一方以欺诈、胁迫等手段或者乘人之危，使对方在违背真实意思的情况下订立的合同，受损害方有权（   ）。

    A. 宣布合同无效

    B. 宣布合同可撤销

    C. 请求人民检察院宣布合同无效

    D. 请求人民法院或者仲裁机构变更或者撤销合同

    8. 《建设工程施工合同（示范文本）》（GF-2017-0201）规定，承包人递交索赔报告28天后，监理人未对此索赔要求做出任何表示，则应视为（   ）。

    A. 监理人已拒绝索赔要求

    B. 承包人需要提交现场记录和补充证据资料

    C. 承包人的索赔要求已经被认可

    D. 需要等待发包人批准

    9. 某工程项目发包人分别和甲、乙两个承包人签订了施工合同。两个承包人均按监理人认可的施工进度计划施工，但甲承包人受到乙承包人的干扰被迫暂停施工。关于甲承包人停工损失处理方式的说法中，正确的是（   ）。

A. 自行负责

B. 由发包人给予补偿，合同工期不予顺延

C. 不予补偿，但应合理顺延合同工期

D. 由发包人给予补偿，合同工期相应顺延

10. 除专用合同条款另有约定外，因发包人原因造成监理人未能在计划开工日期之日起（　　　）内发出开工通知的，承包人有权提出价格调整要求，或者解除合同。

A. 30 天　　　　　　B. 60 天　　　　　　C. 90 天　　　　　　D. 180 天

二、多选题

1. 关于建筑材料和设备的使用前检验的表述中错误的是（　　　）。

A. 由承包人采购的材料和设备，发包人可以指定供应商

B. 承包人需要使用代用材料时，应经监理工程师认可后才能使用，由此增减的合同价款双方以书面形式议定

C. 采购的材料和设备在使用前，承包人应按监理工程师的要求进行检验或试验，不合格的不得使用，检验或试验费用由承包人承担

D. 监理工程师发现承包人采购并使用不符合设计或标准要求的材料和设备时，应要求由承包人负责修复、拆除或重新采购，并承担发生的费用，由此延误的工期不予顺延

E. 由发包人采购的材料和设备可以不经过检验

2. 委托人应在合同中明确（　　　）。如有变更，应及时通知承包人。

A. 监理人　　　　　　　　　　　　B. 设计人

C. 总监理工程师　　　　　　　　　D. 项目监理机构权限

E. 项目监理机构的组织形式

3. 监理合同在履行过程中，争议处理的方式有（　　　）。

A. 协商　　　　　　　　　　　　　B. 调解

C. 争议评审　　　　　　　　　　　D. 仲裁

E. 诉讼

三、思考题

1. 建设工程合同管理的方法是什么？

2. 建设工程施工合同和建设工程监理合同的示范文本中，对合同文件的解释顺序有什么不同？

3. 在施工合同争议解决中，如何推选争议评审员？

4. 在什么情况下可以变更监理合同？

5. 合理分配合同风险的益处是什么？

四、案例分析题

某项目在实施过程中遇到了地震，现场发生了以下情况。

① 工程遭到了破坏，损失 15 万元。

② 施工机械损坏，维修费为 5 万元。

③ 施工单位人员医疗费为 2 万元，施工单位为建设单位的人员支付医疗费 3 万元。

④ 工程停工 20 天。

⑤ 停工期间，施工单位支付设备租赁费 3 万元。

⑥ 停工期间，施工单位安排人员照看、清理现场，费用为 4 万元。

事件发生后，施工单位提出索赔。请问，监理工程师应如何处理此次索赔事件？

五、综合实训

根据案例分析题，指导学生模拟填写索赔意向通知书，并利用工具软件画出建设工程索赔控制流程图。

项目十　建设工程安全监理工作

 知识目标

1. 理解建设工程安全管理的含义和特点，了解我国建设工程中各参建单位的安全行为。
2. 熟悉我国建设工程安全生产的法律、法规和强制性标准，熟悉监理单位的法律责任，熟悉危大工程安全管理的基本要求。
3. 掌握准备阶段和施工阶段安全监理的工作内容和安全管理手段。

 拓展知识点

1. 建设工程安全生产相关法律条款的修订原因。
2. 建设工程安全生产费用提取标准。
3. 建筑工人实名制。
4. 智慧工地的设置。

任务一　了解我国建设工程安全管理体制

【教学导入】

2019年2月17日，住房和城乡建设部、人力资源和社会保障部印发了《建筑工人实名制管理办法（试行）》。

2022年8月2日，为了进一步促进就业，保障建筑工人合法权益，住房和城乡建设部、人力资源和社会保障部决定修改《建筑工人实名制管理办法（试行）》部分条款。

《建筑工人实名制管理办法（试行）》规定，进入施工现场的建设单位、承包单位、监理单位的项目管理人员及建筑工人均纳入建筑工人实名制管理范畴。建筑企业应配备实现建筑工人实名制管理所必需的硬件设施设备，施工现场原则上实施封闭式管理，设立进出场门禁系统，采用人脸、指纹、虹膜等生物识别技术进行电子打卡；不具备封闭式管理条件的工程项目，应采用移动定位、电子围栏等技术实施考勤管理。相关电子考勤和图像、影像等电子档案保存期限不少于 2 年。建筑企业应依法按劳动合同或用工书面协议约定，通过农民工工资专用账户按月足额将工资直接发放给建筑工人，并按规定在施工现场显著位置设置"建筑工人维权告示牌"，公开相关信息。

请问，建筑工人实名制信息包括哪些内容？

10.1.1 建设工程安全生产管理概述

安全生产就是指社会生产活动中，通过人、机、物、环境的一系列措施和行为，使生产过程中的各种事故风险和伤害因素始终处于有效的控制状态，保证人员生命安全与财产不受损失，保证生产经营活动得以顺利进行，促进社会经济发展和社会稳定。

建设工程安全生产具有以下特点。

① 生产岗位不固定、流动作业多，作业环境不断变化，作业人员随时面临新的隐患和威胁。

② 作业内容多变，同工种在不同的作业时段、不同作业部位的作业内容不同，同工种在不同施工现场的作业内容和作业环境并不相同，工种时常不固定。

③ 多工序同时或连续作业，工序间配合、材料和设备调度、与建设各方的协调等过程多，管理过程复杂，综合性强。

④ 立体交叉作业及电气、起重吊装、高处作业等特种作业多。

⑤ 多为露天作业，受自然环境影响大，例如高低温作业，雨、雪、风中作业等。

⑥ 人员流动性大、人员整体素质较差。

⑦ 分包作业多，总、分包之间以及各分包队伍之间的关系较复杂，作业人员安全意识较弱。

10.1.2 建设工程安全监理的含义

《建设工程安全生产管理条例》明确要求建设单位、勘察单位、设计单位、施工单位、工程监理单位及其他与建设工程安全生产有关的单位必须遵守安全生产法律、法规的规定，保证建设工程安全生产，依法承担建设工程安全生产责任。

建设工程安全监理（以下简称为"安全监理"）包括以下几方面的内涵。

① 安全监理是工程监理单位受建设单位（业主）的委托和授权，依据法律、法规、已批准的工程项目建设文件、监理合同及其他建设工程合同对工程建设实施阶段安全生产的监督管理。

② 安全监理包括对工程建设中的人、机、物、环境及施工全过程的安全生产要素进行监督管理，并采取组织、技术、经济和合同措施，保证建设行为符合国家安全生产、劳动保护法律、法规和有关政策，有效控制建设工程安全风险，以确保施工安全性。安全监理属于委托性的安全服务。

③ 安全监理是工程建设监理的重要组成部分，也是建设工程安全生产管理的重要保障。安全监理是提高施工现场安全管理水平的有效方法，也是建设工程项目管理体制中加强安全管理、控制重大伤亡事故的一种模式。

④ 安全监理应遵守安全生产"谁主管谁负责"的原则，监理单位实施安全监理并不减免

建设单位、勘察单位、设计单位、承包单位等应承担的安全责任。

⑤ 安全监理应坚持"安全第一，预防为主"的方针和"以人为本，防微杜渐"的管理原则。

10.1.3　建设工程安全生产的法律、法规

1. 《中华人民共和国建筑法》

《中华人民共和国建筑法》自 1998 年 3 月 1 日起施行。根据 2019 年 4 月 23 日第十三届全国人民代表大会常务委员会第十次会议《关于修改<中华人民共和国建筑法>等八部法律的决定》进行二次修正。

① 建筑工程安全生产管理必须坚持安全第一、预防为主的方针，建立健全安全生产的责任制度和群防群治制度。

② 建筑施工企业应当在施工现场采取维护安全、防范危险、预防火灾等措施；有条件的，应当对施工现场实行封闭管理。施工现场对毗邻的建筑物、构筑物和特殊作业环境可能造成损害的，建筑施工企业应当采取安全防护措施。。

③ 施工现场安全由建筑施工企业负责。实行施工总承包的，由总承包单位负责。分包单位向总承包单位负责，服从总承包单位对施工现场的安全生产管理。

④ 建设单位应当向建筑施工企业提供与施工现场相关的地下管线资料，建筑施工企业应当采取措施加以保护。

⑤ 工程监理单位不按照委托监理合同的约定履行监理义务，对应当监督检查的项目不检查或者不按照规定检查，给建设单位造成损失的，应当承担相应的赔偿责任。工程监理单位与承包单位串通，为承包单位谋取非法利益，给建设单位造成损失的，应当与承包单位承担连带赔偿责任。

2. 《中华人民共和国安全生产法》

① 安全生产工作坚持中国共产党的领导。

安全生产工作应当以人为本，坚持人民至上、生命至上，把保护人民生命安全摆在首位，树牢安全发展理念，坚持安全第一、预防为主、综合治理的方针，从源头上防范化解重大安全风险。

安全生产工作实行管行业必须管安全、管业务必须管安全、管生产经营必须管安全，强化和落实生产经营单位主体责任与政府监管责任，建立生产经营单位负责、职工参与、政府监管、行业自律和社会监督的机制。

② 国家实行生产安全事故责任追究制度，依照本法和有关法律、法规的规定，追究生产安全事故责任单位和责任人员的法律责任。

③ 有关生产经营单位应当按照规定提取和使用安全生产费用，专门用于改善安全生产条件。安全生产费用在成本中据实列支。

④ 矿山、金属冶炼、建筑施工、运输单位和危险物品的生产、经营、储存、装卸单位，应当设置安全生产管理机构或者配备专职安全生产管理人员。

⑤ 任何单位或个人对事故隐患或者安全生产违法行为，均有权向负有安全生产监督管理职责的部门报告或者举报。

3. 《建设工程安全生产管理条例》

工程监理单位应当审查施工组织设计中的安全技术措施或者专项施工方案是否符合工程建设强制性标准。

工程监理单位在实施监理过程中，发现存在安全事故隐患的，应当要求施工单位整改；情况严重的，应当要求施工单位暂时停止施工，并及时报告建设单位。施工单位拒不整改或者不停止施工的，工程监理单位应当及时向有关主管部门报告。

工程监理单位和监理工程师应当按照法律、法规和工程建设强制性标准实施监理，并对建设工程安全生产承担监理责任。

4. 《安全生产许可证条例》

安全生产许可证的有效期为 3 年。安全生产许可证有效期满需要延期的，企业应当于期满前 3 个月向原安全生产许可证颁发管理机关办理延期手续。

企业在安全生产许可证有效期内，严格遵守有关安全生产的法律、法规，未发生死亡事故的，安全生产许可证有效期届满时，经原安全生产许可证颁发管理机关同意，不再审查，安全生产许可证有效期延期 3 年。

5. 《生产安全事故报告和调查处理条例》

根据生产安全事故（以下简称事故）造成的人员伤亡或者直接经济损失，事故一般分为以下等级（注：所称的"以上"包括本数，所称的"以下"不包括本数）。

① 特别重大事故，是指造成 30 人以上死亡，或者 100 人以上重伤（包括急性工业中毒，下同），或者 1 亿元以上直接经济损失的事故。

② 重大事故，是指造成 10 人以上 30 人以下死亡，或者 50 人以上 100 人以下重伤，或者 5000 万元以上 1 亿元以下直接经济损失的事故。

③ 较大事故，是指造成 3 人以上 10 人以下死亡，或者 10 人以上 50 人以下重伤，或者 1000 万元以上 5000 万元以下直接经济损失的事故。

④ 一般事故，是指造成 3 人以下死亡，或者 10 人以下重伤，或者 1000 万元以下直接经济损失的事故。

事故发生后（如图 10-1 所示），事故现场有关人员应立即向本单位负责人报告；单位负责人接到报告后，应于 1 小时内向事故发生地县级以上人民政府安全生产监督管理部门和负有安全生产监督管理职责的有关部门报告。

图 10-1　基坑支护坍塌事故现场

6. 《建筑起重机械安全监督管理规定》

监理单位应当履行下列安全职责。

① 审核建筑起重机械特种设备制造许可证、产品合格证、制造监督检验证明、备案证明等文件。

② 审核建筑起重机械安装单位、使用单位的资质证书、安全生产许可证和特种作业人员的特种作业操作资格证书。

③ 审核建筑起重机械安装、拆卸工程专项施工方案。

④ 监督安装单位执行建筑起重机械安装、拆卸工程专项施工方案情况。

⑤ 监督检查建筑起重机械的使用情况。

⑥ 发现存在生产安全事故隐患的，应当要求安装单位、使用单位限期整改，对安装单位、使用单位拒不整改的，及时向建设单位报告。

7. 《建筑施工企业安全生产管理机构设置及专职安全生产管理人员配备办法》

总承包单位配备项目专职安全生产管理人员应当满足下列要求。

① 建筑工程、装修工程按照建筑面积配备：

● 1 万平方米以下的工程不少于 1 人；

● 1 万~5 万平方米的工程不少于 2 人；

● 5 万平方米及以上的工程不少于 3 人，且按专业配备专职安全生产管理人员。

② 土木工程、线路管道、设备安装工程按照工程合同价配备：

● 5000 万元以下的工程不少于 1 人；

● 5000 万~1 亿元的工程不少于 2 人；

● 1 亿元及以上的工程不少于 3 人，且按专业配备专职安全生产管理人员。

10.1.4　各参建单位的安全行为

监理单位的安全行为及责任

1. 建设单位的安全行为

● 按规定办理施工安全监督手续。

● 与参建各方签订的合同中应明确安全责任，并加强履约管理。

● 按规定将委托的监理单位、监理内容及监理权限书面通知施工单位。

● 组织编制工程概算时，按规定单独列支安全生产措施费用，并按规定及时向施工单位支付。

● 在开工前按规定向施工单位提供施工现场及毗邻区域的相关资料，并保证资料真实、准确、完整。

● 建设单位应当将拆除工程发包给具有相应资质等级的施工单位。

2. 勘察单位、设计单位的安全行为

● 勘察单位按规定进行勘察，提供的勘察文件应当真实、准确。

● 勘察单位按规定在勘察文件中说明地质条件可能造成的工程风险。

● 设计单位应当按照法律、法规和工程建设强制性标准进行设计，防止因设计不合理导致生产安全事故。

● 设计单位应当按规定在设计文件中注明施工安全的重点部位和环节，并对防范生产安全事故提出指导意见。

● 设计单位应当按规定在设计文件中提出特殊情况下保障施工作业人员安全和预防生产安全事故的建议。

3. 施工单位的安全行为

● 设立安全生产管理机构，按规定配备专职安全生产管理人员。

● 确保项目负责人、专职安全生产管理人员与施工安全监督手续资料一致。

● 建立健全安全生产责任制度，并按要求进行考核。

● 按规定对从业人员进行安全生产教育和培训。

● 实施施工总承包的，总承包单位应当与分包单位签订安全生产协议书，明确各自的安全生产职责并加强履约管理。

● 按规定为作业人员提供劳动防护用品。

● 在有较大危险因素的场所和有关设施、设备上设置明显的安全警示标志。

● 按规定提取和使用安全生产费用。

● 按规定建立健全生产安全事故隐患排查治理制度。

● 按规定执行建筑施工企业负责人及项目负责人施工现场带班制度。

● 按规定及时、如实报告生产安全事故。

总监理工程师监理安全责任书

4. 监理单位的安全行为

● 按规定编制监理规划和监理实施细则。

● 按规定审查施工组织设计中的安全技术措施或者专项施工方案。

● 按规定审核各相关单位资质、安全生产许可证、人员安全生产考核合格证书和特种作业操作资格证书并做好记录。

● 按规定对现场实施安全监理。发现安全事故隐患且施工单位拒不整改或者不停止施工的，应及时向建设行政主管部门报告。

● 建立危大工程安全管理档案。

5. 监测单位的安全行为

● 对于按照规定需要监测的危大工程，监测单位应当具有相应资质。

● 监测单位应当编制监测方案。监测方案由监测单位技术负责人审核、签字并加盖单位公章，报送监理单位后方可实施。

● 监测单位应当按照监测方案开展监测，及时向建设单位报送监测成果，并对监测成果负责；发现异常时，及时向建设单位、设计单位、施工单位、监理单位报告，建设单位应当立即组织相关单位采取处置措施。

10.1.5　监理单位安全管理的法律责任

根据《建设工程安全生产管理条例》，监理单位有下列行为之一的，责令限期改正；逾期未改正的，责令停业整顿，并处 10 万元以上 30 万元以下的罚款；情节严重的，降低资质等级，直至吊销资质证书；造成重大安全事故，构成犯罪的，对直接责任人员，依照刑法有关规定追究刑事责任；造成损失的，依法承担赔偿责任。

● 未对施工组织设计中的安全技术措施或者专项施工方案进行审查的。

● 发现安全事故隐患未及时要求施工单位整改或者暂时停止施工的。

● 施工单位拒不整改或者不停止施工，未及时向有关主管部门报告的。

● 未依照法律、法规和工程建设强制性标准实施监理的。

《建设工程安全生产管理条例》对未履行安全责任的注册监理工程师进行了处罚规定，注册执业人员未执行法律、法规和工程建设强制性标准的，责令停止执业3个月以上1年以下；情节严重的，吊销执业资格证书，5年内不予注册；造成重大安全事故的，终身不予注册；构成犯罪的，依照刑法有关规定追究刑事责任。

《危险性较大的分部分项工程安全管理规定》第三十七条规定，监理单位有下列行为之一的，责令限期改正，并处1万元以上3万元以下的罚款；对直接负责的主管人员和其他直接责任人员处1000元以上5000元以下的罚款。

● 未按照本规定编制监理实施细则的。

● 未对危大工程施工实施专项巡视检查的。

● 未按照本规定参与组织危大工程验收的。

● 未按照本规定建立危大工程安全管理档案的。

【任务安排】

监理工程师对某房屋建筑工程项目（总建筑面积为60000m²）的总承包单位和分包单位人员资格进行审查，发现总承包单位配备了2名专职安全生产管理人员和1名兼职安全生产管理人员，其中兼职安全生产管理人员还要监管分包单位的安全生产管理，分包单位未配备专职安全生产管理人员。

请问，总承包单位和分包单位的安全生产管理人员配备是否符合要求？建筑工程中需要持证上岗的特种作业工种有哪些？

任务二　开展施工现场安全监理工作

【教学导入】

苏州市住房和城乡建设局发布了《关于实施建筑工地"一带一帽"记分管理的通知》。文件规定，施工企业项目经理和务工人员一个记分周期为12个月，满分为12分。记分规则如下。

1. 务工人员记分规则：务工人员存在记分内容行为之一的，第一次记3分、第二次起每次记6分，"苏安码"将动态更新为黄码；在1个记分周期内累计记满12分的，"苏安码"将动态更新为红码，不得进入施工现场作业，经重新培训教育合格后方可恢复"苏安码"绿码；在1个记分周期内2次累计记满12分的，一年内将不再赋予"苏安码"。

2. 项目经理记分规则：务工人员记3分对应项目经理扣记1分。在一个记分周期内项目经理累积记分超过6分的，项目所在地建筑施工安全监督机构应当对其负责的工程项目实施重点监管；在一个记分周期内累积记分达到12分的，所在地住建部门应当依法责令该项目经理停止执业1年；情节严重的，吊销执业资格证书，5年内不予注册。项目经理在停止执业期间，应当接受住建部门组织的质量安全教育培训，其所属施工单位应当按规定程序更换符合条件的项目经理。

3. 施工企业记分规则：施工企业项目经理累计记分值乘以0.01系数作为当季度企业不良

行为分值，由属地住建部门于每年 6 月 15 日、12 月 15 日前录入"苏州市建筑业企业信用综合评价管理系统"，扣分期为 6 个月。

4. 监理企业记分规则：施工企业不良行为扣分来源于非监理单位的，监理企业按相同分值不良信用信息予以扣分；来源于监理单位巡视记录的，监理企业按 2 倍分值优良信用信息予以加分，一并录入"苏州市工程监理企业信用综合评价系统"。

请问，监理工程师有哪些手段来检查现场作业人员是否佩戴了安全帽（带）？

10.2.1 准备阶段的安全监理工作

准备阶段安全监理的主要工作内容如下。

① 监理单位应根据《建设工程安全生产管理条例》的规定，按照工程建设强制性标准、《建设工程监理规范》（GB/T 50319—2013）和相关行业监理规范的要求，编制包括安全监理内容的项目监理规划，明确安全监理的范围、内容、工作程序和制度措施，以及人员配备计划和职责等。

② 对中型及以上项目和《建设工程安全生产管理条例》第二十六条规定的危险性较大的分部分项工程，监理单位应当编制监理实施细则。实施细则应当明确安全监理的方法、措施和控制要点，以及对施工单位安全技术措施的检查方案。

③ 审查施工单位编制的施工组织设计中的安全技术措施和危险性较大的分部分项工程安全专项施工方案是否符合工程建设强制性标准，并在建设工程重大危险源申报表上签署意见，如表 10-1 所示。

表 10-1　建设工程重大危险源申报表

工程名称		工程地点			
结构层次		面积/造价		施工日期	
建设单位		现场代表		发包方式	
施工单位		项目经理		联系电话	
监理单位		总监理工程师		联系电话	
序号	重大危险源名称	施工涉及日期	备注		
1	脚手架	从开工到拆除			
2	混凝土机械泵作业	主体工程			
3	模板安装与拆卸	主体工程			
4	施工用电	从开工到结束			
5	塔吊及人货电梯	从开工到结束			
6	卸料平台	从开工到结束			
7	临边作业	从开工到结束			
8	机械操作	从开工到结束			
填表须知	我代表我公司填报的上述内容都是真实、准确、完整的；如因填报不实或不准确等造成任何后果，我公司将承担一切责任。 　　　　项目经理签名：　　　　　　　　　　总监理工程师签字： 　　　　企业盖章：　　　　　　　　　　　　企业盖章： 　　　　日期：　　　　　　　　　　　　　日期：				

④ 审查施工单位编制的施工组织设计中的安全技术措施和施工现场临时用电方案，审查危险性较大的分部分项工程专项施工方案是否符合工程建设强制性标准。

⑤ 审核施工单位安全生产费用的使用计划。根据《企业安全生产费用提取和使用管理办法》，建设单位应于工程开工日后一个月内向承包单位支付至少 50% 企业安全生产费用，其余费用应当按照施工进度支付。工程竣工决算后结余的安全生产费用，应当退回建设单位。

施工单位应当确保安全防护、文明施工措施费专款专用，在财务管理中单独列出安全防护、文明施工措施费用清单备查。监理单位应当对施工单位落实安全防护、文明施工措施情况进行现场监理。对施工单位已经落实的安全防护、文明施工措施，总监理工程师或者造价工程师应当及时审查并签认所发生的费用。

⑥ 检查施工单位建立健全施工现场安全生产保证体系，检查岗位安全生产责任制、安全生产管理规章制度和专兼职安全生产管理人员配备情况。

⑦ 审查施工单位资质和安全生产许可证是否合法、有效。

⑧ 审查项目经理和专职安全生产管理人员是否经过政府主管部门的安全生产考核，考核证书是否在有效期内，是否与投标文件一致。

⑨ 审核特种作业人员的特种作业操作资格证书是否合法、有效。

⑩ 审核施工单位应急救援预案。

⑪ 审核施工现场的平面布置，功能分区（办公区、生活区、生产区、仓库、配电间、废弃物堆放区），路网、水网、电网的设置，尤其是施工设备（塔吊、电梯等）的布置情况。

10.2.2　施工阶段的安全监理工作

施工阶段安全监理的主要工作内容如下。

监督施工单位按施工组织设计或者专项施工方案组织施工，并制止违规施工作业。

监督施工单位按工程建设强制性标准组织施工。

加强现场巡视，发现安全事故隐患时及时进行处理。发现违规施工或者有安全事故隐患的，应当责令施工单位整改，下达安全隐患整改通知书，如表 10-2 所示，及时向建设单位报告。

表 10-2　安全隐患整改通知书

致：×××公司（施工单位）
事由：现场存在安全隐患
内容：
经现场监理工程师巡视，由你司施工的×××楼（或现场）存在以下安全隐患。
1. 部分楼层外架钢管紧固扣件螺丝松动，且架体外立面垂直度偏差过大。
2. 部分楼层外架连墙件设置不足且有部分连墙件被擅自拆除。
……
要求你司尽快针对上述安全隐患进行整改，整改完毕后书面回复监理验收。
项目监理机构（盖章） 总/专业监理工程师（签字） 　年　　月　　日

发现严重冒险作业和严重安全事故隐患的，应责令其暂时停工并进行整改。如果施工单位拒不整改，应及时报告总监理工程师，总监理工程师在征得建设单位同意后下达工程暂停令。施工单位仍拒不整改或不停止施工的，监理单位应及时向建设行政主管部门报告，如表10-3所示。

表 10-3　监理报告

致：<u>×××市建设工程安全监督站</u>（主管部门） 由<u>×××建筑工程有限公司</u>（施工单位）施工的<u>第×××楼层</u>（工程部位）存在安全隐患。 我方已于<u>×××</u>年<u>×××</u>月<u>×××</u>日发出编号为<u>×××</u>的监理通知单/工程暂停令，但施工单位未整改/停工。 　　特此报告。 　　附件： 　　☑ 监理通知单 　　☑ 工程暂停令 　　☐ 其他 　　　　　　　　　　　　　　　　　　　　项目监理机构（盖章） 　　　　　　　　　　　　　　　　　　　　总监理工程师（签字） 　　　　　　　　　　　　　　　　　　　　　　年　　月　　日

对高危作业、动火作业或涉及施工安全的重要部位、环节的关键工序进行作业审批，如表10-4所示，施工作业时进行现场旁站监督。在施工过程中，安全监理人员应做好监控，发现违反专项施工方案和安全操作规程的行为时应立即制止。

表 10-4　拆模申请单

工程名称		×××工程				
申请拆模部位		×××		申请人		×××
混凝土强度等级	C30	混凝土浇筑时间	×××		申请拆模日期	×××
构件类型						
☐墙	☐柱	板 ☐跨度≤2m ☑2m＜跨度≤8m ☐跨度＞8m		梁 ☐跨度≤8m ☑跨度＞8m		☐悬臂构件
拆模时混凝土强度要求	龄期（天）		同条件混凝土抗压强度（MPa）试块		达到设计强度等级（%）	强度报告编号
应达到设计强度的75%（或××MPa）	7		25		83.33%	×××
施工单位意见： 　　混凝土拆模强度满足要求，申请拆除梁板底模。 项目技术负责人：　　　　　　　　　　　　　　核准拆模日期： 施工单位名称：						
监理单位审批意见： 　　混凝土拆模强度满足要求，同意拆除梁板底模。 监理人员：　　　　　　　　　　　　　　　　批准拆模日期： 监理单位名称：						

复核施工单位安全防护用具、施工机械、安全设施的验收手续，如表10-5所示，并签署

意见。监理工程师应对施工单位的安全防护用具、施工机械、安全机具、安全设施等的生产（制造）许可证、产品合格证的查验情况进行再次复核，未办理验收的不得投入使用。

表 10-5　卸料平台验收记录表

工程名称		×××工程			标段	×××
搭设楼号		×××楼	单元	×××单元	层数	×××层
序号	验收项目	验收内容			验收结果	
1						
2						
3						
4						
5						
施工单位验收结论		结论： 项目技术负责人： 安全员： 年　月　日				
监理单位验收结论		结论： 专业监理工程师： 总监理工程师： 年　月　日				

监督检查施工现场的消防安全工作。安全监理工程师应监督检查施工现场的消防安全责任制度、消防安全责任人、消防安全管理制度和操作规程、消防通道、消防水源、消防设施和灭火器材等。

督促施工单位做好安全技术交底。安全技术交底是保证施工安全的重要措施之一，施工单位和作业人员应严格执行。监理工程师应督促施工单位做好方案交底和安全技术交底工作，如表 10-6 所示，减少或杜绝一般安全事故的发生。

表 10-6　分部（分项）工程及工种安全技术交底记录表

单位工程名称		×××工程	分部（分项）工程及工种名称	×××工程		
交底时间		×年×月×日	交底人	×××	交底单编号	×××
交底人签名			被交底人签名			

定期召开工地例会。总监理工程师应定期主持召开工地例会，安全监理工程师应参加并分析工程施工安全状况，针对存在的安全问题提出改进意见。

组织安全专题会议。针对施工过程中存在的重大问题，总监理工程师或安全监理工程师应及时组织安全专题会议，并对存在的安全问题予以解决。

参与处理重大安全事故。发生重大安全事故时，项目监理机构必须立即向监理单位和建设单位发出书面报告。项目监理机构应要求事故发生单位严格保护事故现场，采取有效措施抢救人员和财产，防止事故扩大。项目监理机构应配合事故调查，向调查组提供各种真实的记录和资料，并做好维权、举证工作。

监理人员应将每次巡视、检查、旁站发现的涉及施工安全的情况、存在的问题、监理的指令及施工单位的处理措施、结果及时记入施工安全监理台账。

10.2.3 安全监理资料

监理单位应当建立严格的安全监理资料管理制度，规范安全监理资料管理工作。

安全监理资料包括监理实施细则、安全监理日记、危大工程旁站记录、专项施工方案、审核（批）表、监理月报、监理报告、工程暂停令、检查验收记录、专题会议纪要等。安全监理资料必须真实、详细、完整，能反映监理单位及监理人员依法履行安全监理职责的全貌。在实施安全监理的过程中，应当以文字、图表、影像等载体作为传递、反馈、记录各类信息的凭证；定期形成现场安全生产报表，并报告建设单位；推行信息化管理手段，收集和整理安全监理资料。

监理人员应在监理日记和旁站记录中详细描述当天施工现场安全生产及安全监理工作情况，记录发现和处理的安全问题，总监理工程师应定期审阅并签署意见。监理月报应包括安全监理内容，对当月施工现场的安全生产状况和安全监理工作做出详细评述，定期报告建设单位；必要时，应将监理月报上报工程所在地建设行政主管部门；安全监理通知单等指令性文件应按顺序编号发出和归档；安全隐患整改处置应有处理方案、检查验收、人员签名、整改回复等。

【任务安排】

某综合楼工程施工现场发生了一起模板支撑坍塌事故。事故发生当天，将混凝土倒入模板中时，模板支撑坍塌，作业面上的 4 名工人来不及撤离，与模板、工具等一同坠落，最终导致 3 人死亡、1 人重伤，直接经济损失约为 200 万元。

根据事故调查和责任认定，对有关责任方做出了以下处理意见：将木工班长移交司法机关，依法追究刑事责任；施工单位主要负责人、现场监理工程师等 9 名责任人分别受到罚款、吊销职业资格证书等行政处罚；施工单位、监理单位等分别受到相应的经济处罚。

请问，监理工程师应如何做好模板支撑的安全监理工作？

任务三 有效应对危险性较大的分部分项工程

【教学导入】

2020 年 7 月 3 日，住房和城乡建设部等 13 部门联合印发了《关于推动智能建造与建筑工业化协同发展的指导意见》（以下简称《指导意见》）。

AI 慧眼

《指导意见》提出，要大力发展装配式建筑，推动建立以标准部品为基础的专业化、规模化、信息化生产体系。

请问，工地上的哪些部位需要进行智能监测管理？

危大工程专项
施工方案审批

10.3.1 危险性较大的分部分项工程

危险性较大的分部分项工程（以下简称"危大工程"）是指房屋建筑和市政基础设施工程在施工过程中，容易导致人员群死群伤或者造成重大经济损失的分部分项工程。建设工程中的危大工程包括基坑工程、模板工程及支撑体系、起重吊装及起重机械安装拆卸工程、脚手架工程、拆除工程、暗挖工程、国务院建设行政主管部门和其他部门规定的其他危险性较大的工程。

10.3.2 危大工程专项施工方案

1. 专项施工方案

施工单位在开始实施危大工程前，应编制专项施工方案，专项施工方案应包括以下内容。

① 工程概况：危大工程概况、施工平面布置、施工要求和技术保证条件。

② 编制依据：相关法律、法规、规范性文件、标准、规范及图纸（国标图集）、施工组织设计等。

③ 施工计划：包括施工进度计划、材料与设备计划。

④ 施工工艺技术：技术参数、工艺流程、施工方法、检查验收等。

⑤ 施工安全保证措施：组织保障、技术措施、应急预案、监测监控等。

⑥ 劳动力计划：专职安全生产管理人员、特种作业人员等。

⑦ 计算书及相关设计图。

⑧ 验收和监测要求。

⑨ 应急预案和应急救援预案。

专项施工方案审批流程如图 10-2 所示。危大工程实行分包的，应由分包单位编制专项施工方案，专项施工方案应由总承包单位技术负责人及分包单位技术负责人共同审核签字并加盖单位公章。

2. 专项施工方案审批

项目监理机构对危大工程进行审批时，一般先进行程序性审查，程序满足规定的，再进行符合性审查，最后进行针对性审查。

（1）程序性审查

由专业监理工程师对专项施工方案进行程序性审查，要关注的是"施工单位技术负责人审批"环节的结论性意见是否为"同意"。

（2）符合性审查

项目监理机构对专项施工方案的符合性进行审查，主要审查其是否符合现行相关规范和强制性标准。

（3）针对性审查

项目监理机构主要针对本项目的具体情况，包括工程本体、周边环境和场地条件、施工组织设计、工程总体进度计划、施工设备、施工单位安全保证体系等进行审查。

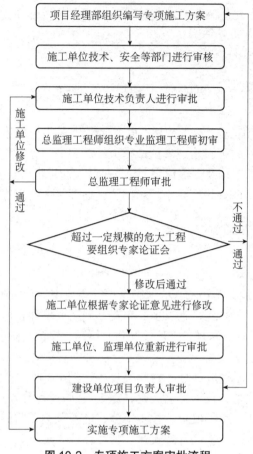

图 10-2 专项施工方案审批流程

3. 专项施工方案实施

经审核的专项施工方案是施工和监理的依据，施工单位必须严格执行专项施工方案。一旦实施条件和作业环境出现变化，或在实施中出现较大偏差，施工单位必须认真分析、调整专项施工方案，并按程序重新进行审批。

10.3.3　危大工程现场安全监理

1. 参加专家论证会

超过一定规模的危大工程专项施工方案，在通过施工单位技术负责人和总监理工程师审查后，由施工单位组织召开专家论证会进行论证。总监理工程师和专业监理工程师应参加专家论证会，但是不得以专家身份参加。

专项施工方案和专家论证意见由建设单位报工程所在地建筑施工安全生产监督机构备案。

2. 编制安全监理实施细则

项目监理机构在审查施工单位提交的专项施工方案的同时，应根据批准的专项施工方案的内容，针对工程特点、周边环境和施工工艺等，组织专业监理工程师编制监理实施细则。

总监理工程师应组织学习安全生产法律、法规和规范标准，切实掌握专项施工方案的特点，按施工部位和施工环境，有针对性地开展工作。

3. 安全交底

总监理工程师、专职安全监理工程师必须熟悉工程的重大危险源，以及专项安全技术措施实施和安全监理细则的内容和要求，向全体监理人员进行交底，必要时应向承包单位做安全监理工作交底，向全体监理人员明确安全监理工作要求，严格监督施工单位按照施工组织设计要求和安全技术措施规定开展施工作业。

监理工程师应检查施工单位安全技术交底记录等资料，审查交底内容是否符合专项施工方案、施工工艺、操作规程的要求，交底记录的内容是否真实齐全、记录是否签名。

4. 危大工程监测、检查和验收

项目监理机构应审核建设单位委托的监测单位的资质和监测方案，检查监测单位是否按照监测方案进行监测。监测结果出现异常情况时，应及时向建设单位报告。

监理工程师应对危大工程实施专项巡视检查，检查安全防护设施，以及危险区域是否设置安全警示标牌；检查施工单位特种作业人员上岗情况，以及项目负责人和专职安全管理人员现场履职情况。

对于按照规定需要验收的危大工程，监理单位应当和施工单位组织相关人员进行验收。验收合格的，经总监理工程师及施工单位项目技术负责人签字确认后，方可同意进入下一道工序。

5. 安全事故处置

发生重大安全事故或者突发事件时，总监理工程师应及时下发工程暂停令，指示现场作业人员停止施工，撤离现场，并及时向监理单位和建设单位报告；配合有关单位做好应急救援和现场保护工作，并协助有关部门对事故进行调查和处理。

危大工程应急抢险结束后，建设单位应组织勘察、设计、施工、监理等单位制订工程恢复方案，并对应急抢险工作进行评估。项目监理机构应监督施工单位严格按照工程恢复方案进行处理；恢复工程验收合格并经建设单位同意后，总监理工程师应及时签发工程复工令。

【任务安排】

2018 年 3 月 8 日，住房和城乡建设部发布了《危险性较大的分部分项工程安全管理规定》，目的是加强对房屋建筑和市政基础设施工程中危险性较大的分部分项工程安全管理，有效防范生产安全事故。

请问，危大工程和超大工程的划分标准是什么？

任务四　建立和落实安全监理责任制度

【教学导入】

2014 年 12 月 29 日，×××体育馆及宿舍楼工程工地的筏板基础钢筋体系发生坍塌，造成 10 人死亡、4 人受伤。此次事故的监理单位监理不到位之处有：对项目经理长期未到岗履职的问题监理不到位，且事故发生后，伪造了针对此问题下发的监理通知单；对钢筋施工作业现场监理不到位，未及时发现并纠正作业人员未按照钢筋施工方案施工的违规行为；对施工单位安全技术交底和安全教育工作监理不到位，致使施工单位使用未经培训的人员实施钢筋作业。

请问，监理单位如何规避安全生产管理责任风险？

10.4.1 监理单位的安全管理制度

监理单位法定代表人为安全生产工作的第一责任人，总监理工程师为该项目安全监理工作的第一责任人。只有全员参与、齐抓共管，真正将目标分解到人、细化到人，才能保证安全生产监督责任的落实。

监理单位的安全管理制度应包括以下主要内容。

① 建立企业安全生产责任制度，明确安全管理目标，制订安全生产奖惩考核制度，建立安全管理工作档案。

② 按规定配备专职安全监理人员。

③ 建立安全教育培训制度，各级监理人员应接受安全教育培训。

④ 建立项目监理机构安全生产检查制度，实施具体的检查活动。

⑤ 建立监理文件审批管理制度，明确安全监理的范围、内容、工作程序和措施，以及人员配备计划和职责等。

⑥ 建立危大工程监理管理制度，落实危大工程专项施工方案审批、论证、验收和旁站工作。

⑦ 建立监理月报制度，项目监理机构定期将安全监理情况上报，进行监理月报归档管理。

⑧ 建立安全事故报告处理制度。

10.4.2 项目监理机构各岗位的安全职责

1. 总监理工程师的安全职责

① 按照法律、法规和工程建设强制性标准实施监理，落实项目总监理工程师负责制，按照《建设工程安全生产管理条例》的要求承担安全监理责任。

② 明确各管理岗位、各职能人员的安全监理责任和考核标准，领导并支持安全监理人员的工作。

③ 结合项目的实际情况，组织编写项目监理规划中的安全方案和安全监理实施细则。

④ 审查施工组织设计中的安全技术措施或者专项施工方案是否符合工程建设强制性标准。

⑤ 组织专业监理工程师审查施工总承包单位和分包单位的营业执照、资质证书、安全生产许可证，审查安全管理组织结构、项目经理、专职安全管理人员、特种作业人员配备数量及培训上岗情况。

⑥ 组织专业监理工程师审查施工单位的安全生产责任制、安全管理制度、安全操作规程制订情况。

⑦ 组织专业监理工程师审查施工单位的起重机械设备、施工机具和电器设备等施工方案，办理大型机械设备投入使用前的验收手续。

⑧ 组织专业监理工程师审查施工单位的事故应急救援预案制订情况。

⑨ 参加危大工程专项施工方案专家论证会。

⑩ 发现事故隐患后及时要求施工单位整改；情况严重的应要求施工单位暂停施工，并及时报告建设单位。施工单位拒不整改或者不停止施工的，应及时向有关主管部门报告。

⑪ 审核和签署安全防护、文明施工措施费用支付证明。

⑫ 检查安全监理工作的落实情况，根据安全考核制度对监理人员进行奖惩。

⑬ 组织召开安全专题会议，签发会议纪要。

⑭ 发生安全事故时，及时向监理单位和建设单位汇报，参与安全事故调查。

2. 总监理工程师代表的安全职责

① 根据总监理工程师的授权，行使总监理工程师的部分职责和权力，按项目监理规划和安全监理实施细则实施安全监理。

② 监督施工单位在施工过程中是否执行安全生产法律、法规和工程建设强制性标准。

3. 安全监理工程师的安全职责

① 制订项目监理机构的年度安全监理工作计划。

② 对于超过一定规模的危大工程的专项施工方案，审查是否按照《危险性较大的分部分项工程安全管理规定》的规定程序进行了专家论证，并报告总监理工程师。

③ 参与编写监理方案和安全监理实施细则，报总监理工程师审批。

④ 监督施工单位按照专项施工方案组织施工，及时制止违规施工作业。

⑤ 审查施工总承包单位和分包单位的营业执照、企业资质和安全生产许可证。

⑥ 查验安全生产管理人员的安全生产考核合格证书。

⑦ 审核施工中的安全技术措施和专项施工方案。

⑧ 核查施工单位安全培训教育记录和安全技术措施交底情况。

⑨ 检查施工单位的安全生产责任制、安全检查制度和施工报告制度执行情况。

⑩ 对危大工程进行旁站、巡视，并做好安全检查记录。

⑪ 督促施工单位按规定和标准定期对施工现场进行检查，对存在的问题做出处理。

⑫ 如果施工单位拒不整改，及时向总监理工程师报告。

⑬ 检查安全标志和安全防护措施是否符合标准。

4. 专业监理工程师的安全职责

① 根据安全技术措施和安全操作规程进行安全巡视。

② 严格按照施工组织设计（方案）、工艺和安全技术交底进行安全监理工作。

③ 对所负责范围内的安全防护措施负有安全巡视责任。对重点部位和特殊部位要跟踪到位，保证安全措施的实施。

④ 对重点工程和部位加大巡视和监督力度。

⑤ 对施工现场和生活区暂时用电的电闸箱、电缆和其他用电设备等进行检查，加强对临时用电的安全巡视。

⑥ 对大型机械设备加强安全监理。从租赁、安装、设备自身资质等方面把关，对现场安全交底、施工（安装）单位自检、设备检测调试等做好监理。

5. 监理员的安全职责

① 在安全监理工程师、专业监理工程师的指导下开展现场安全监理工作。

② 巡视工地安全情况，跟踪施工单位安全隐患整改情况，发现问题后及时向专业监理工程师报告。

③ 及时将安全监理资料进行分类存档。

④ 做好监理日志和有关的监理记录。

10.4.3 安全监理方式和手段

1. 审核

① 项目监理机构应审核施工单位安全生产许可证、管理人员安全生产考核合格证书、特种作业操作资格证书等。

② 项目监理机构应对施工单位报送的专项施工方案和安全生产管理资料及时审查核验，提出监理意见，不符合要求的应要求施工单位完善后再次报审。

③ 审核施工单位的应急救援预案。

④ 审核施工单位报送的提取安全生产费用申请。

2. 巡视检查

① 项目监理机构对施工现场的巡视检查应包括下列内容。

● 施工单位专职安全生产管理人员、特种作业人员到岗情况。

● 施工现场是否符合施工组织设计中的安全技术措施、专项施工方案和安全防护措施费用使用计划。

● 施工现场是否存在安全隐患，存在的安全隐患是否已按照项目监理机构的指令实施整改。

● 项目监理机构签发工程暂停令后是否已停工。

② 对危大工程进行专项巡视检查，检查现场作业环境、现场人员（项目负责人、安全管理人员、作业人员）履职、施工方案实施情况，抽查安全技术交底、监测等情况，并填写危大工程巡视检查记录。

③ 参加建设单位组织的安全生产专项检查。

3. 旁站

在危大工程施工全过程中，项目总监理工程师应在现场履职，专业监理工程师应在现场进行旁站，并且做好旁站记录。

4. 验收

危大工程的验收分为阶段性验收、隐蔽工程验收、方案实施总体验收，由施工总承包单位对照专项施工方案和标准、规范、操作规程进行验收，由监理单位进行复查验收，验收检查情况应记录存档。验收合格后，经施工单位项目技术负责人及总监理工程师签字后，方可进入下一道工序。

危大工程验收合格后，应在施工现场的明显位置设置危大工程验收标识牌，如图 10-3所示。

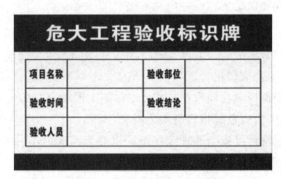

图 10-3　危大工程验收标识牌

5. 告知

① 项目监理机构应以监理工作联系单的形式告知建设单位在安全生产方面的义务、责任以及相关事宜。

② 项目监理机构应以监理工作联系单的形式告知施工总承包单位安全监理工作要求、对施工总承包单位安全生产管理的提示、建议以及相关事宜。

6. 监理通知单

① 如果项目监理机构在巡视检查中发现安全事故隐患或违反现行法律、法规和工程建设强制性标准，未按照施工组织设计中的安全技术措施和专项施工方案组织施工，应立即签发监理通知单，要求限期整改。

② 监理通知单应发送给施工总承包单位，并报送建设单位。

③ 施工单位整改后应填写监理通知回复单，项目监理机构应复查整改结果。

7. 工程暂停令

① 项目监理机构发现施工现场安全事故隐患情况严重或者施工现场发生重大安全事故的，应及时报告建设单位，经建设单位同意后应签发工程暂停令，并按实际情况要求局部停工或全面停工。

② 工程暂停令应发送给施工总承包单位并报送建设单位。

③ 施工单位针对项目监理机构指令停止施工，整改结束后应填写工程复工报审表，项目监理机构应验收整改结果。

8. 安全会议

① 总监理工程师在第一次工地会议上介绍安全监理方案的主要内容，安全监理工程师应

参加第一次工地会议。

② 项目监理机构应定期组织召开工地例会，由监理工程师整理会议纪要。会议纪要应包括以下安全监理工作内容。

- 施工单位安全生产管理和施工现场安全现状。
- 对安全问题的分析，以及改进措施研究。
- 下一步的安全监理工作打算。

③ 必要时可召开安全生产专题会议。

④ 各类会议应形成会议纪要，并经到会各方代表会签。

9. 报告

① 施工现场发生安全事故时，项目监理机构应立即向本单位负责人及建设单位报告，情况紧急时可直接向有关主管部门报告。

② 如果施工单位不执行项目监理机构指令，对施工现场存在的安全事故隐患拒不整改或不停工整改，项目监理机构应及时报告有关主管部门。

③ 项目监理机构应将月度安全监理工作情况以安全监理工作月报的形式向本单位、建设单位和安全监督部门报告。

④ 针对某项具体的安全生产问题，项目监理机构可以专题报告的形式向本单位、建设单位和安全监督部门报告。

10. 安全监理记录

① 项目监理机构应在监理日记中记录安全监理工作情况。

② 监理日记中的安全监理记录应包括以下内容。

- 当日施工现场安全现状。
- 当日安全监理的主要工作。
- 当日安全生产方面存在的问题及处理情况。

11. 监理月报

项目监理机构报送的监理月报中应有安全监理的相关内容，包括以下内容。

- 当月危大工程作业和施工现场安全现状及分析（必要时附影像资料）。
- 当月安全监理的主要工作、措施和效果。
- 当月签发的安全监理文件和指令。
- 下月安全监理工作计划。

【任务安排】

专业监理工程师巡视某项目施工现场时，发现正在施工的部位存在安全事故隐患，立即签发了监理通知单，要求施工单位进行整改。但是施工单位拒不整改，总监理工程师拟签发工程暂停令，要求施工单位停止施工。建设单位以工期紧、任务重为由不同意停工，总监理工程师没有签发工程暂停令，也没有及时向有关主管部门报告。最终，该事故隐患未能及时排除，导致出现了较大的生产安全事故。

请问，该工程项目中的建设单位、施工单位、监理单位是否需要对此次事故承担责任？说明理由。

项目小结

建设工程领域安全事故频发，施工单位是生产的直接管理者，负有不可推卸的责任。监理单位作为参建一方，需要承担一定的安全责任。建设工程的安全风险是不可预料的，所以监理单位和监理工程师应熟悉建设工程领域安全生产的法律、法规和强制性标准，监理单位和项目监理机构应建立健全安全管理制度，运用科学、有效的安全管理手段，加强对施工现场的安全管理工作，降低监理单位的安全风险责任。

能力训练

一、单选题

1. 在征得建设单位同意后，由（　　）签发工程暂停令。

A. 建设单位项目负责人　　　　　　B. 总监理工程师代表

C. 监理单位总经理　　　　　　　　D. 总监理工程师

2. 施工单位对列入建设工程概算的安全作业环境及安全施工措施所需费用，不得用于（　　），不得挪作他用。

A. 施工安全防护用具及设施的采购和更新　B. 安全施工措施的落实

C. 购买施工所用建筑材料　　　　　　　D. 安全生产条件的改善

3. 《建设工程安全生产管理条例》规定，施工起重机械和整体提升脚手架、模板等自升式架设设施安装完毕后，（　　）应自检，出具自检合格证明。

A. 具有专业资质的检验机构　　　　B. 专业技术人员

C. 施工单位　　　　　　　　　　　D. 安装单位

4. （　　）应组织召开专家论证会对专项施工方案进行论证。

A. 建设单位　　　　　　　　　　　B. 施工单位

C. 监理单位　　　　　　　　　　　D. 建设行政主管部门

5. 施工单位的安全生产许可证有效期是（　　）年。

A. 2　　　　　　B. 3　　　　　　C. 4　　　　　　D. 5

6. 发生工程质量事故后，建设单位负责人接到报告后，应于（　　）小时内向事故发生地县级以上人民政府住房和城乡建设主管部门及有关部门报告。

A. 1　　　　　　B. 2　　　　　　C. 6　　　　　　D. 12

7. 下列哪一个属于建设工程中的危大工程？（　　）

A. 模板工程　　　B. 钢筋工程　　　C. 混凝土工程　　　D. 水电工程

8. 建设单位应于工程开工日后一个月内向承包单位支付至少（　　）企业安全生产费用。

A. 30%　　　　　B. 50%　　　　　C. 80%　　　　　D. 100%

9. 工程项目存在施工分包的，应由（　　）统一组织编制生产安全事故应急救援预案。

A. 建设单位　　　　　B. 监理单位　　　　　C. 总承包单位　　　　D. 分包单位

10. 工程监理单位和监理工程师应按照法律、法规和工程建设强制性标准实施监理，并对建设工程安全生产承担（　　）责任。

A. 管理　　　　　　　B. 监理　　　　　　　C. 违法　　　　　　　D. 违约

二、多选题

1. 下列哪些属于建设工程中达到一定规模的危险性较大的分部分项工程？（　　）

A. 模板搭设高度为 8 米

B. 脚手架搭设高度为 24 米

C. 玻璃幕墙的施工高度为 50 米

D. 基坑开挖深度为 4 米，但是地质条件复杂

E. 人工挖孔桩深度为 15 米

2. 危大工程验收合格后，（　　）在验收表上签字确认后，方可进入下一道工序。

A. 项目经理　　　　　　　　　　　　B. 项目技术负责人

C. 安全员　　　　　　　　　　　　　D. 总监理工程师

E. 专业监理工程师

3. 专项施工方案应由（　　）进行审核批准。

A. 建设单位项目负责人　　　　　　　B. 施工单位技术负责人

C. 施工单位项目经理　　　　　　　　D. 设计单位项目技术负责人

E. 总监理工程师

4. 项目监理机构监督施工单位进行安全技术交底，交底记录上应有（　　）的签名。

A. 交底人　　　　　　　　　　　　　B. 被交底人

C. 安全员　　　　　　　　　　　　　D. 施工员

E. 监理工程师

5. 危险性较大的分部分项工程的验收分为（　　）。

A. 阶段性验收　　　　　　　　　　　B. 隐蔽工程验收

C. 分项工程验收　　　　　　　　　　D. 方案实施总体验收

E. 分部工程验收

三、思考题

1. 对于建筑起重机械设备管理，监理单位应履行哪些安全责任？

2. 监理单位的安全职责有哪些？

3. 建设工程中的危大工程有哪些？

4. 哪些人员应参加危大工程验收？

5. 安全监理的手段有哪些？

四、讨论题

2016 年 11 月 24 日，江西省某发电厂三期扩建工程在 7 号冷却塔第 50 节筒壁混凝土强

度不足的情况下，施工单位违规拆除模板，致使筒壁混凝土失去模板支护，不足以承受上部荷载，造成第 50 节及以上筒壁混凝土和模架体系连续倾塌坠落，造成 73 人死亡、2 人受伤，直接经济损失达 10197.2 万元。此次事故属于特别重大事故。

如果你是总监理工程师，如何做好安全监理工作，避免此次事故的发生？

五、综合实训

教师组织学生对某模板工程搭设进行检查，发现梁板模板支撑搭设存在一定的安全隐患（工程安全隐患情形可以根据模板工程危险源辨识清单自行设定或者进行现场实物检查），指导学生分组模拟监理工程师下发监理整改通知单（请扫描右侧二维码下载模板工程危险源辨识清单）。

模板工程危险源
辨识清单

项目十一　监理工作风险管理

 知识目标

1. 了解风险的基本理论，理解建设工程风险的类型。
2. 熟悉监理单位的主要风险和科学的风险管理方法。
3. 掌握监理单位应对各种风险类型所采取的防范措施和对策。

 拓展知识点

1. 监理企业文化建设。
2. 工程监理责任保险。
3. 监理业务分包。

任务一　了解建设工程风险基本知识

风险的基本理论

【教学导入】

2008 年汶川大地震发生时，四川省绵阳市安县（今安州区）桑枣中学的全校 2200 多名师生用 1 分 36 秒全部撤离到了操场，无一人伤亡，这一切应归功于当时的校长叶志平同志。

叶志平同志秉承"责任高于一切，成就源于付出"的理念，多年来他不断筹措资金加固教学楼，经常引导学生进行安全疏导训练，牢固树立师生的安全意识。在汶川大地震发生后，学生和教师无一人伤亡。地震发生后，他以一个共产党员的高度责任感，带领全校教职工自强不息地战斗在抗震自救的最前线，被称为"史上最牛校长"。

请问，参建单位如何做好建设工程应急救援预案？

11.1.1　风险的相关概念

风险就是不幸或不利事件发生的概率。换言之，风险是一个事件产生我们不希望的后果的可能性。从广义上讲，只要某一事件的发生存在两种或两种以上的可能性，就认为该事件存在风险。

1. 风险的性质

① 偶然性。由于信息不对称，风险事件发生与否难以预测。

② 可变性。在一定条件下，风险可以转化。

③ 社会性。风险的后果与人类社会的相关性决定了风险的社会性，风险具有很大的社会影响。

④ 客观性。风险是一种不以人的意志为转移，独立于人的意识之外的客观存在。

⑤ 相对性。即使在相同的风险情况下，不同的风险主体对风险的承受能力也不同，风险主体受益的多少、地位的不同和拥有的资源的差异等决定了其承受能力的差异。

⑥ 不确定性。从总体上看，有些风险是必然发生的，但何时发生却是具有不确定性的。

⑦ 与利益的对称性。对风险主体来说，风险和利益是同时存在的，即风险是利益的"代价"，利益是风险的"报酬"。

2. 风险因素

① 有形风险因素。有形风险因素也称为实质风险因素，是足以引起风险事故、提高损失概率、加重损失程度的因素。例如，某一建筑物所处的地理位置、所用的建筑材料的性质、自然灾害、恶劣的气候、汇率等都属于有形风险因素。

② 无形风险因素。无形风险因素是与人的心理或行为有关的风险因素，通常包括道德风险因素和心理风险因素。由于无形风险因素与人密切相关，因此这类风险因素也称为人为风险因素。

3. 风险事故

风险事故（也称为风险事件）是指造成人身伤害或财产损失的偶发事件，是造成损失的直接或外在的原因，是损失的媒介，即风险只有通过风险事故的发生才能导致损失。

就某一事件来说，如果它是造成损失的直接原因，那么它就是风险事故；而在其他条件下，如果它是造成损失的间接原因，它便是风险因素。例如，下冰雹后路滑发生车祸，造成人员伤亡，这时冰雹是风险因素；如果冰雹直接击伤行人，它就是风险事故。

4. 损失

在风险管理中，损失是指非故意的、非预期的和非计划的经济价值的减少。在风险管理中，通常将损失分为四类：实质损失、额外费用损失、收入损失、责任损失。

通常我们将损失分为直接损失和间接损失。直接损失是风险事故导致的人员伤亡和财产损失，这类损失又称为实质损失；间接损失则是直接损失引起的其他损失，包括额外费用损失、收入损失、责任损失。

风险是由风险因素、风险事故、损失构成的统一体，三者的关系如图 11-1 所示。

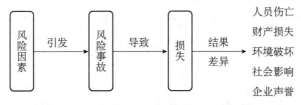

图 11-1 风险因素、风险事故、损失的关系

11.1.2 工程项目的风险类型

1. 组织风险

- 组织结构模式。
- 工作流程。
- 任务分工和管理职能分工。
- 业主方（包括代表业主利益的项目管理方）人员的构成和能力。
- 设计人员和监理工程师的能力，例如专业技能、设计及监理工作经验等。
- 承包单位管理人员和一般技术工人的能力，例如管理人员对工程的整体安排、技术工人的操作经验等。
- 机械操作人员的能力和经验。
- 损失控制和安全管理人员的资历与能力等。

2. 经济与管理风险

（1）经济风险

经济风险是指因经济前景的不确定性，经济实体在从事正常的经济活动时，蒙受经济损失的可能性。在商品经济的环境下，企业经营者难以把握预期收益，市场环境波动大，建设单位对产品和服务的要求越来越高，企业竞争压力大，经济风险已成为每个生产者、经营者必须正视的问题。

（2）管理风险

管理风险是指管理运作过程中因信息不对称、管理不善、判断失误等影响管理水平。这种风险具体体现在构成管理体系的每个细节上，主要可以分为四个部分：管理者的素质、管理制度、企业文化、管理过程。

3. 工程环境风险

- 自然灾害。
- 岩土地质条件和水文地质条件。
- 气象条件。
- 引起火灾和爆炸的因素。
- 周围的建筑物、地下管线、道路等。
- 当地法律、法规及政策。

4. 技术风险

- 工程勘测资料和有关文件。
- 工程设计文件。
- 工程施工方案。
- 工程监理文件。
- 工程物资。
- 工程机械等。

【任务安排】

某工程项目的施工单位编制了主体结构施工方案，经企业技术负责人签发后，报项目监理机构审批。经总监理工程师签字批准，同意施工单位按照此方案进行施工。

在施工过程中，施工单位发现主体结构施工方案存在重大缺陷，影响了结构的质量安全，立即停工。经过协商，监理单位同意进行整改处理，最终工程主体结构施工完成。

随后，施工单位向建设单位提出索赔，索赔要求是增加误工费用、返工费用，索赔理由是主体结构施工方案经过项目监理机构审核，并且总监理工程师签字同意了该份方案，监理单位应当共同承担责任。

请问，监理单位是否要承担责任？该风险属于哪一类风险？

任务二 监理单位合理应对项目风险

监理单位的风险管理

【教学导入】

2019 年以来，多省市下发文件要求监理单位及监理人员严格按照国家有关建设工程法律、法规、标准、规范和合同约定开展建设工程监理工作，自觉维护社会公共利益和监理行业声誉，严格遵守"十不准"规定。

"十不准"规定包括：一不准使用施工单位提供的办公生活用房；二不准在施工单位食堂就餐；三不准使用施工单位提供的仪器、设备、车辆、办公用品等；四不准接受施工单位、作业班组、材料供应商的"加班费"、礼品、礼金、有价证券等；五不准接受施工单位、作业班组、材料供应商的宴请及其他消费性活动；六不准向施工单位、作业班组、材料供应商报销应由个人支付的各种费用；七不准"吃拿卡要"，或在有业务关系的施工单位、作业班组、材料供应商中兼职谋私利；八不准为施工单位、作业班组、材料供应商提供有偿服务，或以其他形式向施工单位、作业班组、材料供应商索取报酬、回报、补贴；九不准利用职务之便，向施工单位推荐分包单位、工程材料、设备等；十不准利用职务之便，为配偶、子女、亲友等向施工单位、材料供应商进行营利性活动提供各种便利条件。

请问，监理工作"十不准"规定对监理单位有哪些方面的影响？

11.2.1 建设工程风险管理

1. 项目风险识别

项目风险识别是建设工程风险管理的第一步，也是风险管理的基础，是指在风险事故发生之前，项目管理者运用各种方法，系统、连续地认识所面临的各种风险，分析风险事故发生的潜在原因。只有正确识别自身所面临的风险，才能够主动选择适当、有效的方法进行处理。

项目风险识别的任务是识别项目实施过程中存在哪些风险，其工作程序包括以下几方面。

（1）收集与项目风险有关的信息，如自然条件、社会环境、业主信誉、质量要求等。

（2）确定风险因素。

（3）建立项目风险清单，并将可能存在的风险因素分类。

2. 项目风险评价

项目风险评价是指在风险事件发生之前或之后（但还没有结束），对该事件给参与方的生命、财产、周围环境等方面造成影响和损失的可能性进行量化评价的工作。项目风险评价包括以下工作。

（1）利用已有资料（主要是类似项目有关风险的历史资料）和相关专业方法分析各种风险事件发生的概率。

（2）分析各种风险事件的损失量，包括可能发生的工期损失、费用损失，以及对工程的质量、功能和使用效果等方面的影响。

（3）根据各种风险事件发生的概率和损失量，确定各种风险事件的风险量和风险等级。

3. 风险对策

常用的风险对策有风险回避、风险减轻、风险自留、风险转移及以上的组合等。对于难以控制的风险事件，向保险公司投保是风险转移的一种措施。

风险回避是指通过有计划的变更来消除风险事件或风险事件发生的条件，保护目标免受风险事件的影响。风险回避并不意味着完全消除风险事件，要回避的是风险事件可能造成的损失，一是要降低损失发生的概率，采取事先控制措施；二是要降低损失程度，包括事先控制和事后补救两方面。

风险减轻是减少不利的风险事件的后果和降低可能性，使之在一个可被接受的范围内。通常在项目的早期，采取风险减轻策略可以达到更好的效果。采用这一策略时，应当制订一个周密、完善的损失控制计划。

风险自留也称为风险承担，是指企业自己非理性或理性地主动承担风险，从企业内部财务的角度应对风险。如果采用风险自留方式，监理单位应当充分考虑自身承担风险的能力。

风险转移是指通过合同或非合同的方式将风险转嫁给另一个人或单位。

总而言之，无论采取何种项目对策，应形成风险管理计划，包括以下几方面。

- 风险管理目标。
- 风险管理范围。
- 可使用的风险管理方法、工具以及数据来源。
- 风险分类和风险排序要求。
- 风险管理的职责和权限。
- 风险跟踪的要求。
- 相应的资源和预算。

11.2.2　监理单位的主要风险

1. 行为责任风险

行为责任风险主要来自三个方面，一是监理工程师违反了监理合同约定的职责和义务，超出了业主委托的工作范围，并造成了工程损失；二是监理工程师未能正确地履行监理合同约定的职责，在工作中发生失职行为；三是监理工程师由于主观上的随意行为，未能严格履行自身的职责，并因此造成了工程损失。

2. 工作技能风险

监理工作是基于专业的技术服务，尽管监理工程师履行了监理合同中业主委托的工作职责，但由于其本身专业技能水平的限制，并不一定能取得应有的监理效果，还有可能会出现工作失误或违章指挥的情况。

3. 资源调配风险

即使监理工程师在工作中并无行为上的过错，仍然有可能承受资源不足带来的风险。某些工程质量隐患的暴露需要一定的时间和诱因，利用现有的技术手段和方法，并不能保证所有问题都能被及时发现。另外，由于人力、财力和技术资源的限制，监理工程师无法对施工过程中的所有部位、所有环节进行细致、全面的检查。

4. 组织管理风险

这种管理风险主要来自两方面，一是监理单位与项目监理机构之间缺乏管理约束机制；二是项目监理机构内部管理机制不完善。项目监理机构中各个层次的人员分工必须明确，如果总监理工程师不能在项目监理机构内部实行有效的管理，则风险管理目标无法实现。

5. 职业道德风险

监理工程师在运用其专业知识和技能时，必须十分谨慎、小心，表达自身意见时必须明确，处理问题时必须客观、公正，同时应勇于承担对社会和职业的责任，在工程利益和社会公众的利益发生冲突时，优先考虑社会公众的利益；在监理工程师的自身利益和工程利益不一致时，必须以工程利益为重。如果监理工程师不能遵守职业道德，自私自利、敷衍了事、回避问题，甚至为谋求私利而损害工程利益，必然会面对相当大的风险。

6. 社会环境风险

社会对监理工程师寄予了极大的期望，这种期望无疑对建设工程监理行业的发展有积极的推动作用。但另一方面，人们对建设工程监理行业的认识也产生了某些偏差和误解，可能形成一种对建设工程监理行业的健康发展不利的社会环境。现在社会上有相当一部分人认为，既然工程实施了监理，监理工程师就应该对工程质量负责，工程出了质量问题，首先应向监理工程师追究责任。

我们应当知道，施工单位的工作属于承包性质，施工单位有责任为业主提交质量合格的工程，但监理工程师的工作是委托性、咨询性的，是代表业主进行工作的。监理工程师在工程实施过程中所做的任何工作并不减少或免除施工单位的任何义务。推行建设工程监理制度，对提高工程质量、保证施工安全起到了积极作用，但监理工程师的工作不能替代施工单位来担保工程不出现质量和安全问题。

11.2.3　监理单位的风险防范措施

1. 对建设单位引起的风险的防范措施

（1）调查建设单位资信

建设单位引起的风险发生的概率和潜在损失都非常大。所以，在签订监理合同之前，要调查建设单位的资信、经营状况和财务状况。

（2）合同协商

在合同协商时，监理单位主要负责人和总监理工程师应仔细斟酌、认真研究，注意施工合同的签订时间（有的施工合同签订时间早于监理合同签订时间，有的施工合同签订时间晚于监理合同签订时间）、施工发包模式、施工单位的资质和规模、监理范围、监理内容、监理费用、工程款支付等条款。

签订合同前，监理单位和建设单位应充分沟通，总监理工程师要对监理合同和施工合同的主要内容做到心中有数，避免出现合同条款理解分歧，为将来的监理工作留下不确定因素。

（3）积极和建设单位沟通

根据监理合同约定，对于施工单位的任何意见和要求，建设单位应告知监理单位，由监理单位向施工单位发出相应指令。在监理过程中，项目监理机构应处理好双方关系，争取建设单位的支持、理解和配合。监理单位应从建设单位的角度出发，为委托对象提供优良的服务，在服务过程中积极建言献策，维护建设单位的合法利益。

（4）主动汇报

按照监理合同约定，项目监理机构应定期将监理月报、监理通知单、会议纪要、总结报告等资料提供给建设单位。一方面，建设单位作为项目委托方，有权知道和了解施工进展；另一方面，详细的资料可以体现项目监理机构的阶段性工作成果，也为监理工作得到建设单位认可和支持打下基础。

2. 对施工单位引起的风险的防范措施

（1）加强与施工单位的沟通、协调

在监理工作过程中，监理工程师应加强与施工单位的沟通、协调，争取施工单位对监理工作的支持和配合；对于工作中的分歧，应通过友好协商进行解决，求得共识；同时，应注意和施工单位保持一定的距离，否则可能引起建设单位的不信任。

（2）守法、诚信、公正、科学

按照法律、法规办事是保证工作质量、防范风险的关键。如果建设单位和施工单位的其中一方对监理单位失去了信任，监理单位的工作将很难开展。

（3）监理程序标准、规范

开工前，监理单位要向施工单位进行监理交底，将监理计划和监理工作流程等详细告知施工单位。项目监理机构的指示、会议、文件传递、计量、验收等工作应该以书面形式表现，并且责任人要签字、盖章。监理单位应严格按照监理合同和施工合同的约定，做到不揽权、不越权、不推诿，用事实说话、用数据说话、用书面文件说话。

（4）监理工程师的专业水平要高

监理工作的核心竞争力是智力密集型、技术复合型和管理集约型，所以监理工程师应具备复合型知识结构，熟悉工程造价、施工安全、施工流程和质量验收等方面的专业知识，优秀的监理工程师不仅要能发现问题，更重要的是能解决问题，让施工单位相信监理单位是来协助解决问题的，而不是来"找茬"的，从而避免积累矛盾。施工阶段的建造活动是由施工单位具体负责的，如果监理人员的专业水平较差，有可能无法发现施工单位在项目实施中的失误。

（5）监理人员应正当履职

很多项目会出现总监理工程师的监理工作不到位、监理人员常不在现场、监理工作流于形式、以罚代管等现象，这说明项目监理机构无法正常参与到工程项目管理中。所以项目监理机构应该依法履行职责，严格按照监理合同完成监理任务。

（6）监理单位不能向施工单位提出不合理的要求

作为工程项目的参建一方，监理单位要维护建设单位的合法权益，同时不得侵犯施工单位的合法权益，所以监理单位和个人都不能向施工单位提出不合理的要求。

（7）处理好和分包单位的关系

经建设单位同意，项目总承包单位可以将部分工程发包给分包单位，分包单位对分包工程承担责任和义务，项目总承包单位应对分包单位进行管理，并且承担连带责任。

分包单位和建设单位没有合同关系，因此建设单位和监理单位不能越过总承包单位，直接与分包单位发生工作关系。但在实际工作中，有些建设单位要求监理单位将分包单位纳入监理工作范围，直接对分包单位进行监督管理；有的总承包单位事先不对分包工程进行质量验收，要求分包单位向项目监理机构提出验收申请；对于在分包工程验收中发现的问题，有的总承包单位要求项目监理机构直接与分包单位商议等。上述这些做法，不符合建设工程法律、法规和相关合同的要求。

3. 对勘察、设计单位引起的风险的防范措施

（1）重视设计交底和图纸会审

组织设计交底和图纸会审可以使参建单位了解设计的特点和意图，解决图纸中存在的问题，减少图纸差错。

（2）加强和设计单位的联系

几乎所有建设工程项目都会出现设计变更，设计变更会直接影响工程项目的质量、投资额和进度，监理工程师应加强和设计人员的沟通，了解设计意图，避免出现不必要或者不合理的设计变更。

（3）打桩、地基验槽时请勘察、设计人员到场

打桩、地基验槽过程中发现实际情况与勘察、设计报告有出入时，务必请勘察、设计单位的有关人员一起到场确认。如有异议，应以书面形式予以明确。参与打桩、地基验槽的人员，应在打桩、地基验槽记录上签字确认。

4. 对监理单位自身的风险的防范措施

对于监理单位自身的风险，监理单位要加强内部管理。监理单位在提供监理服务的过程中，要严格遵守国家法律、法规和职业道德，以避免监理人员的不规范行为带来的损失和风险。当监理项目的风险成本远大于机会收益时，应采用风险回避策略；对于监理工程师工作疏忽或者失误造成的风险，由于其概率极低，潜在损失却较高，应采用风险转移的方式。

对监理单位自身的风险的防范措施应从以下几方面入手。

（1）加强监理单位内部管理

监理单位的许多风险是由监理单位内部管理不善和监理人员素质不高造成的，监理单位必须从自身建设着手，加强人才培养，提高监理人员整体水平和监理服务质量；提高监理单位自身管理水平，全面推行规范化监理；制订工作程序和工作制度，明确工作流程，让监理人员明确自己的责、权以及遇到紧急情况时应如何处理；建立、健全项目组织结构，做到分工明确、责任到人；根据项目的规模特点及难度，选派具备相应资格的总监理工程师和专业监理工程师。

（2）将部分监理工作分包

对于项目监理机构的部分工作，如果人员不足、专业性不强、不划算，可以在征得建设单位同意的情况下将这些工作分包给其他监理单位，分包监理单位对分包工作承担责任。

（3）重视监理人员的培训工作

加强监理人员的职业道德教育，以规范监理人员的职业道德行为，避免监理人员的不规范行为给监理单位带来的风险。重要的分部、分项工程实施前，监理单位应组织专业监理工程师和监理员对相关规范、标准、监理实施细则进行学习；鼓励监理人员学习新知识、新技能，拓宽知识面，在整个团队中形成积极向上的学习氛围。

（4）谨慎选择监理项目

监理单位应根据不同工程项目的实际情况和特点，合理估算监理成本；选择监理投标项目时，不选择超越自身监理能力的项目，不参与监理酬金明显低于监理成本的项目。

（5）做好监理合同管理工作

① 签订监理合同时要保护自身的合法利益，签订公平、合理的合同，防范合同风险。在合同履行过程中，一方面要严格遵守合同，另一方面要注意业主对监理要求的变更，随时调整或重新签订合同。

② 加强监理合同的索赔工作。与施工单位一样，监理单位也可以依据监理合同向业主索赔，这是避免风险和减少经济损失的重要手段。引起监理索赔的因素有很多，如业主改变监理范围、不按时支付监理酬金、施工工期延长、监理单位自备设施的经济补偿等。

（6）通过保险转移风险

除了监理人员自身遵守规章制度、注意自身保护，监理单位应为监理人员购买人身伤害保险。另外，对于监理责任风险，监理单位应投保工程监理责任保险，减少监理人员因工作疏忽或失误给业主或第三方造成损失的赔偿。

但是，工程监理责任保险只能作为监理单位风险管理的措施之一，只有结合其他风险管理措施，才能做到对监理风险的全面管理。盲目依赖工程监理责任保险，会给监理单位带来更多潜在风险。

（7）信息化管理

随着"互联网+"时代的到来，很多有实力的监理单位利用 App、计算机、其他终端设备（如手持式扫描仪、摄像头等）、云平台开发了信息化管理平台，还可以和施工单位的信息化管理平台联网，实现建设工程数据的互联互通，将"公司-项目监理机构-工地"形成一体，实现办公协同、数据共享、远程监控、及时沟通等，提高监理工作效率和工作透明性、减少沟通障碍，为项目管理的决策和实施提供技术支持和保障。

在实施工程项目的监理过程中，监理单位面临多方面的风险因素，风险管理对监理单位显得尤为重要。只有进行有效的风险防范和控制，将潜在风险遏制住，消除工作中可能面临的责任风险，实现工程建设的监理目标，才能在激烈的竞争中生存和发展。

【任务安排】

2014 年，某省住房和城乡建设厅对 11 个区市开展建筑市场执法检查，发现了建筑单位市场行为不规范、施工现场关键岗位人员到岗率低等问题，对 16 家建设单位、10 家施工单位以及 15 家监理单位予以全省通报批评，并给予相应处罚。

涉及监理单位的问题如下。

一是多数监理单位未能有效履行监理职责，总监理工程师不在现场的情况比较普遍，多数施工现场的监理人员与备案人员不一致。监理工作不规范，部分监理单位的会议纪要、监理日记内容简单，填写不规范，不能反映现场监理情况。

二是某项目总监理工程师使用伪造的职业资格证书，少数外省监理单位未按规定办理进省备案手续。

请问，假如你是监理单位负责人，如何规避监理风险？

项目小结

本项目分析了建设工程中存在的各种风险因素、风险事故和可能造成的损失。监理单位作为市场经营主体，项目监理机构作为项目的责任主体，应积极面对风险。监理单位和项目负责人应该采取多种应对措施，降低风险出现的概率或者降低风险可能带来的损失。

能力训练

一、单选题

1. 下列工程项目风险中属于技术风险的是（　　）。

A. 人身安全控制计划　　　　　　　　B. 施工机械操作人员的能力

C. 防火设施的可用性　　　　　　　　D. 工程设计文件

2. 某监理单位承接了某商业综合体的工程监理任务，但该监理单位有此类项目管理经验的人员较少，大部分项目管理人员缺乏经验，这属于工程项目风险类型中的（　　）风险。

A. 组织　　　　　B. 经济与管理　　　　　C. 工程环境　　　　　D. 技术

3. 下列工程项目风险管理工作中，属于风险识别阶段的工作的是（　　）。

A. 分析各种风险的损失量　　　　　　B. 对风险进行监控

C. 分析各种风险因素发生的概率　　　D. 确定风险因素

4. 下列对防范土方开挖过程中的塌方风险采取的措施中，属于风险转移对策的是（　　）。

A. 投保建设工程一切险　　　　　　　B. 设置警示牌

C. 进行专题安全教育　　　　　　　　D. 设置边坡护壁

5. 由于设计缺陷原因造成工程缺陷，监理工程师要求停工整改，分包单位应向（　　）提出索赔。

A. 建设单位　　　　B. 总承包单位　　　　C. 监理单位　　　　D. 设计单位

6. 风险管理中项目风险识别的最终成果是（　　）。

A. 收集信息　　　　　　　　　　　　B. 发现风险因素

C. 建立项目风险清单　　　　　　　　　　D. 分析风险概率

7. 监理单位对风险管理的态度应该是（　　　）。

A. 被动接受　　　　B. 主动应对　　　　C. 无视　　　　D. 放弃

8. 风险自留与其他风险对策的区别是（　　　）。

A. 改变工程风险发生的概率

B. 改变工程风险潜在损失的严重程度

C. 不改变建设工程风险的客观性质

D. 改变工程风险发生的概率，不改变工程风险潜在损失的严重程度

9. 建设工程风险管理的第一步是（　　　）。

A. 风险识别　　　　B. 风险评价　　　　C. 风险对策　　　　D. 风险控制

10. 利用现有的技术手段和方法，不可能保证所有质量问题都能被及时发现，属于监理单位的哪类风险？（　　　）

A. 行为责任风险　　　B. 工作技能风险　　　C. 职业道德风险　　　D. 调配资源风险

二、多选题

1. 工程环境风险包括（　　　）。

A. 自然灾害　　　　　　　　　　　　　B. 工程设备

C. 气象条件　　　　　　　　　　　　　D. 法律、法规

E. 工程施工方案

2. 组织管理风险包括（　　　）。

A. 明确的管理目标　　　　　　　　　　B. 专业技能水平

C. 合理的组织机构　　　　　　　　　　D. 细致的职责分工

E. 管理约束机制

3. 风险的特征有（　　　）。

A. 是作用于经济或大多数人的风险，具有普遍性

B. 会造成损失，也会带来风险

C. 是仅作用于某一特定对象（如个人或企业）的风险，不具有普遍性

D. 只会造成损失，不会带来收益

E. 不会造成损失

4. 风险不以人的意志为转移，不同人承受风险的能力不同。这体现了风险的（　　　）。

A. 客观性　　　　　　　　　　　　　　B. 可变性

C. 社会性　　　　　　　　　　　　　　D. 相对性

E. 与利益的对称性

5. 对监理单位自身的风险因素的防范措施有（　　　）。

A. 请勘察、设计人员到场　　　　　　　B. 将部分监理工作分包

C. 监理人员应正当履职　　　　　　　　D. 重视监理人员的培训工作

E. 谨慎选择监理项目

三、思考题

1. 风险成本和损失的区别是什么？

2. 按照产生的原因分类，有哪些风险？

3. 建设工程项目的组织风险包括哪些？

4. 监理单位的主要风险有哪些？

5. 风险评价的工作内容包括哪些？

四、案例分析题

事件1：某投标人在监理招标工程开标后发现自己报价失误，比正常报价少报了18%，虽然被确定为中标人，但拒绝与业主签订监理合同。

事件2：由于建设单位资金原因造成工程停工时间较长，监理单位向建设单位提出补偿监理费用的要求。

事件3：建设单位发现工程存在较大风险，造成的后果可能很严重，对监理单位的整改意见比较抵触，监理单位经过慎重考虑，提出终止合同。

事件4：监理单位在项目开工前，为监理工程师投保了工程监理责任保险。

事件5：征得建设单位同意后，监理单位将在外地的电梯设备监理工作分包给当地的监理单位。

事件6：某监理单位为了拓展外地的监理业务，在某市的地铁项目中，采取了接近成本报价的方式，低于当地监理单位的报价，最终中标并签订了监理合同。

请问，以上这些事件中，监理单位采取的风险对策分别是什么？

五、讨论题

某监理单位为了承揽某住宅小区工程项目的监理工作，采用低价竞争的方式，最终与建设单位签订监理合同，监理合同中有部分条款对监理单位不利。

组建项目监理机构时，为了降低监理成本，派驻该项目的总监理工程师还兼任了其他工程项目的总监理工程师，监理单位聘请了几位已退休的工程师担任专业监理工程师，还有1位施工单位人员在项目监理机构兼职资料员。

由于项目监理机构存在人员构成较复杂、平均年龄偏大、年龄差异较大、总监理工程师时常不在现场等现象，项目监理机构内部关系比较紧张。

请问，监理单位的风险有哪些？风险管理目标是否能实现？

附录 A 《建设工程监理规范》用表目录

序号	名 称	序号	名 称
A.0.1	总监理工程师任命书	B.0.6	工程材料、构配件、设备报审表
A.0.2	工程开工令	B.0.7	___报审、报验表
A.0.3	监理通知单	B.0.8	分部工程报验表
A.0.4	监理报告	B.0.9	监理通知回复单
A.0.5	工程暂停令	B.0.10	单位工程竣工验收报审表
A.0.6	旁站记录	B.0.11	工程款支付报审表
A.0.7	工程复工令	B.0.12	施工进度计划报审表
A.0.8	工程款支付证书	B.0.13	费用索赔报审表
B.0.1	施工组织设计/（专项）施工方案报审表	B.0.14	工程临时/最终延期报审表
B.0.2	工程开工报审表	C.0.1	工作联系单
B.0.3	工程复工报审表	C.0.2	工程变更单
B.0.4	分包单位资格报审表	C.0.3	索赔意向通知书
B.0.5	施工控制测量成果报验表		

第一节 A 类表（监理单位用表）

A.0.1 总监理工程师任命书

工程名称：　　　　　　　　　　　编号：

致：＿＿＿＿＿＿＿＿＿＿＿＿＿＿＿＿＿（建设单位）

　　兹任命＿＿＿＿＿＿（注册监理工程师注册号：＿＿＿＿）为我单位＿＿＿＿＿＿＿＿＿＿＿＿＿＿＿＿＿项目总监理工程师。负责履行建设工程监理合同、主持项目监理机构工作。

工程监理单位（盖章）

法定代表人（签字）

年　月　日

注：本表一式三份，项目监理机构、建设单位、施工单位各一份

A.0.2　工程开工令

工程名称：　　　　　　　　　　　　　　　　　编号：

致：＿＿＿＿＿＿＿＿＿＿＿＿＿＿＿＿＿＿＿＿＿＿＿＿＿＿＿＿＿＿＿＿（施工单位）

　　经审查，本工程已具备施工合同约定的开工条件，现同意你方开始施工，开工日期为：＿＿＿年＿＿＿月＿＿＿日。

　　附件：工程开工报审表

　　　　　　　　　　　　　　　　　　　　　　　工程监理单位（盖章）
　　　　　　　　　　　　　　　　　　　　　　　总监理工程师（签字、加盖执业印章）
　　　　　　　　　　　　　　　　　　　　　　　　　　　　年　　月　　日

注：本表一式三份，项目监理机构、建设单位、施工单位各一份。

A.0.3 监理通知单

工程名称： 编号：

致：_____（施工项目经理部）

事由：

内容：

项目监理机构（盖章）
总/专业监理工程师（签字）
年 月 日

注：本表一式三份，项目监理机构、建设单位、施工单位各一份。

A.0.4　监理报告

工程名称：　　　　　　　　　　　　　　　　编号：

致：＿＿＿＿＿＿＿＿＿＿＿＿＿＿＿＿（主管部门）

　　由＿＿＿＿＿＿＿＿＿＿＿＿＿（施工单位）施工的＿＿＿＿＿＿＿＿＿＿（工程部位），存在安全事故隐患。我方已于＿＿年＿＿月＿＿日发出编号为＿＿＿＿的《监理通知单》/《工程暂停令》，但施工单位未整改/停工。

　　特此报告。

　　附件：□监理通知单
　　　　　□工程暂停令
　　　　　□其他

项目监理机构（盖章）
总监理工程师（签字）
年　月　日

注：本表一式四份，主管部门、建设单位、工程监理单位、项目监理机构各一份。

A.0.5 工程暂停令

工程名称：　　　　　　　　　　　　　　　　　编号：

致：_____（施工项目经理部）

　　由于_____原因，现通知你方于_____年___月___日___时起，暂停_____部位（工序）施工，并按下述要求做好各项工作。

　　要求：

项目监理机构（盖章）

总监理工程师（签字、加盖执业印章）

年　　月　　日

注：本表一式三份，项目监理机构、建设单位、施工单位各一份。

A.0.6 旁站记录

工程名称：　　　　　　　　　　　　　　　　　　　　编号：

旁站的关键部位、关键工序			施工单位	
旁站开始时间	年　月　日　时　分		旁站结束时间	年　月　日　时　分

旁站的关键部分、关键工序施工情况：

发现的问题及处理情况：

旁站监理人员（签字）：

年　月　日

注：本表一式一份，项目监理机构留存。

A.0.7 工程复工令

工程名称：　　　　　　　　　　　　　　　　　编号：

致：＿＿＿＿＿＿＿＿＿＿＿＿＿＿＿＿＿＿＿＿＿＿＿＿＿＿＿（施工项目经理部）

　　我方发出的编号为＿＿＿＿＿＿＿＿＿＿＿＿《工程暂停令》，要求暂停施工的＿＿＿＿＿＿＿＿部位（工序），经查已具备复工条件。经建设单位同意，现通知你方于＿＿＿年＿＿月＿＿日＿＿时起恢复施工。

　　　附件：工程复工报审表

　　　　　　　　　　　　　　　　　　　　　　　　　项目监理机构（盖章）
　　　　　　　　　　　　　　　　　　　　　　　　　总监理工程师（签字、加盖执业印章）
　　　　　　　　　　　　　　　　　　　　　　　　　　　　年　　月　　日

注：本表一式三份，项目监理机构、建设单位、施工单位各一份。

A.0.8　工程款支付证书

工程名称：　　　　　　　　　　　　　　　　　编号：

致：_____（施工单位）

　　根据施工合同约定，经审核编号为_____工程款支付报审表，扣除有关款项后，同意支付工程款共计（大写）_____（小写：_____）。

　　其中：

　　1. 施工单位申报款为：

　　2. 经审核施工单位应得款为：

　　3. 本期应扣款为：

　　4. 本期应付款为：

　　附件：工程款支付报审表及附件

项目监理机构（盖章）

总监理工程师（签字、加盖执业印章）

年　　月　　日

注：本表一式三份，项目监理机构、建设单位、施工单位各一份。

第二节 B 类表（监理单位用表）

一、B.0.1 施工组织设计/（专项）施工方案报审表

二、B.0.2 工程开工报审表

三、B.0.3 工程复工报审表

四、B.0.4 分包单位资格报审表

五、B.0.5 施工控制测量成果报验表

六、B.0.6 工程材料、构配件、设备报审表

七、B.0.7 _____报审、报验表

八、B.0.8 分部工程报验表

九、B.0.9 监理通知回复单

十、B.0.10 单位工程竣工验收报审表

十一、B.0.11 工程款支付报审表

十二、B.0.12 施工进度计划报审表

十三、B.0.13 费用索赔报审表

十四、B.0.14 工程临时/最终延期报审表

B.0.1 施工组织设计/（专项）施工方案报审表

工程名称： 　　　　　　　　　　　　　　　编号：

致：＿＿＿＿＿＿＿＿＿＿＿＿＿＿＿＿＿＿＿＿＿＿＿＿＿＿＿＿＿＿＿（项目监理机构）
我方已完成＿＿＿＿＿＿＿＿＿＿＿＿＿＿＿工程施工组织设计/（专项）施工方案的编制和审批，请予以审查。 　　附件：□施工组织设计 　　　　　□专项施工方案 　　　　　□施工方案 　　　　　　　　　　　　　　　　　　　　　　施工项目经理部（盖章） 　　　　　　　　　　　　　　　　　　　　　　项目经理（签字） 　　　　　　　　　　　　　　　　　　　　　　　　　年　　月　　日
审查意见：   　　　　　　　　　　　　　　　　　　　　　　专业监理工程师（签字）： 　　　　　　　　　　　　　　　　　　　　　　　　　年　　月　　日
审核意见：   　　　　　　　　　　　　　　　　　　　项目监理机构（盖章） 　　　　　　　　　　　　　　　　　　　总监理工程师（签字、加盖执业印章） 　　　　　　　　　　　　　　　　　　　　　　　年　　月　　日
审批意见（仅对超过一定规模的危险性较大的分部分项工程专项施工方案）：   　　　　　　　　　　　　　　　　　　　建设单位（盖章） 　　　　　　　　　　　　　　　　　　　建设单位代表（签字） 　　　　　　　　　　　　　　　　　　　　　　　年　　月　　日

　　注：本表一式三份，项目监理机构、建设单位、施工单位各一份。

B.0.2 工程开工报审表

工程名称： 编号：

致：_____（建设单位）
_____（项目监理机构）
我方承担的_____工程，已完成相关准备工作，具备开工条件，申请于_____年___月___日开工，请予以审批。
附件：证明文件资料
施工单位（盖章） 项目经理（签字） 年 月 日
审查意见：
项目监理机构（盖章） 总监理工程师（签字、加盖执业印章） 年 月 日
审批意见：
建设单位（盖章） 建设单位代表（签字） 年 月 日

注：本表一式三份，项目监理机构、建设单位、施工单位各一份。

B.0.3 工程复工报审表

工程名称：   编号：

致：＿＿＿＿＿＿＿＿＿＿＿＿＿＿＿＿＿＿＿＿＿＿＿＿＿＿（项目监理机构）

    编号为＿＿＿＿＿＿＿《工程暂停令》所停工的＿＿＿＿＿＿＿＿＿＿＿＿部位（工序）已满足复工条件，我方申请于＿＿＿年＿＿月＿＿日复工，请予以审批。

       附件：证明文件资料

施工项目经理部（盖章）

项目经理（签字）

年　　月　　日

审查意见：

项目监理机构（盖章）

总监理工程师（签字）

年　　月　　日

审批意见：

建设单位（盖章）

建设单位代表（签字）

年　　月　　日

注：本表一式三份，项目监理机构、建设单位、施工单位各一份。

B.0.4　分包单位资格报审表

工程名称：　　　　　　　　　　　　　　　　　　编号：

致：＿＿＿＿＿＿＿＿＿＿＿＿＿＿＿＿＿＿＿＿＿＿＿＿＿＿＿＿＿＿＿＿（项目监理机构）

经考察，我方认为拟选择的＿＿＿＿＿＿＿＿＿＿＿＿＿＿＿＿＿＿＿＿（分包单位）具有承担下列工程的施工或安装资质和能力，可以保证本工程按施工合同第＿＿＿＿条款的约定进行施工或安装。请予以审查。

分包工程名称（部位）	分包工程量	分包工程合同额
合计		

附件：1. 分包单位资质材料
　　　2. 分包单位业绩材料
　　　3. 分包单位专职管理人员和特种作业人员的资格证书
　　　4. 施工单位对分包单位的管理制度

施工项目经理部（盖章）
项目经理（签字）
年　　月　　日

审查意见：

专业监理工程师（签字）：
年　　月　　日

审核意见：

项目监理机构（盖章）
总监理工程师（签字）
年　　月　　日

注：本表一式三份，项目监理机构、建设单位、施工单位各一份。

B.0.5　施工控制测量成果报验表

工程名称：　　　　　　　　　　　　　　　　　　　　编号：

致：＿＿＿＿＿＿＿＿＿＿＿＿＿＿＿＿＿＿＿＿＿＿（项目监理机构）
我方已完成＿＿＿＿＿＿＿＿＿＿＿＿＿＿＿＿＿＿＿＿的施工控制测量，经自检合格，请予查验。

附：1. 施工控制测量依据资料

　　 2. 施工控制测量成果表

施工项目经理部（盖章）

项目技术负责人（签字）

年　　月　　日

审查意见：

项目监理机构（盖章）

专业监理工程师（签字）

年　　月　　日

注：本表一式三份，项目监理机构、建设单位、施工单位各一份。

B.0.6 工程材料、构配件、设备报审表

工程名称：　　　　　　　　　　　　　　　　　　编号：

致：＿＿＿＿＿＿＿＿＿＿＿＿＿＿＿＿＿＿＿＿＿＿＿＿＿（项目监理机构） 　　于＿＿＿年＿＿月＿＿日进场的拟用于工程＿＿＿＿＿＿＿＿＿＿部位的＿＿＿＿＿＿＿＿＿＿，经我方检验合格，现将相关资料报上，请予以审查。 　　附件：1. 工程材料、构配件或设备清单 　　　　　2. 质量证明文件 　　　　　3. 自检结果   　　　　　　　　　　　　　　　　　　施工项目经理部（盖章） 　　　　　　　　　　　　　　　　　　项目经理（签字） 　　　　　　　　　　　　　　　　　　　　　　年　　月　　日
审查意见：   　　　　　　　　　　　　　　　　　　项目监理机构（盖章） 　　　　　　　　　　　　　　　　　　专业监理工程师（签字） 　　　　　　　　　　　　　　　　　　　　　　年　　月　　日

注：本表一式二份，项目监理机构、施工单位各一份。

B.0.7 _____报审、报验申请表

工程名称：   编号：

致：_____（项目监理机构）
我方已完成_____工作，经自检合格，请予以审查或验收。
附件：□隐蔽工程质量检验资料
□检验批质量检验资料
□分项工程质量检验资料
□施工试验室证明资料
□其他
施工项目经理部（盖章） 项目经理或项目技术负责人（签字） 年　　月　　日
审查或验收意见：
项目监理机构（盖章） 专业监理工程师（签字） 年　　月　　日

注：本表一式二份，项目监理机构、施工单位各一份。

B.0.8 分部工程报验表

工程名称：   编号：

致：_____（项目监理机构）
我方已完成_____（分部工程），经自检合格，请予以验收。 　　附：分部工程质量资料。   <div align="right">施工项目经理部（盖章） 项目技术负责人（签字） 年　　月　　日</div>
验收意见：   <div align="right">专业监理工程师（签字） 年　　月　　日</div>
验收意见   <div align="right">项目监理机构（盖章） 总监理工程师（签字） 年　　月　　日</div>

注：本表一式三份，项目监理机构、建设单位、施工单位各一份。

B.0.9 监理通知回复单

工程名称：　　　　　　　　　　　　　　　　　编号：

致：＿＿＿＿＿＿＿＿＿＿＿＿＿＿＿＿＿＿＿＿＿＿＿＿＿＿＿＿＿＿＿（项目监理机构） 　　我方接到编号为＿＿＿＿＿＿＿＿的监理通知单后，已按要求完成相关工作，请予以复查。 　　附件：需要说明的情况   　　　　　　　　　　　　　　　　　　　　　　　　施工项目经理部（盖章） 　　　　　　　　　　　　　　　　　　　　　　　　项目经埋（签字） 　　　　　　　　　　　　　　　　　　　　　　　　　　　年　　月　　日
复查意见：   　　　　　　　　　　　　　　　　　　项目监理机构（盖章 　　　　　　　　　　　　　　　　　　总监理工程师/专业监理工程师（签字） 　　　　　　　　　　　　　　　　　　　　　　　　　　　年　　月　　日

　　注：本表一式三份，项目监理机构、建设单位、施工单位各一份。

B.0.10 单位工程竣工验收报审表

工程名称：   编号：

致：_____（项目监理机构）

我方已按施工合同要求完成_____工程，经自检合格，现将有关资料报上，请予以验收。

附：1. 工程质量验收报告

    2. 工程功能检验资料

施工单位（盖章）

项目经理（签字）

年   月   日

预验收意见：

经预验收，该工程合格/不合格，可以/不可以组织正式验收。

项目监理机构（盖章）

总监理工程师（签字、加盖执业印章）

年   月   日

注：本表一式三份，项目监理机构、建设单位、施工单位各一份。

B.0.11 工程款支付报审表

工程名称：   编号：

致：_____（监理单位） 　　根据施工合同约定，我方已完成_____工作，建设单位应在____年 ____月____日前支付工程款共计（大写）_____（小写：_____），请予以审核。 　　附件： 　　□已完成工程量报表 　　□工程竣工结算证明材料 　　□相应支持性证明文件 　　　　　　　　　　　　　　　　　　　　　　　施工项目经理部（盖章） 　　　　　　　　　　　　　　　　　　　　　　　项目经理（签字） 　　　　　　　　　　　　　　　　　　　　　　　　　　年　　月　　日
审查意见： 　　1. 施工单位应得款为： 　　2. 本期应扣款为： 　　3. 本期应付款为： 　　附件：相应支持性材料 　　　　　　　　　　　　　　　　　　　　　　　专业监理工程师（签字） 　　　　　　　　　　　　　　　　　　　　　　　　　　年　　月　　日
审核意见：   　　　　　　　　　　　　　　　　　　　　　　　项目监理机构（盖章） 　　　　　　　　　　　　　　　　　　　　　　　总监理工程师（签字、加盖执业印章） 　　　　　　　　　　　　　　　　　　　　　　　　　　年　　月　　日
审批意见：   　　　　　　　　　　　　　　　　　　　　　　　建设单位（盖章） 　　　　　　　　　　　　　　　　　　　　　　　建设单位代表（签字） 　　　　　　　　　　　　　　　　　　　　　　　　　　年　　月　　日

　　注：本表一式三份，项目监理机构、建设单位、施工单位各一份；工程竣工结算报审时本表一式四份，项目监理机构、建设单位各一份，施工单位二份。

B.0.12 施工进度计划报审表

工程名称： 编号：

致： _____（项目监理机构） 　　根据施工合同约定，我方已完成_____工程施工进度计划的编制和批准，请予以审查。 　　附：□施工总进度计划 　　　　□阶段性进度计划   　　　　　　　　　　　　　　　　　　　施工项目经理部（盖章） 　　　　　　　　　　　　　　　　　　　项目经理（签字） 　　　　　　　　　　　　　　　　　　　　　　年　月　日
审查意见：   　　　　　　　　　　　　　　　　　　　专业监理工程师（签字） 　　　　　　　　　　　　　　　　　　　　　　年　月　日
审核意见：   　　　　　　　　　　　　　　　　　　　项目监理机构（盖章） 　　　　　　　　　　　　　　　　　　　总监理工程师（签字） 　　　　　　　　　　　　　　　　　　　　　　年　月　日

注：本表一式三份，项目监理机构、建设单位、施工单位各一份。

B.0.13 费用索赔报审表

工程名称： 编号：

致： _____（项目监理机构）
根据施工合同_____条款，由于_____的原因，我方申请索赔金额

致： _____（项目监理机构）

　　根据施工合同_____条款，由于_____的原因，我方申请索赔金额

（大写）_____，请予以批准。

　　索赔理由： _____

_____

_____。

　　附件：□索赔金额计算

　　　　　□证明材料

施工项目经理部（盖章）

项目经理（签字）

年　　月　　日

审核意见：

　　□不同意此项索赔

　　□同意此项索赔，索赔金额为（大写）_____。

　　同意/不同意索赔的理由： _____

_____

_____

　　附件：□索赔审查报告

项目监理机构（盖章）

总监理工程师（签字、加盖执业印章）

年　　月　　日

审批意见：

建设单位（盖章）

建设单位代表（签字）

年　　月　　日

　　注：本表一式三份，项目监理机构、建设单位、施工单位各一份。

B.0.14 工程临时/最终延期报审表

工程名称： 　　　　　　　　　　　　　　　　　编号：

致：_____（项目监理机构） 　　根据施工合同_____（条款），由于_____原因，我方申请工程临时/最 终延期_____（日历天），请予批准。 　　附件：1. 工程延期依据及工期计算 　　　　　2. 证明材料   　　　　　　　　　　　　　　　　　　　　施工项目经理部（盖章） 　　　　　　　　　　　　　　　　　　　　项目经理（签字） 　　　　　　　　　　　　　　　　　　　　　　　　年　　月　　日
审核意见： 　　□同意工程临时/最终延期_____（日历天）。工程竣工日期从施工合同约定的_____年___月___ 日延迟到_____年___月___日。 　　□不同意延期，请按约定竣工日期组织施工。   　　　　　　　　　　　　　　　　项目监理机构（盖章） 　　　　　　　　　　　　　　　　总监理工程师（签字、加盖执业印章） 　　　　　　　　　　　　　　　　　　　　　　　　年　　月　　日
审批意见：   　　　　　　　　　　　　　　　　　　建设单位（盖章） 　　　　　　　　　　　　　　　　　　建设单位代表（签字） 　　　　　　　　　　　　　　　　　　　　　　　年　　月　　日

　　注：本表一式三份，项目监理机构、建设单位、施工单位各一份。

第三节　C 类表（通用表）

一、C.0.1　工作联系单
二、C.0.2　工程变更单
三、C.0.3　索赔意向通知书

C.0.1 工作联系单

工程名称： 编号：

致：_____

发文单位

负责人（签字）

年　月　日

C.0.2 工程变更单

工程名称：   编号：

致：_____	

　　由于_____原因，兹提

出_____工程变更，请予以审批。

　　附件：

　　□变更内容

　　□变更设计图

　　□相关会议纪要

　　□其他

变更提出单位：
负责人：
　　　年　　月　　日

工程量增/减	
费用增/减	
工期变化	

施工项目经理部（盖章） 项目经理（签字）	设计单位（盖章） 设计负责人（签字）
项目监理机构（盖章） 总监理工程师（签字）	建设单位（盖章） 负责人（签字）

　　注：本表一式四份，建设单位、项目监理机构、设计单位、施工单位各一份。

C.0.3 索赔意向通知书

工程名称：　　　　　　　　　　　　　　　编号：

致：＿＿＿＿＿＿＿＿＿＿＿＿＿＿＿＿＿＿＿＿＿＿＿＿＿＿＿＿＿

　　根据施工合同＿＿＿＿＿＿＿＿＿＿＿＿＿＿＿＿＿＿＿＿＿＿＿＿＿＿＿＿＿（条款）约定，由于发生

了＿＿＿＿＿＿＿＿＿＿＿＿＿＿＿＿＿＿＿＿＿＿＿＿＿事件，且该事件的发生非我方原因所致。为此，我方

向＿＿＿＿＿＿＿＿＿＿＿＿＿＿＿＿＿＿＿＿＿＿（单位）提出索赔要求。

　　附件：索赔事件资料

提出单位（盖章）

负责人（签字）

年　　月　　日

附件 B　危险性较大的分部分项工程范围

一、基坑工程

1. 开挖深度超过 3m（含 3m）的基坑（槽）的土方开挖、支护、降水工程。

2. 开挖深度虽未超过 3m，但地质条件、周围环境和地下管线复杂，或影响毗邻建、构筑物安全的基坑（槽）的土方开挖、支护、降水工程。

二、模板工程及支撑体系

1. 各类工具式模板工程：包括滑模、爬模、飞模、隧道模等工程。

2. 混凝土模板支撑工程：搭设高度 5m 及以上，或搭设跨度 10m 及以上，或施工总荷载（荷载效应基本组合的设计值，以下简称设计值）10kN/m² 及以上，或集中线荷载（设计值）15kN/m 及以上，或高度大于支撑水平投影宽度且相对独立无联系构件的混凝土模板支撑工程。

3. 承重支撑体系：用于钢结构安装等满堂支撑体系。

三、起重吊装及起重机械安装拆卸工程

1. 采用非常规起重设备、方法，且单件起吊重量在 10kN 及以上的起重吊装工程。

2. 采用起重机械进行安装的工程。

3. 起重机械安装和拆卸工程。

四、脚手架工程

1. 搭设高度 24m 及以上的落地式钢管脚手架工程（包括采光井、电梯井脚手架）。

2. 附着式升降脚手架工程。

3. 悬挑式脚手架工程。

4. 高处作业吊篮。

5. 卸料平台、操作平台工程。

6. 异型脚手架工程。

五、拆除工程

可能影响行人、交通、电力设施、通信设施或其他建、构筑物安全的拆除工程。

六、暗挖工程

采用矿山法、盾构法、顶管法施工的隧道、洞室工程。

七、其他

1. 建筑幕墙安装工程。
2. 钢结构、网架和索膜结构安装工程。
3. 人工挖孔桩工程。
4. 水下作业工程。
5. 装配式建筑混凝土预制构件安装工程。
6. 采用新技术、新工艺、新材料、新设备可能影响工程施工安全，尚无国家、行业及地方技术标准的分部分项工程。

附录C 超过一定规模的危险性较大的分部分项工程范围

一、深基坑工程

开挖深度超过 5m（含 5m）的基坑（槽）的土方开挖、支护、降水工程。

二、模板工程及支撑体系

1. 各类工具式模板工程：包括滑模、爬模、飞模、隧道模等工程。

2. 混凝土模板支撑工程：搭设高度 8m 及以上，或搭设跨度 18m 及以上，或施工总荷载（设计值）15kN/m² 及以上，或集中线荷载（设计值）20kN/m 及以上。

3. 承重支撑体系：用于钢结构安装等满堂支撑体系，承受单点集中荷载 7kN 及以上。

三、起重吊装及起重机械安装拆卸工程

1. 采用非常规起重设备、方法，且单件起吊重量在 100kN 及以上的起重吊装工程。

2. 起重量 300kN 及以上，或搭设总高度 200m 及以上，或搭设基础标高在 200m 及以上的起重机械安装和拆卸工程。

四、脚手架工程

1. 搭设高度 50m 及以上的落地式钢管脚手架工程。

2. 提升高度在 150m 及以上的附着式升降脚手架工程或附着式升降操作平台工程。

3. 分段架体搭设高度 20m 及以上的悬挑式脚手架工程。

五、拆除工程

1. 码头、桥梁、高架、烟囱、水塔或拆除中容易引起有毒有害气（液）体或粉尘扩散、易燃易爆事故发生的特殊建、构筑物的拆除工程。

2. 文物保护建筑、优秀历史建筑或历史文化风貌区影响范围内的拆除工程。

六、暗挖工程

采用矿山法、盾构法、顶管法施工的隧道、洞室工程。

七、其他

1. 施工高度 50m 及以上的建筑幕墙安装工程。

2. 跨度 36m 及以上的钢结构安装工程，或跨度 60m 及以上的网架和索膜结构安装工程。

3. 开挖深度 16m 及以上的人工挖孔桩工程。

4. 水下作业工程。

5. 重量 1000kN 及以上的大型结构整体顶升、平移、转体等施工工艺。

6. 采用新技术、新工艺、新材料、新设备可能影响工程施工安全，尚无国家、行业及地方技术标准的分部分项工程。

附录 D   监理概论课程论文题目参考

序号	班级	论文命题安排	备注
1		如何履行总监理工程师的岗位职责	
2		在监理工作中如何处理工程索赔事件	
3		对现阶段土建工程监理工作流程的思考	
4		对出现重大安全事故后的各方责任进行分析	
5		对做好桩基质量控制的思考	
6		房屋建筑工程进度计划（网络图）分析	
7		对工地会议对监理工作作用的思考	
8		监理工程师如何结合施工单位自检进行平行检查	
9		对不同项目的监理组织形式进行分析探讨	
10		对工程验收工作的探讨	
11		工程监理行业中存在的问题和对策	
12		监理单位如何编写监理工作文件	
13		建筑工程专业的毕业生如何当好监理员	
14		监理工程师如何做好投资控制	
15		建筑施工过程中监理的作用	
16		监理如何控制施工进度	
17		监理工程师应如何协调各方关系	
18		如何做好合同管理	
19		监理工程师如何开展沟通	
20		监理月报在监理工作中的作用	
21		监理工程师如何对施工组织设计进行审查	
22		如何做好建设工程的见证工作	
23		监理旁站工作的程序和意义	
24		对建设工程安全监理工作的分析	
25		监理工作总结对监理工作的作用	

参考文献

[1]张建隽，王照雯. 工程监理概论[M]. 北京：北京邮电大学出版社，2013.

[2]邱小坛. 建筑工程施工质量验收统一标准填写范例与指南[M]. 北京：中国建筑工业出版社，2015.

[3]沈雪晶. 建设工程监理概论[M]. 武汉：武汉大学出版社，2017.

[4]张建新，杜亚丽，鞠蕾，等. 工程项目管理[M]. 3版. 北京：清华大学出版社，2019.

[5]吴京戎. 建设工程监理[M]. 西安：西北工业大学出版社，2015.

[6]曹明. 建设工程项目管理[M]. 2版.北京：清华大学出版社，2022.

[7]全国一级建造师执业资格考试用书编写委员会. 建设工程项目管理[M]. 北京：中国建筑工业出版社，2024.

[8]汪绯. 工程监理实务[M]. 北京：高等教育出版社，2017.